成长的奥秘

从理念到方法重塑中国教育

陈根法 著

湖南教育出版社

著作权所有，请勿擅用本书制作各类出版物，违者必究。

图书在版编目（CIP）数据

成长的奥秘/陈根法著. —长沙：湖南教育出版社，2019.7
ISBN 978-7-5539-7077-6

Ⅰ.①成… Ⅱ.①陈… Ⅲ.①人格—儿童教育—家庭教育 ②人格—儿童教育—学校教育 Ⅳ.①B825 ②G78

中国版本图书馆CIP数据核字(2019)第137662号

CHENGZHANG DE AOMI
书　　名	成长的奥秘
责任编辑	李　军　任　娟
责任校对	丁泽良　胡　婷
装帧设计	阙　铭
出版发行	湖南教育出版社（长沙市韶山北路443号）
网　　址	www.bakclass.com
电子邮箱	hnjycbs@sina.com
微 信 号	贝壳导学
客服电话	0731-85486979
经　　销	湖南省新华书店
印　　刷	长沙新湘诚印刷有限公司
开　　本	787mm×1092mm　1/16
印　　张	23.25
字　　数	390000
版　　次	2019年7月第1版
印　　次	2019年7月第1次印刷
书　　号	ISBN 978-7-5539-7077-6
定　　价	78.00元

如有质量问题，影响阅读，请与湖南教育出版社联系调换。

当务之急是创新教育思想（代序）

赵忠心

一

2013年至2016年，应新疆维吾尔自治区妇联和教育厅关工委的邀请，我连续四年去新疆讲学。从东到西，从北到南，我到过新疆几十个城市。

新疆，对内地的很多人来说，都是很遥远、很神秘的。出于主观想象，一般人都认为那里处于祖国西部边陲，地广人稀，闭关自守，资源匮乏，贫穷落后，满目荒凉。

其实，到新疆实地走一走，亲眼看一看，你会发现，现实跟人们的主观想象恰恰相反，新疆地域辽阔，物产丰富，山河壮丽，生机盎然，呈现在眼前的是一派蓬蓬勃勃的景象，新疆各族人们生活幸福、社会和谐安详，这不禁让人感慨万千。

借用新疆女歌唱家巴哈尔古丽的歌词："我走过多少地方，最美的还是我们新疆！"

我是专门研究教育的老师，到了新疆，自然最关注那里教育的发展状况。每到一地，除了讲学，妇联和关工委的领导都为我安排参观、考察那里的大学、中学、小学、幼儿园，跟当地的老师、干部进行座谈交流。无论走到哪里，进入任何一个校园，都让人眼前一亮。教室窗明几净，学校规模之大，硬件设施和软件配备之现代化，都是内地很多学校望尘莫及的，学校教育的发展状况很好，让人备感欣慰。

至于那里的家庭教育工作，也是出乎我们的想象。各地的中学、小学、幼儿园，普遍建立了家长学校，对各个年龄阶段的家长进行了系统的培训，甚至做得比内地很多地方都要好，而且取得了可喜的成果，受到家长广泛的欢迎。

在讲学、参观、考察、座谈、交流的过程中，我接触到了新疆教育界的很多同行。我深切地感受到，新疆虽然地处内陆，地理位置闭塞，但在社会信息化高度发展的今天，教育界的同行却不封闭、守旧，他们信息灵通、思想活跃、思维开阔，对教育的发展、改革别有见地，富有强烈的开拓进取意识，令人刮目相看。

在交际的过程中，我也结识、结交了一些新朋友。我感觉，新疆不仅是"地大物博""物产丰富"，而且是"地灵""人杰"，人才济济。陈根法先生就是其中之一。

二

去年的一天，陈根法先生从乌鲁木齐打来电话，说他撰写了一部关于教育改革的书，要我给看看。他诚恳地请求我，给他的著作提提修改意见。既然我们是朋友，朋友的托付不能拒绝，于是我答应了他的要求。他也很快就寄来了书稿。

我原以为陈根法先生的书是家庭教育方面的著作，没想到，他撰写的是一部充满激情的研究、论述我国教育整体改革的著作。

著作的名字是：《成长的奥秘》。

这不是普通的教育科普著作，是一部教育学术著作；不是论述我国教育的局部改革问题，而是讨论我国教育整体改革问题的。

他的这部著作，不是针对孩子某一个年龄阶段的教育进行研究，而是对孩子从一出生一直到成年的教育进行系统性研究；也不是家庭教育的专题性研究，而是对包括家庭教育、学校教育、社会教育在内的我国整个国民教育体系进行宏观性的整体研究。

陈根法先生站得高，看得远，视野开阔，不仅对我国教育的现状了如指掌，对其进行了较为深入的研究，也对外国教育发展的现状、先进的教育思想理念进行了详细的介绍，并对中外教育进行了横向的比较。阅读他的著作，让人眼界开阔，心胸豁然开朗。

教育是一种文化，教育制度属于浅层次的文化，教育思想观念则属于深层次的文化；要改变教育制度相对来说比较容易，而改变教育思想观念则是相当困难的。

陈根法先生这部著作，虽然也论述了教育方式方法的改革问题，但这不是重点，重点是书中论述了教育思想观念更新的问题。教育思想是一个更深次也是更高难度的问题，陈根法先生敢于迎难而上、著书立说论述这个难题，精神可嘉，值得敬佩。

代 序

提到教育思想观念更新问题，很多人会认为，那是专家、学者的事，跟普通读者关系不是很密切。其实，这是对教育思想观念的一种误解。

教育本来就不是一个普通的"手艺活儿"，不是掌握一些具体的教育方式方法就可以获得成功的。教育是培养人、塑造人的灵魂的事业。教育成功与否，虽然离不开教育方式方法，就像过河离不开船或桥，但任何的教育方式方法的背后，都是受教育思想观念支配、指导和制约的。教育思想观念不仅决定教育发展方向，也直接决定受教育者成长发展方向与高度。教育思想观念准确无误，教育方式方法才能充分发挥作用，才能够达到预期的教育效果；而教育思想观念不正确，哪怕只是出现了一点偏差，便会"失之毫厘，差以千里"，教育的效果便会大打折扣，甚至会造成重大的失误。

无论是学校教师，还是孩子的家长，都不能忽略、轻视教育思想观念问题，否则，我们的教育行为将是盲目的，其结果会是事与愿违的。因此可以说，教育思想变革是全民、全社会的事，家长和教师更不可掉以轻心。

中国教育当务之急是创新教育思想。

目前，在我国的图书市场上，绝大多数教育方面的书籍是论述教育方式方法的，或是介绍成功的教育经验，而重点讨论教育思想观念的书籍少之又少，可以说是凤毛麟角！"物以稀为贵"，正因为这类书籍稀少，陈根法先生的这部著作才显得弥足珍贵，值得关心教育工作的人高度重视。

三

据我所知，陈根法先生并不是学社会科学的，而是学理工科出身的；他也没有专门从事教育工作的经历。但他对社会科学特别是对教育事业却是情有独钟，抱有浓厚的兴趣。他五十三岁就提前退休了，希望自己能在教育理论的研究和推广上做些实事。

从他的这部著作中，可以清楚地看到，他不仅一直在关注、了解、审视、思考、研究中国教育发展的现状，而且，他对中国教育发展的现状也做出了恰如其分的评估和判断。与此同时，他确实也阅读了很多社会科学方面的学术著作，具有很高的理论素养，视野很开阔，思维也很深刻。

在这本书中，他广泛地运用教育学、心理学、哲学、社会学、伦理学、人类学和国学等多种学科理论，论证他提出的一些让人耳目一新的观点。他摆事实，讲道理，广征博引，持之有故，言之成理，有理有据，能够自圆其说，有说服力，发人深省，很能开阔读者的思路，提升读者的思想境界。

比如，他在这部著作的第一章，开宗明义，首先明确提出如下的观点：

教育的本质就是传承文明；

教育的目的是让受教育者获得幸福；

教育的核心目标是培养健全的人格；

人的幸福源于健全人格；

家庭是人格培养的主战场；

等等。

这是陈根法先生教育思想理论的基础，是他教育主张的顶层设计。

在这个教育思想指导下，陈根法先生在他的这部著作中，用了很大的篇幅，细致而系统地阐述了他所倡导的"人格型教育"理论：

第三章——人格成长的规律。

第四章——自我的成长。

第五章——超我的诞生。

第六章——人格成长路线图。

第七章——人格是西方教育追求的核心目标。

这几个章节，是陈根法先生著作的主体。他对人格成长的过程、规律进行了深入的研究，并具有独到的见解，很值得学习、领会。

纵观陈根法先生的教育主张，我认为有几个特点：

一是，始终坚持以人为本的思想。就是说，在教育中要充分体现"以儿童为本"的原则。以儿童为本，是以人为本的思想在教育中的具体体现。以人为本是一种价值取向，强调尊重人、解放人、依靠人和为了人。在教育实践过程中，要充分体现尊重儿童的人格、年龄特征和个性特征，遵循儿童身心发展的规律和儿童教育的规律，促使儿童生动、活泼、主动地发展。

二是，大胆借鉴西方国家的人格教育理念。西方教育家所倡导的人格教育的目的是发现每个孩子独特的内在潜力，找到每个孩子独特的人格特征。教育的任务就是帮助孩子发现自我，帮助孩子发展出独特的人格。实际上，这就是注重充分发展孩子的个性。

三是，坚持以科学发展观为统帅，始终紧紧扣住"今天的教育不仅要有利孩子今天的发展，更要有利孩子明天和后天的发展"这样一个可持续发展的科学理念，努力克服只顾眼前利益而忽视长远利益、甚至以牺牲长远利益为代价的"急功近利"的浅薄的教育思想。

在我国，探讨中国教育整体改革的学术著作久违了。陈根法先生《成长的奥秘》一书的问世，给我国教育理论界吹来了一股可喜的新风。

教育属于上层建筑。经济基础决定上层建筑。上层建筑能够反作用于经济基础。这种反作用，可能是促进作用，也可能是阻碍作用。上层建筑要服务于经济基础，必须适应经济基础的发展水平。

教育发展水平往往是落后于经济基础的发展水平的。因此，教育必须不断地进行改革。事实上，我们的教育改革从来没有停止过。但教育改革是一个艰难而复杂的过程，教育制度的改革相对来说还是比较容易的，而教育思想观念的变革却不是一件轻而易举、立竿见影的事。

随着社会的发展和进步，虽然旧的教育制度不复存在了，但旧的教育思想观念却是盘根错节、根深蒂固的。要彻底更新教育思想观念，建立适合我国社会经济发展的崭新的教育体制任重而道远，我们必须有足够的信心、决心、耐心、恒心和百折不挠的毅力。从这个意义上说，陈根法先生这本书对发展我国教育事业是一次非常有意义的深层探索和促进。

（赵忠心，北京师范大学教授，中国家庭教育学会原副会长，中国教育学会家庭教育专业委员会名誉理事长）

理解成长的奥秘，把握教育的节奏（自序）

一

石头、树、猴子、人，这四种事物究竟有什么区别？

也许有人会说，这么简单的问题连小孩子都知道。

但是且慢，常识后面也许正隐藏着伟大的真理！正如很多人都看见了苹果往地上掉，却唯独牛顿据此发现了万有引力。

我们知道石头是没有生命的，所以在很长的时间里它都不会有变化。但是有生命的树、猴子、人似乎每天都在变，这是生命体的一个重要特征。

生命体的这种"变"通常被称为新陈代谢。这种新陈代谢是事物基于其内在力量推动下的变化，缺乏这种内在力量，任何外在因素都无法促使其产生相似的变化。这是生命体的又一个重要特征。

二

树、猴子、人虽然都是生命体，但他们变化的能力却又有很大不同。树可以变化，却不能运动；猴子既可以变化，又可以运动，这是由于猴子具有更复杂的神经系统，这使它可以适应更为多样化的生存环境。

猴子与人都是动物，他们都能运动，但是猴子的运动是出于本能，人的运动则既有本能因素，更有意志的作用，这是因为人具有高度发达的大脑神经。相对于猴子只是一个本能的生命体，人则既是一个本能的生命体，又是一个精神生命体。人的双重生命特征使人成为万物之灵。

自　序

三

一切生命体都会生长，生命体逐渐长大的过程就是生长的过程。

树会生长，猴子会生长，人当然也会生长。

那么，人的生长与树和猴子的生长有什么不同呢？为什么人的生长通常称为成长呢？能不能说树和猴子也是成长呢？人的生长之所以被称为成长，是由于人不仅仅是肉体的生长，还是精神的成长，是精神上长大成人的意思。人的成长的复杂性在于，生物体的生长与精神成长结合在一起，相互影响、相互促进、相互制约，由此产生了其特有的成长节奏。假如不去关注精神上长大成人，人的生长与树和猴子的生长便没有了太大的区别。

四

即便是把一棵树养大、把一只猴子养大，也是要颇费一些心力的，何况是把一个人养大。

把一棵树养大，需要在合适的时间给树施加合适的温度、水分和肥料；把一只猴子养大和把一个人养大，则需要更加精细的照料，你给予猴子或人的照顾，在时间上、分量上、品质上都要更加讲究。这种讲究皆由于生命体的生长有其内在的规律和节奏，正如婴儿十月怀胎，过于提前或者延后分娩，都是不好的。

五

究竟什么是教育？这是人类普遍关心的问题。

我们从来没有把养大一棵树、养大一只猴子叫作教育，虽然把树和猴子养大也需要我们精心照料。

我们只把人培养成人叫作教育，因为人不仅仅是一个生物学意义上的生命体，更是精神意义上的生命体。精神是一种更高级也更复杂的生命现象，我们所谓的成长正是精神上的成长。没有精神上的成长，人和猴子就没有太大区别了。

所以要谈教育，就要先理解成长，教育是相对于成长来讲的。

成长与生长一样，它首先由其内在的力量推动，任何外在照料都要符合这种内在力量的发展。孩子快要出生了，这是胎儿的内在力量在推动；等到母亲开始阵痛，助产婆才有帮忙的机会。

教育就像助产婆，孩子依靠自身的力量在成长，教育则在恰当的时机和恰当的地点提供一点帮助。这种帮助过早、过晚、过多、过少都不利于孩子成长，严重的情况下甚至会阻碍或扭曲孩子成长。

这正是教育的难点所在、微妙所在，迄今为止，这被我们严重忽视了。我们对教育的所有不满、困惑与无奈，都源于我们不能把握教育的节奏，从而也不知道如何当好这个"助产婆"。

六

教育不能只从自己的主观愿望出发，任性而为。孩子将来会成为什么样的人，并不是可以任由其他人所决定的。假如教育者能够创造条件，让孩子在成长过程中遵循其内在的规律和节奏，他才能够健康成长，并成为具有创造力的人、幸福的人。

孩子健康的成长不是被雕琢、被塑造的过程，而是自我发现和自我塑造的过程。

当我们谈教育的时候，我们的潜意识往往认为教育者是主动的，而被教育者则是被动的，孩子成为什么样的人，都是我们教育的结果。但是，当我们谈成长的时候，情况就完全不一样了，它意味着孩子是主动的，老师和家长是被动的，孩子成为什么样的人，主要在于孩子的成长过程是否被干扰和扭曲，而我们的"教育"往往正是干扰和扭曲的重要因素。

所以，有效教育的前提是先理解成长的奥秘，然后把握好教育微妙的节奏。中国教育目前的症结，似乎都在于过度关注自以为是的教育，而又不理解成长。也许我们应该创立一门"成长学"，以使我们从传统的"教育"思维中蜕变出来。

陈根法

2019 年 4 月

目　　录

- 绪言： 教育需要顶层设计 / 1

- 第一章　前论： 教育就是传承文明 / 9

  第一节　人是什么 / 10

  第二节　教育就是传承文明 / 17

  第三节　幸福是人的终极追求 / 27

  第四节　健全的人格是教育的核心目标 / 36

- 第二章　引论： 西方人格理论简评 / 47

  第一节　弗洛伊德的人格理论及简评 / 48

  第二节　华生的人格理论及简评 / 50

  第三节　阿德勒的人格理论及简评 / 54

  第四节　马斯洛的人格理论及简评 / 58

  第五节　弗洛姆的人格理论及简评 / 65

  第六节　埃里克森的人格理论及简评 / 73

- 第三章　正论一： 人格成长的规律 / 77

  第一节　人格成长三要素 / 78

  第二节　人格成长的初级动力： 本我 / 82

第三节　人格成长的高级动力：自我 / 86

第四节　人格成长的初级机制：条件反射 / 90

第五节　人格成长的高级机制：理性选择 / 95

- **第四章　正论二：自我的成长 / 103**

  第一节　自我的本质 / 104

  第二节　自立 / 107

  第三节　自强 / 127

  第四节　自我担当 / 135

  第五节　自我的成长 / 140

- **第五章　正论三：超我的诞生 / 143**

  第一节　人是有目的的存在 / 145

  第二节　目的性的实现需要物质基础 / 152

  第三节　寻求利己与利他的共存 / 156

  第四节　超我的诞生：建立利益共同体 / 160

  第五节　理性是道德之母 / 168

- **第六章　正论四：人格成长路线图 / 177**

  第一节　成长的本质 / 178

  第二节　人格型教育 / 187

  第三节　0~1.5 岁孩子的人格教育要点 / 192

  第四节　1.5~3 岁孩子的人格教育要点 / 195

  第五节　3~6 岁孩子的人格教育要点 / 199

  第六节　6~12 岁孩子的人格教育要点 / 205

第七节　12~20岁孩子的人格教育要点 / 212

第八节　成长是一场无可逃避的人格修炼 / 218

● 第七章　余论：人格是西方教育追求的核心目标 / 221

第一节　教育生活化 / 223

第二节　注重家庭教育 / 230

第三节　追求个性化 / 232

第四节　崇尚独立思考 / 238

第五节　大学录取注重人格特征 / 241

第六节　高度重视社交能力 / 244

第七节　不过分注重文凭和学历 / 249

第八节　追求快乐教育 / 250

第九节　追求大格局 / 253

第十节　培养独立生活能力 / 258

● 第八章　结论：中国教育需要浴火重生 / 263

第一节　教育应该创造幸福 / 265

第二节　中国教育需要浴火重生 / 268

附录一　你们敢动老师，我们就去上访！家长组团补课为哪般？ / 278

附录二　中国教育的首要问题是如何培养真正的人 / 281

附录三　在德国学做父母 / 285

附录四　我国教育特别需要一场"童年革命"！ / 288

附录五　成都学霸收到美国9所大学录取通知书 / 291

附录六　什么才是真正有远见的教育 / 296

附录七　蓝军旅长 / 302

附录八　为什么教师家庭孩子心理健康问题高发／311

附录九　"中国状元"在美国读大学后对中国教育的感悟／317

附录十　学霸为何不成功／324

附录十一　哈佛教育最大特点——敢问敢说敢"忽悠"／327

附录十二　中国教育还缺什么／329

附录十三　中国教育沉思／337

附录十四　童年的力量／340

附录十五　教育最大的问题是我们自己／350

附录十六　不尊重孩子生长规律的教育，早就让孩子输在了起跑线上／354

绪言： 教育需要顶层设计

一

人类有很多工作，制造家具、机器、汽车、高铁、轮船、飞机、火箭、卫星等。这些制造活动一样比一样复杂。有些制造活动，很多国家举国之力都无法实现。

然而，所有这些制造活动都没有比"生产"人更加复杂的了。有些国家也许永远都不能"生产"现代化的人。这绝不是危言耸听。

但同时，即便我们不去努力"生产"，或者即便我们采取完全不一样的方法，人终究也会自然而然地自己长大。这些人也会构成自己的社会、自己的国家，形成自己的生活。

世界上的人是如此复杂多样，命运又是如此不同，都是拜"教育"所赐。教育究竟是一项什么样的工作？面对孩子，你似乎可以无所作为，或很少作为，孩子终有一天会长大；你也可以为所欲为，或无所不为，相信孩子也会长大成人。

在现实生活中，我们可以看到各种各样的"教育"，以致我们看得头昏眼花。我们甚至因此而失去了辨别力和判断力，不知如何是好。有这样感觉的人相信不在少数。

作为一项工作，教育是人类社会最难的工作，没有之一。它比生产飞机、火箭和卫星更加复杂。有人说，做好父母比当好总统还要难。然而，很多人又确实没有把这项最难的工作当回事，他们或者得过且过，或者无所适从，或者不知所措，直到孩子长大彻底毁了他们的希望。

我们究竟需要什么样的教育？教育究竟有没有规则可以遵循？作为教育者的家长和老师，究竟要不要掌握一定的教育规则？这些规则又是什么？

人类文明发展到现在，我们对人已经有了某些清晰的标准和要求，尽管在不同的社会里，其标准是不同的。有的社会希望把人教育成为有良知的人，比如中国社会；有的社会希望把人教育成为安拉（伊斯兰教中的真主）或者上帝的信徒，比如宗教社会；也有的社会希望把人教育成为自主追求幸福的人，比如西方社会。每一个社会、每一个时代对人的要求和希望都可能不一样，相应地，它们的教育也会不同。这些不一样的教育，造就了不同的社会和文明形态，但是我们不能说，这些不同的教育都是好的。

只要对教育提出一个明确的目标，教育就变成一件非常复杂和难以驾驭的事。在这个世界里，真正好的教育本来就很少，只有少数国家的教育可以称之为好的教育。

教育之难，究竟难在哪里？难在人自身的复杂性，它是多重属性的叠加和影响。

首先，人是一个生物体。这个生物体在出生的时候极其脆弱，其身高、体重、骨骼、脑容量、活动能力都与正常成人有很大差距，只有成人的几分之一甚至几十分之一。刚出生的婴儿是完全没有生活能力的。一般动物身体的成熟只需要十几个月、几个月，人的身体的成熟却需要十几年之久。

其次，人是一个认知体。人的认知是一种极其复杂的活动，这种活动也是从低级到高级逐渐发展起来的。从感觉能力、知觉能力到逻辑思维、抽象思维，人的认知能力的完善在正常情况下也需要 16 年左右，很多人甚至终其一生都没能形成完整的认知能力。由于特殊文化的影响，有些民族可能整体上都没有完整的认知能力。人与人之间、民族与民族之间，在认知水平上存在极大差距。这个差距也造成了不同文明之间的差距。

再次，人是一个社会人。社会不是一堆石块，而是一群人。每一个人都有自由意志，都有主动性，都有需要，都有欲望。所以，人与人之间存在着相互影响、相互作用、相互推动、相互挤压、相互排斥、相互吸引的各种复杂关系，这导致人与人之间的关系极不稳定。在这样不稳定的环境中的个体，如何确定自己在社会中的角色和位置，需要高度的智慧。大多数研究认为，一个人要完成这种智慧的积累和自身在社会中的定位，成为一个心理成熟的社会人，需要 20 年以上的时间。

所以，人的成熟是一个非常缓慢的、前后关联的、长达 20 年以上的马拉松式的过程。这个过程足够长，比我们通常看到的生产一架飞机、修一条铁路、造一座大桥、盖一栋大楼都要长得多，也要复杂得多。

我们如何能够顺利完成这个复杂而又漫长的过程，达到预期的目标呢？

我们都知道，无论是生产一架飞机、修一条铁路，还是造一座大桥、盖一栋大楼，都需要设计蓝图、施工计划、准备材料。那么，我们面对周期更长、也更为复杂的"生产"（教育）人的活动，是否也需要有"设计蓝图"和"施工计划"呢？

在很多情况下，我们习惯于走一步看一步，走到哪里算哪里。即便后来孩子长大没有达到预期目标，我们也只有徒呼奈何而已。有些孩子长大后发生严重问题，作为父母，固然悲痛欲绝，但却无力回天；作为老师，固然十分遗憾，但却不知道自己有几分责任。我们的孩子们虽然在不断地接受教育，但是他们却可能不知不觉地走向我们希望的反面。

在现实生活中，有太多的父母为自己的孩子心力交瘁！现在应该努力改变这种状况。孩子成长不应该是一个不可预测的随机过程，20多年成长历程应该有一个顶层设计——孩子成长的目标是什么？孩子成长的路径是什么？这个路径应该分几个阶段？每一个阶段的任务又是什么？大致明白这些问题以后，我们对孩子的教育才会更有针对性和更有效果。

二

要做顶层设计就要有设计思想。教育顶层设计的思想就是要有一套有效的教育思想。中国传统小农社会有与其相适应的教育思想，穆斯林世界自然也有与其文化相适应的教育思想，西方工业化社会也有自己独特的教育思想，那么当代中国教育应该有什么样的教育思想呢？

中国正在追求民族振兴，期望以大国、强国身姿屹立于世界民族之林；中国要以现代化的工业社会屹立于世界各国之中；中国还要以崭新的文明形态引领人类文明的发展，展现文化自信。这是中国正在追求的国家目标。毫无疑问，当代中国所需要的教育思想要与国家目标相适应，并且要让每一个家长、老师理解和掌握它。

我们现在有这样一套教育思想了吗？情况不容乐观。

在教育实践中，谈教育思想的人很少，谈教育方法的人很多。我总是怀疑所谓的教育方法，如果没有教育思想作为前提和依据，方法从哪里来？没有任何一种教育方法是放之四海而皆准的，也许我们天天乐此不疲所谈论的方法，早已背离教育的本质。一切教育方法都要统一于教育思想，因教育思想而生发，并服务于教育思想的实现。教育思想的缺失伴随着碎片化教育方法的泛滥，构成了当前中国教育的独特"风景"，其结果是广大教师和家长们"迷失"在这道"风景"中。

郑也夫说，"不尊重孩子生长规律的教育，早就让孩子输在了起跑线上"（见附录十六：《不尊重孩子生长规律的教育，早就让孩子输在了起跑线上》，本书第354页）。他对当前中国教育中一些耳熟能详的提法表示质疑，如素质教育、德智体全面发展、及格、贪玩、学区房等，认为这些常见的提法本身就"不尊重孩子的生长规律"。为什么"不尊重孩子的生长规律"在中国会成为一个普遍现象？根本原因在于，全社会普遍缺失正确的教育思想！

比如，我们让小孩背唐诗宋词、国学经典，我们可以让孩子背得又快又好，这是方法层面的问题。但是，孩子们真的需要或者应该背诵那么多国学经典吗？这是教育思想层面的问题。很多家长，看到其他孩子在背国学经典，于是就赶紧让自己的孩子也来背，这也是教育思想缺失的表现。

有人说，中国的孩子是这样的：幼儿园上小学的课，小学上初中的课，初中上高中的课，高中上大学的课，到大学再回过头来上幼儿园的课。出现这种错位，不是方法问题，而是教育思想的问题。

又比如，我们经常听大人对孩子说，要听老师的话，要听爸爸妈妈的话。这样的嘱咐，我们对孩子们讲了几千年。可是从现代教育的角度来说，孩子需要培养独立思考能力，如以色列人从小鼓励孩子对老师或大人的意见提出质疑。如果不从教育思想层面来理解，我们不知道究竟是中国人错了还是以色列人错了。

又比如，有人说当前中国教育的两大弊端是"把老师当学生管，把学生当祖宗供"。出现这种现象绝不只是方法问题，而是我们的教育思想出了大问题。

还有现在经常听到师生关系紧张，师道尊严不再，为什么会出现这种现象？在方法层面也许永远找不到答案。是我们的教育思想出问题了，整个教育被扭曲了，师生关系紧张只是这种教育整体扭曲的一个表象。

我们日常所遇到的老师和家长，基本都喜欢听通俗易懂的方法，不愿意去了解高深抽象的本质问题。他们都希望针对某一问题，直接找到解决这个问题的具体方法。但是世界上真有这样"点对点"的好方法吗？头痛医头、脚痛医脚似乎不是解决教育问题的好办法。中国人不喜欢"形而上"的抽象思维，在这里再一次暴露出来，可惜任何事物的本质不会迁就中国人，它只能是"形而上"的。

我很不看好单纯从方法上谈教育。我认为没有孤立的教育方法，只有从属于教育思想的方法。

教育不是出了问题再来解决。出了问题再来解决，那叫治病，而不是教育。教育应该是努力防止孩子在成长的过程中出问题，教育应该是"治未病"的。何况有很多问题，一旦产生是没有解决方案的。所以，教育应该首先从思想上整体解决问题——应该有完整的教育思想作为教育工作的前提，作为教育顶层设计的依据。教育不是随意的放养，而是要帮助孩子沿着一条正确的路径健康成长起来，这条路径是通过顶层设计规划好的路径。方法只能是服务于教育思想、服务于顶层设计。教育的本质和原理是唯一的，而方法则可以多种多样。掌握了教育思想，教育方法自然随之而来。脱离教育思想谈教育方法，不但无益，甚至有害。

我认为，应该提倡在大众中普及先进的教育思想。

教育思想就是教育之道，"道"就是原理、就是本质，它是对教育规律的整体把握和认知。"道"有一个特点，就是它的抽象性，"形而上谓之道"。凡是"道"都是抽象的，看不见摸不着。我们很多人总想躲开这个抽象的"道"，因为思考"道"太费神了。可是，"道"是绕不开的，离开"道"无法认识事物的本质。我们的古人曾经说过："朝闻道，夕死可矣。"可见，古人也是高度重视"道"的，何以我们后人反而越来越不愿意思考"道"了呢？

西方人从古代开始就喜欢探讨抽象层面的问题，认为只有形而上的问题，才是真正的智慧所在。说得严重一点，一个民族如果不善于在抽象层面思考问题，这个民族在揭示世界的本质上是不会有太大成就的。一个人也同样如此。

三

我们的教育思想应该从哪里谈起呢？

教育是培养人的活动，教育的目标就是把符合我们期望的人培养出来。

可是，人是什么呢？我们既然要培养人，自然要先搞清楚人的本质，回答"人是什么"这个问题。所谓教育思想，本质上是如何回答"人是什么"这个问题。

马克思说，人是一切社会关系的总和。在不同的国家、民族、社会和文化背景下，会呈现出完全不同的社会关系，因此也会产生完全不同的对人的理解，对"人是什么"这个问题将会得出不同的答案。这决定了人的本质的实际呈现形式和对人的认知，在不同的文明和国家那里，往往是很不一样的。

几千年来，各种文明和各个国家按照各自对人的理解开展教育活动，形成了各自的文化传统。这种发展持续了几千年，各有其合理的内核。每一种文明也都会找到自身文明合理性的依据，并持续坚守。如果地球足够大，每一种文明都持续维持着一种孤岛的状况，各文明之间互不往来，我相信每一种文明都会自得其乐、合理合法地延续下去。

可惜，地球没有那么大，为了控制生存资源，各文明之间逐渐展开竞争，地球逐渐成为一个竞争的舞台。如今，各文明之间的竞争已经成为一种世界性现象，地球已经变成了地球村。所谓全球化，从竞争的角度来说，也可以理解为竞争的全球化。

全球竞争态势的发展，使得每一种文明、每一个国家和民族都无法自得其乐地保持自身原有的存续状态，它们都不由自主地卷入了全球化竞争的历史洪流，它们需要在全球化竞争中重新确认自己的合法性。否则，它们只能逐渐退出历史舞台。

放眼当今世界，在全球化的竞争中，有一些文明、国家和民族，似乎高歌猛进、独占潮头；有的则似乎深陷泥潭、难以自拔；有的则奋起直追、不懈前行。

人们最终发现，不同文明、国家和民族的竞争，归根到底是人的竞争，国家、民族的现代化归根到底是人的现代化。谁更好地回答了"人是什么"这个问题，谁就将在竞争中占据优势。

"人是什么"这场大考，现在历史性地摆在中华民族面前。

中华民族曾经傲立东亚，俯视周边，自认为是天下的中心。中华民族有自身文明合法性的论述，对"人是什么"也曾经有自认为唯一合理的答案。这种自信延续了几千年。直到东西方文明发生剧烈碰撞的鸦片战争爆发，中华文明自洽的合法性论述终于崩溃，对"人是什么"这个问题的传统认知被深度质疑。

新文化运动及五四运动是一个关键性的转折点。新文化运动的主将鲁迅将中国传统人性特征做了深度解剖，把中国人对人性的落后认知呈现在世人面前。新文化运动及五四运动前所未有地提出了中国人的现代化问题。

新文化运动及五四运动过去100多年了，中国社会面貌已经发生了巨大变化，中国社会对"人是什么"这个问题的认知，与新文化运动和五四运动以前的认知相比，已经大为不同。我们对"人是什么"这个问题认知的改变，为中国社会发展和进步提供的强大动力，推动着我们前所未有地接近中华民族伟大复兴的梦想。

但是，任何事物的发展，越是接近达到目标，也正是越困顿的时候。当前之际，我们需要冷静客观地反思：我们是否已经非常完美地回答了"人是什么"这个问题？我深深感觉到，在我们意识形态深处（教育体现了最深层的意识形态），我们对"人是什么"的认知，似乎还没有与现代社会接轨。

从当前中国社会对中国教育提出的各种诟病来看，中国教育还不能满足社会的期待，也不能满足中国社会进一步发展的要求。特别是在全球化竞争非常激烈的当下，中国作为全球竞争中的一个主要角色，我们能否立于不败之地，并努力在竞争中走向前台？我们目前还很难做出自信而肯定的回答。

有着全世界近四分之一人口和伟大复兴梦想的中华民族，自然而然带有一个不可回避的历史使命——我们应该是全世界对"人是什么"这个问题回答得最好的民族！只有这样，中华民族才能具有世界性的感召力，才能引领世界的发展方向。

这个使命要求我们继承"五四精神"，继续回答"人是什么"这个中华民族还没有完全答完的考题。中国的教育思想和教育实践，都有赖于我们对这个考题的更好回答。

中国教育所面临的问题，说浅了是教育资源的问题，说深了是教育思想的问题，是如何回答"人是什么"的问题。

我们能够回答好这个问题吗？历史在考验中华民族。

第一章
前论： 教育就是传承文明

教育是人类特有的活动，离开人类来谈教育问题是没有意义的。我们不会说教育石头、教育河流，也不会说教育猫和狗。

教育是创造人、生产人的活动。你要创造的人究竟是什么？他有什么本质特征？弄清这些问题是我们开展教育活动的前提。所以要谈教育，就必须了解人类，了解人类的本性。就是说，要搞清楚教育问题，要搞好教育工作，必须要从了解人性入手。教育不是要消灭人的本性，而是要成就人的本性。脱离人性来谈教育，只能是肤浅的和表面的，因而也不可能从根本上解决问题。

经常有人说，教育就是培养完整的人。那么，什么是人？什么是完整的人？

本章将对人性问题做出某种概括，并进而对与人类有关的文明、幸福、教育等基本问题进行简单而必要的梳理。

第一节 人是什么

人究竟是什么呢？又有哪些本质特征？我们尝试做一些概括。

一、动物性

人是一种动物，这应该是确定无疑的。它不是砖头那样的无机物，也不是植物类的生物，而是像猫、狗那样的一种动物。是动物就意味着它要新陈代谢，要吃喝睡觉。新陈代谢则意味着它要从外部世界摄取能量，意味着它有自然的生长变化。停止这些过程，动物就死亡了。人作为动物的一种，它也不能逃脱动物的普遍特性，也就是说，人要生存，就要满足最基本的代谢需要，我们把这种最基本的需要称为生理需要。心理学家们在讨论人的需要的时候，往往也是把生理需要作为起点。

动物性还意味着它具有反射特征，这种反射使动物成为一个行为体。

二、思维性

人是有思维的，这是一个显而易见的特征。砖头完全没有思维；猫则有一定的思维能力，比如，猫有记忆能力，它在外面活动以后，凭其记忆会回到家里来；人则是有高级思维能力的动物。

有思维能力意味着它的活动具有某种主动性。砖头你要是不去搬它，它是不会动的。猫自己就会动，不需要人去搬动它。作为高级生物体的人，具有完整的思维能力。人能够感知、记忆、判断、想象、推理。这些复杂的思维活动，构成了人特有的复杂而又丰富多彩的精神世界，使得人超越砖头和猫们，成为万物之灵。

思维能力也可以称为认知能力。人通过千百万年的逐步进化，从万物中脱颖而出，是以认知能力的成熟为首要标志的。以色列著名思想家尤瓦尔·赫拉利在《人类简史：从动物到上帝》一书中指出，认知革命是人类文明的第一次革命。也就是说，当人类具有认知能力时，人才称其为人，人类文明才正式开始。他进一步指出，认知革命的结果，使得人类生活在自己虚构和想象的世界当中。猫们是不可能有这样一个想象世界的，它们只生活在当前的现实世界；对砖头来说，甚至不存在现实不现实的问题。

三、目的性

这样一个想象的世界说明什么呢？它有什么重要意义吗？是的，这个想象的世界对人来说，意义非常重大。

这个想象的世界是人自己主动想象出来的，不是外界强加的，这说明人需要这个世界，他愿意建构这个世界。

这个想象的世界是人主动追求的愿景，这个愿景正是人的目的性所在。这个想象出来的世界，将成为他自己的愿景和生活的目标。因此，人的思维能力或认知能力，催生了人的目的性，这恰恰构成了西方文明中反复讨论的自由意志问题。苏格拉底是第一个讨论目的性的思想家，虽然他最初只是讨论神的目的，然而神的目的不正是人的目的的折射吗？目的性问题在后来的思想史上就成了人的自由意志问题。思维、自由意志、教育紧密相关。从一定意义上说，教育正是围绕人的思维和自由意志展开的。人同时生活在两个世界即现实世界和想象世界之中，这是千变万化的、十分复杂的人生问题的源头。我们后面将会逐步厘清它们之间的微妙关系。

四、独特性

独特性是指不可替代性。

作为非生物体的砖头，尽管每一块砖头都有些小差异，但是这种差异并不是不可替代的。我们盖房子使用砖头时，通常并不会过度关注这点差异。先用哪块砖头，后用哪块砖头，不必过分计较。这说明，砖头本身缺少独特性。你甚至可以说，砖头是通用的和标准的。

作为低级生物体的猫，就和砖头很不一样，每一只都有年龄、黑白、大小、轻重、饥饱、胖瘦之别；更重要的是，每一只猫逮老鼠的能力并不一样。这就使每一只猫都呈现出一定的独特性，也就是说，任何一只猫与其他猫都不完全一致，你不能随便用这一只猫去代替另一只猫。

作为高级生物体的人，这种独特性也达到了最大的程度。人作为高级生物体，其存在的形式和意义，都是其生命过程不可分割的一部分，我们不能用一个人去代替另一个人，也不能用一个生命中的一部分去代替另一个生命中的一部分。每一个人都有自己独特的存在目的，都会自己独立地、也只能独立地完成他的生命过程，所有人都有自己的、不可替代的目的。痛苦也好，幸福也好，生病也好，健康也好，进取也好，懒散也好，所有这一切，从过程到结果，都只能由某一个人来承担。作为旁人，不管是父母、朋友，还是领导、老师，我们任何人，无论喜欢还是讨厌，都无法代替另一个人的生命过程。作为父母，即便非常爱自己的孩子，但是你也无法代替孩子生病，无法代替孩子学习，无法代替孩子劳作，无法代替孩子成长，即无法代替孩子经历自身的完整的生命过程。我们只能尊重人的这种独特性，理性地认知这个局面，并坦然接受这个局面。

人性中的这种独特性极其重要。认识这种独特性，对于人类生活，对于人类生活中重要组成部分的教育活动，具有重要意义。因为这种独特性是人之所以成为人的关键依据。我们只能在尽可能尊重人的独特性的基础上开展一切人类活动，包括教育活动。如果我们忽视人的独特性，教育就失去存在的意义和依据。我们要认真思考，生产一块砖、养一只猫和教育一个人，区别究竟在哪里？假如人就像一块砖头，我们可以大批量地生产，而且任何一块砖都可以代替另一块砖；假如人像一只猫，那也可以成群地养，这一只猫与另一只猫差别也不大，一定程度上也可以相互代替；人却完全不能相互代替，因为每一个人都是完整的、独特的存在，每一个人自己就是一个世界、一个宇宙。我们任何教育者，包括家长和老师，都应该十分小心地关照和维护孩子的独特性，这是一切教育的前提。

五、趋乐性

由于思维的作用，人具有目的性和自由意志。那么，人的目的的构建原则是什么呢？或者说，人依据什么原则来确立自己的目的？

这个原则就是趋乐性。

也就是说，人天生就是寻求快乐的，而且是趋向于寻求更多的快乐。人正是在寻求快乐的过程中确立自己的生活目标，展现自己的自由意志。趋利避害是人生的永恒追求，也是人类的永恒主题。我们无法想象，人天生自己寻找痛苦。

俞敏洪先生曾经说过："记得一位美国教授曾经对我说：'你们中国的孩子活得太累。在他们的人生中，只有两个词——一个是成功，一个是拼搏。'他还很奇怪地问我：'你们不给孩子快乐，却口口声声说希望孩子幸福，这可能吗？'"（俞敏洪、徐小平、王强等著，《成长比成功更重要》，新星出版社，2017 年，第 37 页）可是在国内，却仍然有人在质疑说，学习怎么可能是快乐的呢？可见，传统的教育观是如何顽固地存在于我们的教育体系之中。

六、成长性

我们已经说过，人由于具有思维和认知能力，使得人不但生活在现实的快乐之中，而且会去追求未来的快乐。动物只能生活在当下，它没有未来的概念，人却能想象出一个未来的故事，对未来的快乐产生愿景。所谓成长性，就是人依靠自己的努力去追求未来的快乐。

成长性具有精神特征，它不同于动物性的本能生长。

寻求快乐—确立目标—实现目标—实现快乐，构成了人的成长链条。正是这种追求未来快乐的内在动力，构成了人成长的内在动力。因此，人的成长动力蕴藏在自己内部，也就是说，趋乐性决定了人本身具有成长性。人的成长的决定因素存在于人自身。一切人之外的因素，都只是影响成长的外在条件，它只能或者促进或者扭曲人的成长。教育作为人的外在因素，应该遵循人自身成长的内在规律，充分调动人自身成长的内在动力，促进而不是扭曲人的成长。我们不能违背人的趋乐性和自己内在的成长性要求，试图一味通过外在压力去实现人的成长。教育只能尊重、保护、顺应人自身的成长性要求，而不能压制这个成长性要求。教育只能是帮助人在快乐中实现成长与发展，最终使人性得以彰显。因此，快乐必然成为教育的一个显著特征。快乐与成长密不可分，没有快乐就不可能有健康的成长。在快乐中达到教育目的，才是高超的教育。

七、安全性

正如成长性是趋乐性的一个表达形式，即成长意味着追求未来的快乐，安全性实际上也是趋乐性的一种特殊表达形式，即维持现实的快乐。

因此，趋乐性在现实中会表达为成长性和安全性两种形式。安全性问题是教育学和心理学中的核心问题之一。马斯洛在五个基本需要层次中，把安全需要列为第二层次的需要。这说明了安全问题的确很重要，但是在此我们不得不指出，马斯洛这个理解是不够全面的。他可能把安全更多地理解为人生安全，而我们则认为，安全性的本质是维持现有快乐，这种快乐既包括肉体的，也包括精神的。我们总是努力避免失去已有的快乐。因此，安全需要实际上存在于人生的任何阶段，支配着人生的所有活动，而不是如马斯洛所说的安全需要只是人的第二层次的需要。大量的事实证明，人存在着这种贯穿人生始终的安全需要。

人生问题的复杂性，很大程度上在于快乐性演化为成长性和安全性。成长性追求未来的快乐，它是进取的、发展的。当成长性占主导地位时，进取和发展就占主导地位，这是我们教育活动所期望的局面。但是，一切成长都是有代价和风险的。首先，我们预期的未来快乐很可能难以实现；其次，追求成长很多时候需要放弃现有快乐。特别是当这两个不利局面同时出现时，那就意味着我们可能会因为选择成长而导致一无所有。可能未来的快乐更加丰富和高级，因此人们总是存在选择成长性的冲动；但是，由于种种原因，人们也可能认为成长无望，转而选择安全性，此时人们宁愿选择安全而不愿意选择成长。人生的过程总是在成长性和安全性之间反复权衡、取舍、纠结。

在成长性与安全性之间、在现实快乐与未来快乐之间进行反复权衡并进行选择，是人性中最微妙和最重要的部分。我们认为，正确地认知、处理这种关系，帮助孩子做出成长的选择，是教育活动最关键、最核心的环节。

八、周期性

一块砖头很难看出有什么规律性的变化，它的变化基本上是随机性的。猫是生命体，因此它从生到死的变化，呈现出一定的规律性。人作为高级生命体，它的出生、成长、成熟、衰老、死亡，呈现出非常清晰的规律性。

所谓周期性，是指人的生命在发展过程中呈现出的次序性和规律性特征。

人是一个双重生命体，它既是一个动物性的生命体，又是一个精神的生命体。这两重生命体都有周期性。

所有生命体都有从生到死的生长周期。在这个大周期里面，又蕴藏着一系列小周期。对人来讲，生命的生长周期和精神的成长周期相伴而生，在从生到死的大周期中，又包含着生长和成长、成熟、衰老等几个小周期；在成长这个小周期中，又包含了学前、小学、中学、大学这样几个更小的周期。如果我们愿意，还可以划分出更小的周期。

所有这些层层叠叠的、大大小小的周期，都不是可有可无的，它是生命自身发展规律的体现，它们具有一定的内在秩序和规则。比如生命只能先生后死，不可能先死后生。人的心理发展只能先有感觉，再有知觉；先有感性，后有理性；先有情绪，后有价值。

教育是促进人成长的活动，因此，教育应该遵循生命成长的周期性，而不应随意破坏、扰乱生命成长的周期性。在现实的教育实践中，我们或者跟不上生命成长的周期规律，或者超越生命成长的周期规律。这些都会使教育活动达不到预期目的。

九、层次性

生命体是多重复杂结构体，我们称之为层次性。

砖头作为非生命体，它的层次结构是相对简单的，因此也比较容易把握。猫作为动物生命体，它的层次结构就要比砖头更加复杂。从外观上看，猫由头、颈、爪、躯干、尾巴等部分组成；由外而内，猫有毛、皮、皮下脂肪、肌肉、骨头、内脏等层次结构；除此以外，猫还有复杂的消化系统、运动系统、免疫系统、内分泌系统、神经系统、泌尿系统、循环系统等。

人作为高级生命体，其层次性比起猫来又复杂得多。人除了具有与猫相似的全部动物生命特征以外，还具有比动物生命体更为高级的精神生命系统。这个精神生命系统构成了人之所以是人的特有的本质属性。作为动物生命体，其层次结构已经很复杂了，那么人除了动物生命体以外，还有一个比动物生命体更加复杂、更加高级的建立在思维系统之上的精神生命体。

就人的双重生命特征来说，马斯洛提出了五层基本需要理论，体现出清晰的层次性特征；弗洛伊德也把人格划分为三个层次，即本我、自我和超我。这些都说明，不管是生物体的生命现象还是精神的生命现象，都存在着明显的层次性。

我们还可以发现，在某一个生命层次中还可以划分出更细的生命层次，也就是说，层次里面套层次。比如，马斯洛说的自我实现的需要层次，它并不存在一个统一的、固定的标准，它应该是一个从弱到强的过程；超我层面的道德感，也不是一个固定的、可量化的状态，而是一个强弱不同的变量。所谓成长，也可以理解为精神生命特征由低级到高级、由弱到强的变化过程。

十、统一性

统一性是指生命体的各个部分、各个层次、各个周期，相互之间具有紧密的关系，构成不可分割的整体。一棵树不能没有树根，不能没有树干，不能没有树枝，也不能没有树叶。它们每一部分都是不可或缺的。一个动物生命体，它的消化系统、运动系统、免疫系统、内分泌系统、神经系统、泌尿系统、循环系统等都必须健全，只要有一个系统发生质变，生命体就会得病甚至死亡。在非生命体中，比如砖头，并没有这样鲜明的统一性特征。这是有机体与无机体重大的区别之一。

这说明我们必须从整体上去理解生命，不能把生命体肢解，只关注其中某个部分或某几个部分。我们经常看到一些人谈教育问题，只关注某个侧面，而忘了整体；只强调某个问题，而忘了其他，导致以偏概全、各说各话。因此，我们谈教育问题实际上是在谈生命问题，要非常注意其统一性，注意生命体的各个部分、各个层次、各个周期之间具有非常微妙的相互关系。

统一性还有一层意思，就是除了生命是一个整体以外，这个整体还统一于、服务于某一个目的。生命体具有特殊的发展方向，生命体的各个部分（物质部分和精神部分）组成一个整体，这个整体服务于生命体的发展目的。我们后面要谈到的同一性问题，实际上是统一性的特殊表现形式。

在此，我们要特别指出的一点就是，越是高级生命体，这十个特征就越是显著。

就拿层次性来说，动物生命体的层次性就比植物生命体的层次性更显著；后面我们还会发现，精神生命体的层次性比动物生命体的层次性又更加显著。统一性也一样，动物生命体的统一性比植物生命体的统一性强，比如把动物的头砍掉，动物就会死亡；但是若把树的头砍掉，树还会发芽。人的精神生命表现为人格，心理学家们说，人格是一个高级统一体。假如出现人格不统一的现象，这个人就人格分裂了，就不是正常人了。

人的成长就是遵循这些人性特点、发展这些人性特点，在外界环境作用下，逐步形成一个完整的人。如果我们的教育违背这些人性特点，就不能完成这个任务。

第二节　教育就是传承文明

我们可以把养一个人称为教育，但不能把养一只猫称为教育，这是为什么？因为教育关乎人的精神生命，精神生命是人特有的生命层次。

一、文明就是精神生命

要真正理解教育，就要首先理解文明，因为教育是——而且只能是文明的活动。我们没有听说过石头、山川、河流有教育问题，也没有听说过牛、马、羊有教育问题。教育特指人的某种活动。

人是拥有文明的特殊动物。人因为拥有文明而显著地不同于牛、马、羊等动物，更不同于石头、山川、河流。

那么，什么是文明呢？人们也许可以收集几百种定义。有人说，文明是人类创造的物质和精神成果；也有人说，文明以文字的使用和城市的出现为标志。如此等等。在此，我们不想一一列举和评述，但是我们不得不说，这些关于文明的定义都不够准确，不能令人满意。为了方便和节省篇幅，我们愿意直接引用尤瓦尔·赫拉利《人类简史：从动物到上帝》一书中的观点。这本书虽然没有直接定义文明是什么，但在我看来，它却非常准确地定义了人是什么，因而也间接定义了文明是什么，因为文明是人特有的属性。

尤瓦尔·赫拉利告诉我们，人类的第一次革命是认知革命，通过认知革命，人从一般动物中脱离出来，从而称其为人。认知是人之所以称其为人的根本标志。我认为，这个定义相比过去通常说"人是会制造工具的动物"之类的定义，更为准确、更为本质、更有意义。工具是人的创造物，是人的一种表现形式，但是它本身并不是人，也不能说是人的本质。因此我认为，尤瓦尔·赫拉利的定义，真正抓住了人的本质。

从这个定义出发，我们可以知道，人的本质是以认知形式存在的。而文明作为人的本质属性，它只能是认知的结果。所以，我们面前就呈现出这样一个逻辑链条：认知产生人，人的本质就是文明，而文明是认知的结果；或者说，认知产生人，同时也产生了文明。

我们承认认知产生文明，这样我们就又接近了文明的本质，但是我们仍然没有回答文明是什么的问题。工具是文明的成果，但工具本身不是文明。文明究竟是什么？我们必须清晰、准确地回答这个问题，我们才能理解人，理解人所特有的教育现象。

我们知道，认知的直接结果是意识，意识则可以推动工具的生产。这样，我们可以合理地得出结论：认知产生人类文明，而所谓文明，就是人的意识系统。因此，文明存在于人的心里，而不在于心外。这是一个非常重要、非常关键的结论。一切看得见、摸得着的工具之类，都是文明的产物，即文物。而文物本身并不是文明，文明只是人的意识系统，文物则是文明的影子。

把文明定义为意识系统，这与传统的文明理论已经拉开了很大一段距离。这段距离极为关键、极为重要，对于真切地理解教育尤为重要。"文明是人的意识系统"这个定义，意味着文明不能脱离人而存在，文明就是人本身，文明是一种生命存在形式。一切人的、意识的也即文明的创造物，包括诗歌、音乐、美术、建筑、工具等，都是文物，而不是文明。文物一旦被创造出来，就可以脱离人而存在，就不是活的存在，而是一个死的、不变的存在。文明与文物完全是两种存在。文明就是人自身，文物则是"身外的"的存在；文明是一个活的存在，文物则是死的。

二、文明由价值和知识构成

把文明定义为意识系统以后，我们可以对文明做进一步剖析，以确定文明的内涵。

据我们所知，人类意识可以分为两个部分，即价值与知识。以后我们会知道，把意识做这样的区分极为重要。价值与知识是完全不同的两种意识形态，它们的性质、作用差异很大，对人类行为的影响也完全不同。不准确地理解价值与知识的差异，就不可能真正把握教育的内涵。

我们先说价值。价值应该是文明中最核心的部分，文明的生命特征主要体现在价值上。价值相当于细胞中的DNA，它承载了文明的关键信息。价值是文明活动与发展的推动力，没有价值，文明就会失去活性。价值决定了人会采取什么样的活动或放弃什么样的活动。价值的关键作用就是其选择功能。价值决定了人的目的性和事物的意义。

从内容上来说，价值是对作为主体的人与其所在环境的一种关系的理解和判断。价值依赖于这种关系，它是一种关系判断。某人说"我喜欢玫瑰花"，这就是一种价值判断；另一个人说"我不喜欢玫瑰花"，这也是一种价值判断。同样的玫瑰花，有人喜欢，有人不喜欢，作为关系判断，虽然玫瑰花还是玫瑰花，但作为关系另一方的人变了，主体变了，关系的性质也就变了，得出的判断也完全不一样。

因此价值具有非常鲜明的主观性特征，喜欢玫瑰花或者不喜欢玫瑰花，因人而异。而且从某种程度上说，越是主观越有意义。正是这种主观性特征，价值的产生严重依赖作为主体的人的体验活动。体验—理解—判断，这是产生价值的合理逻辑。单边灌输的方法解决不了价值问题，记住这一点，对教育工作至关重要。我们总希望灌输价值，但是结果往往事与愿违。北京四中校长刘长铭讲了这样一个故事：他们学校组织学生到河北一个地方去支教，那个地方多数孩子初中毕业以后就辍学了。他们准备从那个地方选择一个小孩，共同资助他完成更高一级的教育，后来这个事情委托给支教的一个女孩子。那女孩子说，我怎么才能从两百多个孩子里选择出一个孩子？这种选择简直在作孽！她总结的最后一句话是：从此以后，消除贫困成了我一生的追求。这种价值观不是吃着麦当劳和肯德基能讲出来的，一定是有真实的体验、直接的经验才能讲出来。

这就是价值产生的逻辑。

价值还具有明显的情感特征。一切价值都表现为某种情感，而情感决定我们对待事物的态度。正是这种情感特征，使得价值具有行为的推动、过滤和选择功能。

价值在日常生活中以各种形态而存在，我们经常说的文化、人格、道德、精神、兴趣、爱好、美、意义、态度、信念、使命、愿景、目标、宗旨等，它们实质上都是在表达价值。中国梦更是一种宏大的价值。

我们再来说说知识。知识完全不同于价值。知识是作为主体的人对其所在环境的客观判断。知识只是揭示外在事物的客观属性，它努力避免主观性；知识越是接近客观、反应客观，就越有价值。对同一事物的知识判断，不应该因人而异。

知识追求客观性，价值则具有鲜明的主观性。由于知识具有客观性，所以知识是可以单边灌输的，价值却很难依靠灌输来建立，而必须依靠自身体验。这种区别对于教育意义很大。

知识的作用是告诉人们怎样做事，当人们选择做某件事情时，知识可以指导人们把事情做好。知识本身不具有目的性，因此单纯的知识是死的、僵化的存在。百度里有很多知识，词典里有很多知识，但是它们都是死的，它们没有生命。

人可以没有知识，但是人不能没有愿景，不能没有使命，不能没有兴趣，不能没有爱好。如果人没有愿景、使命、兴趣、爱好这些价值形式，人就和百度、词典没有区别了。但是，人一旦有了愿景、使命、兴趣、爱好这些价值形式，人就有了生命力，就有了内在的力量，就会自己去学习知识、创新知识。

在价值与知识两者中，价值始终处在核心地位。价值就像细胞中的 DNA，它是生命遗传密码的载体。价值推动并驾驭知识的生产，是知识生产的强大动力。同时，价值又是人生的目的，知识是为实现价值服务的，脱离价值的知识是没有意义的。

区分价值和知识，就厘清了人的精神生命的一个重大层次问题，这对于理解人类文明，对于理解作为传承人类文明的教育活动，具有极其重要的意义。

三、教育就是传承文明

古今中外，有很多人对教育做过论述。这些关于教育的论述，从不同侧面揭示了教育的某些特征。但是，这些论述都很难说是完整的、准确的定义。

比如，杜威说教育就是生活。这话无疑很有道理，但是这可以视为一个完整的定义吗？假如这是一个完整的定义，那教育就不用费劲地去研究了，因为人无论如何是生活着的，这样教育就变成了一件自然而然的事情。但是，事实显然又不完全如此，教育虽然有接近生活的特征，但又不能完全等同于生活。因为教育显然是经过特殊设计的有目的的活动。

怀特海说，教育的目的是为了激发和引导他们的自我发展之路。这个说法尽管深得教育的真谛，但仍然不是一个完整的定义，它具有明显的西方色彩，且不能完全概括世界上现有的各种教育。

韩愈说："师者，所以传道授业解惑也。"这似乎是中国传统色彩浓厚的定义，然而它的缺点也很明显，因为传道也好、授业也好、解惑也好，强调的都是单向灌输，与怀特海的定义显然大异其趣。

究竟如何定义教育比较准确呢？我们认为，教育是人特有的、有目的的活动，其目的就是把意识还不健全的人，通过教育使之健全起来，使人变得更加文明。而这个所谓的健全的意识系统，正是人类自身的文明。因此，教育的本质就是传承文明。

教育就是传承文明，这意味着任何教育都不可能超越其自身文明的整体特征。由于每一种文明都自认为很健全、很优秀，所以一种文明的优点和缺点，都会在其教育中得到集中体现。

与伊斯兰文明、西方文明、中华文明相对应，不同的文明就会呈现出各不相同的教育特征。西方教育有西方文明的特征，中华教育有中华文明的特征。西方文明的优点和缺点、中华文明的优点和缺点会完整地折射到相应的教育中去。我们质疑一种教育，实际上就是在质疑该种文明。

我们已经讨论过，文明包括价值和知识两个部分，而且价值是文明的核心部分。人类为了价值而生活，而不是为了知识而生活。如果把人比作一台电脑，那么价值就是操作系统，知识就是应用软件。没有操作系统，应用软件毫无意义。因此教育的首要问题是人的价值系统的传承和激发的问题。

怀特海说："填鸭式灌输的知识、呆滞的思想不仅没有意义，往往极其有害。"（［英］怀特海著，《教育的目的》，庄莲平、王立中译注，文汇出版社，2012年，第 2 页)"我们要记住：不能加以利用的知识是相当有害的。所谓知识的利用，我是指要把它和人类的感知、情感、欲望、希望、以及能调节思想的精神活动联系在一起，那才是我们的生活。"（[英]怀特海著，《教育的目的》，庄莲平、王立中译注，文汇出版社，2012 年，第 6 页）"根本的动力，是对价值的认可，是对重要性的认知……对价值的认可会给生命增添难以置信的力量；没有它，生活将回复到较低层次的被动状态中。"（[英]怀特海著，《教育的目的》，庄莲平、王立中译注，文汇出版社，2012 年，第 54 页）这些论述清晰地说明了价值相对于知识的重要性。

雅斯贝尔斯在《什么是教育》一书中说："教育首先是学生精神成长的过程，然后才是学科知识获得的过程。"这里的"精神成长"，显然是指价值观的成长。

字典里、百度里、维基百科里都有很多知识，但它们都是死的、僵化的知识。知识只有在价值的支配下才能活起来。如果我们的教育都把人教育成为百科全书，那又有什么意义？难怪哈佛大学与耶鲁大学都有一个说法：学到知识是最大的失败！

数学大师陈省身生前为中国科学技术大学少年班题词：不要考 100 分。中国科学技术大学校长朱清时解释说，原生态的学生一般考试能得七八十分，要想得 100 分要下好几倍的努力，训练得非常熟练才能不出小错。要争这 100 分，就需要浪费很多时间和资源，相当于土地要施十遍化肥，废掉的是孩子学习的激情和创造力。

四、西方教育与西方文明相匹配

西方教育是西方文明的反映，理解西方文明才能理解西方教育。因此，我们要从梳理西方文明入手来理解西方教育。

汤因比说，文明是人类生存环境的反映。要理解西方文明，就要了解西方文明发源的环境。

西方文明发源于地中海北面的古希腊，我们看看古希腊地区的生存环境。

希腊本土的地形很复杂，气候变化无常。贫瘠的山脉把国土分列开来，山谷之间的交通十分困难。有限的土地只能种一点橄榄和葡萄。旁边又是汪洋大海。当土地难以养活更多的人时，一些人就开始漂洋过海，开展贸易或者殖民活动。而大海对古代人来说，更是一个狂暴的变化无常的存在。据说，在公元前 1700 年起，古希腊岛屿克里特岛还经历了频繁的地震和火山爆发，迫使克里特人向希腊地区移民。

第一章　前论：教育就是传承文明

可以想见，古希腊人的生存环境是极其恶劣的。正是这样一种恶劣的、天人对立的生存环境，迫使古希腊人把注意力和好奇心投向对自然和宇宙的认知上。这是西方文明发展的原动力。科学史家们一再指出，对自然界的长盛不衰的好奇心，使古希腊人进而使西方人取得了人类历史上独一无二的成就和地位。正是古希腊人这种好奇心，成就了后来的科学革命。

古希腊哲学家泰勒斯第一个提出了宇宙本原问题，他认为宇宙本原为水；泰勒斯的学生阿纳克西曼德否定了泰勒斯的水本原，提出了无限定原质本原；阿纳克西曼德的学生阿那克西美尼提出了气本原；毕达哥拉斯提出数本原；毕达哥拉斯的学生齐诺菲尼斯提出土本原；赫拉克利特提出火本原；恩培多克勒提出四根说；阿那克萨戈拉提出种子说；德谟克利特提出原子论。如此种种，为了搞清楚宇宙本源问题，古希腊先哲们可谓坚忍执着、前仆后继。

我们现在知道，宇宙是一个无限的存在，直至今天，人类对宇宙的认识仍然有限，所以古希腊人的困难和困惑是可以理解的。

到了苏格拉底，他第一个意识到人类认识宇宙是极其困难的。他的名言是："我知道我一无所知。"作为古希腊最伟大的思想家之一，他竟然说自己一无所知！我们认为，这既是一种勇气，也是古希腊人思考无限宇宙的一种真实告白。

柏拉图继承了他的老师苏格拉底的思想，进一步提出：不知道自己的无知，乃是双倍的无知。

到了皮浪那里，发展成为怀疑主义，他认为一切感知都是不可靠的，世界是无法认知的，人最好不要做任何判断。

文艺复兴以后，古希腊思想重新觉醒。著名哲学家笛卡尔就认为，一切事物都可以怀疑，只有我正在思考这件事是确切的。因此，他的名言是："我思故我在。"这句话成了哲学第一原理。

尤瓦尔·赫拉利在《人类简史：从动物到上帝》一书中指出，科学研究的前提是承认自己的无知。

因此，怀疑、质疑、批判始终是西方理性主义文明的重要特征，这就是批判性思维。这个特征也深深地烙刻在西方教育之中。在苏格拉底的教育中，并不是像孔子那样给学生一个答案，而是与学生一起讨论；在讨论中，苏格拉底并不正面回答问题，而是侧重于提问，在提问中引导对方思考，让对方自己去发现真理。这种苏格拉底教育法的实质是注重自己的思维方法和思维过程。这种教育法至今仍然是西方教育的主流方法，据说也是当今哈佛大学的主要教育形式。怀特海说："一位大学教授的主要目的，应该是展现他的真实个性——以一个正在思考、并积极利用他所拥有的小部分知识的无知者的身份出现。"（［英］怀特海著，《教育的目的》，庄莲平、王立中译注，文汇出版社，2012年，第51页）这种批判性思维正是中国文化同时也是中国教育所缺失的，中国的教育者一般都不会承认自己无知。

苏格拉底的另一个思想贡献也成为西方文明和西方教育的关键组成部分，那就是对自我的探索。从苏格拉底开始，哲学从研究自然转向研究自我、研究人自身，把自我和自然明显地区别开来。苏格拉底发现，人是有目的性的存在，这就初步涉及了个人价值问题。

西方哲学中的三大问题，首先是"宇宙是什么？"这就是本体论、宇宙论；其次是"如何认识宇宙？"这就是认识论；最后是"为什么要认识宇宙？"这就是生命论。探索宇宙的目的，归根到底是为了人自身。苏格拉底开创对人自身的认识，这既是西方文明的合理发展，又是西方文明的一次突变。这是人的主体意识的一次觉醒。

文艺复兴以后，人本主义思想得以确立；宗教改革与科学革命则进一步巩固了自我、自由、自由意志等思想在西方文明中的核心地位；启蒙运动则使自我彻底冲破宗教束缚，形成了对个人价值和个性及人格的尊重，这成为西方社会和西方文明发展的主要推动力，开创了现代化进程。

我们必须承认，自我的发现是西方文明的一大特色、一大成就。近现代以来，自我的问题是西方文明发展的主线。

五、中国教育与中国文明相匹配

谈中国教育，同样要放到中华文明的大背景中来。

中华文明发源于长江、黄河所在的两河流域。这是一块广袤平坦、雨水丰富、四季分明的土地，特别适合农业耕作。在世界各大古文明中，中国的地理环境是相对较好的。从这一点来说，中国人是幸运的。

在这样一块土地上生活的人，人与自然、人与天之间并没有非常大的矛盾和对

第一章　前论：教育就是传承文明

立。我们的祖先很早就发现，只要我们顺天应时，顺时顺势而为，生活就会有保障。据蔡元培先生考证，大概在尧舜时期，这样一种思维就已经形成。这就是初期的天人合一思想。这与古希腊文明发源期的天人对立观正好相反。中华文明原始经典《易经》，就以天人合一思想为基础。后来的儒、道两家，从不同方向发展了天人合一思想。

西方的天人对立观迫使古希腊人去思考自然问题，而中国的天人合一观则引导中国人去思考人的问题；思考自然的古希腊人，最后自然而然回到思考人的问题，因为人是思考自然的归宿；而思考人的中国人，却再也没有去深刻思考天的问题，因为天是自然的，不是人所能够干预的，问题出在人自身。西方人在自然与人之间反复观照，思想变得越来越深刻，文明变得越来越博大；而中国人则在对人的封闭性思考中走入死胡同，文明的活力逐渐衰竭。自然作为人类生存的依据，中国人居然不去多作思考；西方人则在反复思考自然的过程中，完成了科学革命，从而使自己的世界洞天大开。所以，从文明的萌芽期，西方文明的格局就比中国文明的格局大得多。杨振宁教授说，天人合一思想阻碍了中国科学的发展。我深以为然。

在春秋后期，天下大乱，父子相残，人祸横行。孔子痛感社会失序带来的危害，进一步把注意力集中在人的问题上。儒家思想正是在此环境下产生了。儒家试图脱离自然去寻找一套维护社会秩序的永恒规则，让所有人都受此规则约束，以保持社会稳定。

很显然，当西方面对无限的宇宙世界时，感觉到了自己的渺小和无知，从而产生了批判性思维；而当中国人努力寻求社会规则的时候，发展出了伦理文明，而在伦理文明中最需要的就是权威。孔子坐而论道，答案都在老师那里，学生们只是洗耳恭听。这就是传道、授业、解惑也。一部《论语》，基本上全是"子曰"。这就是中国教育的基本底色，至今仍然如此。古往今来，在《易经》《道德经》《论语》等不多的几部经典中，圣人之言似乎穷尽了真理，人们不需要怀疑，放弃了独立思考。

这样一种文明、这样一种教育，所缺乏的正是西方文明、西方教育具有的两个东西：批判性思维与对自我的肯定。

北京大学徐凯文教授说，中国的学生得了一种"空心病"；他进一步说，不是学生空心了，而是社会空心了。实际上我们认为，不是社会空心了，而是文明空心了。

改革开放以后，中国社会全面学习外部的先进文化，经济社会取得了很大进步。到目前，我们的后发优势已经基本上发挥了，当前正面临社会和经济转型。我们突然发现，跟在别人后面学已经不行了，我们需要自己创新。这个时候我们发现，我们的教育系统培养不出创新人才，培养不出思想家，培养不出大师。于是很多人开始对我们的教育不满意，越来越多的人诟病当今的教育。其实，不管是从思想重视、教育投入还是从教育普及来讲，我们的教育都是历史上最好的，但是还是有很多人不满意。

为什么会这样呢？

根据教育就是传承文明、教育与文明相匹配的观点，中国教育当前的迷茫其实恰恰反映了中国文明的迷茫；我们的传统文明不够用了，我们的传统教育也不合时宜了；我们零零碎碎地学了很多西方的东西，但这些东西还没有完全融入我们原生文明的血液中。东西方的文明要素在我们这里还处在油水分离的状态，我们还没有形成新时代的、完整统一的新文明。中国教育当前的焦虑和纠结，原因就在这里。

我们的发展已经完全融入全球之中，我们所需要的经济是世界舞台上的竞争经济，我们所需要的人才是世界范围的创新人才，我们所需要的教育是具有国际视野的教育，而不是关起门来自我欣赏的教育。于是我们猛然发现，我们的教育受传统文明、传统教育的影响，与我们的现实有了很大距离，已跟不上现代化的步伐。比如，我们的教育过分地注重知识教育而不重视人格养成；过分地注重学校教育而不重视家庭教育；过分地把教育理解为说教和读书，而不知道真正的教育是一起创造生活；过分地强调不让孩子输在起跑线上而不知道人生真正的起跑线在哪里；过分地按自己的想象和目标来塑造孩子而不尊重孩子自身的成长；过分地注重选择学校而不愿意花时间去关注和陪伴孩子；过分地把自己的全部期望寄托在孩子身上而不愿意去活出自己的精彩；过分地溺爱或者严苛而不理解真正的爱是尊重；过分地关注道德教育而忽视自我与自由意志的培养；过分地注重知识与分数而不重视思维方法和智慧的启发……凡此种种，归根到底是因为我们的教育缺两样东西：批判性思维与发现自我。

这两样东西是创新活力的源泉，是产生大思想、大创造的基础。中国社会转型急需它。但是，我们的传统文明中提供不了这两样东西，因此我们的教育也提供不了这两样东西。

第三节　幸福是人的终极追求

我们还需要从教育的目的性来界定教育。教育是人的活动的一部分，教育是人实现自身目的的一种手段，教育的目的就是人的目的，脱离人自身的目的性，教育没有意义。

一、幸福是人生的终极追求

人活着究竟是为了什么？我们整天起早贪黑、忙忙碌碌、吃苦受累，究竟有什么意义？人的一生似乎总有没完没了的辛苦，难道我们天生是来经历苦难的吗？

当然，有人会说，人生也有快乐的时候啊。但是，在现实中，我们总感觉到快乐短暂而易逝，痛苦却总是挥之不去。

人生目的这个问题，在西方文明中，从古到今不断被追问，在中华文明中却很少谈论它，但是，今天我们谈教育，却再也无法回避这个问题。当今中国教育出现的种种弊端，在一定意义上说，恰恰是由于我们没有搞清楚人生的目的，因而也搞不清楚教育的目的。教育作为人类特有的活动形式之一，我们不可能脱离人生的目的来寻找自己的定位。

2012年11月15日，习近平总书记在中国共产党十八大闭幕后的记者见面会上说，我们的人民热爱生活，期盼有更好的教育、更稳定的工作、更满意的收入、更可靠的社会保障、更高水平的医疗卫生服务、更舒适的居住条件、更优美的环境，期盼孩子们能成长得更好、工作得更好、生活得更好。人民对美好生活的向往，就是我们的奋斗目标。人世间的一切幸福都需要靠辛勤的劳动来创造。我们的责任，就是要团结带领全党全国各族人民，继续解放思想，坚持改革开放，不断解放和发展社会生产力，努力解决群众的生产生活困难，坚定不移走共同富裕的道路。

认真分析这段话的语义，我们发现，习近平总书记首先讲到了人民对美好生活的种种期望；然后说，中国共产党的目标就是人民对美好生活的向往；最后说，一切幸福都需要靠辛勤的劳动来创造，所以中国共产党要团结人民去奋斗、去创造。

我们可以这样理解，中国共产党的最高目标就是人民的幸福生活。我们看到，中国共产党新一届领导集体把人民的幸福生活作为中国共产党的最高目标，在这样一个非常隆重、非常庄严的场合做了这种宣誓。

其实，幸福问题一直是西方哲人思考的核心问题。古希腊的苏格拉底、柏拉图、亚里士多德、伊壁鸠鲁等，近代的密尔、康德、马克思等都对幸福做过深入思考，并留下很多著名的论述。到了当代，幸福问题更是西方心理学研究的重点领域。近年来甚至出现了一门专门研究幸福问题的积极心理学。哈佛大学的幸福课现在已成为网络上的热门话题。

那么，幸福对人究竟有多重要呢？我相信，绝大多数人都会同意，这是一个不言自明的问题：幸福是人的终极追求。我们生活着就是为了幸福，没有人来到这个世界是为了痛苦！我们做一切工作，我们进行娱乐，我们生儿育女，我们远足旅行，我们进行探险，我们搞科学研究，如此等等，当然也包括我们开展教育活动，都是为了自身的幸福。有谁会说"我希望自己和所有的人都遭遇不幸"？这样的人我们一定认为他精神不正常。

古希腊思想家亚里士多德的名著《尼各马科伦理学》，实际上通篇都在讨论幸福问题。他说，幸福是一切事物中的最高选择，快乐是人生的意义和目的，是人类存在的最终目的，"幸福是终极的和自足的，它是行为的目的"（［古希腊］亚里士多德著，《尼各马科伦理学》，苗力田译，2003 年，中国人民大学出版社，第 11 页）。

英国启蒙思想家密尔说，"我们得出结论，除了幸福，事实上不存在其它任何被渴望的东西。无论何种事物被作为实现某种更高目的（最终幸福——引者注）的手段而受到渴望，都是因为它本身被视为幸福的一部分而受到渴望，并且只有在它确定变为幸福的一部分之后它本身才会被渴望"（［英］约翰·斯图亚特·密尔著，《功利主义》，叶建新译，九州出版社，2007 年，第 89 页）。

众所周知，马克思对资本主义制度进行了深刻的批判。马克思为什么要做这样的批判呢？因为马克思看到，资本主义制度不能给广大工人阶级和劳苦大众带来幸福。马克思提出共产主义理想，归根到底是为人类幸福寻找出路。

一切宗教之所以能够吸引人们的关注和向往，正是因为宗教给人们展示了一个幸福的彼岸。当人们在现实中得不到幸福时，就把希望寄托在来世——一个想象中的世界。人们沉醉于宗教，是对人们追求终极幸福的最好证明。

哈佛幸福课里说：快乐，不论我们喜欢与否，不论它是有意识的还是潜意识的，不论它是明显的还是隐晦的，对大多数人来说，快乐是最高追求；我们有宪法保证我们追求快乐，我们投入大量努力、大量时间思考自己和他人的快乐。

二、幸福是人生价值的实现

幸福很重要，幸福是人生的终极追求。那么，我们就有必要搞清楚什么是幸福，只有搞清楚什么是幸福，我们才能知道如何追求幸福。只有将教育作为人生追求幸福的一种手段，我们才能知道如何实施有效的教育，使教育不背离幸福。我们现在教育中存在的问题，归根到底是由于教育背离了幸福。那些患了"空心病"的孩子，那些考上名校却想自杀的孩子，那些高考完就在操场上集体撕书、烧书的孩子，那些大学毕业却宁愿在家啃老而不想就业的孩子，还有那些精致的利己主义者……所有这些都说明，我们的教育没有给很多孩子带来幸福。

那么，究竟什么是幸福呢？

说到幸福，我们要先说到快乐。因为一个人如果不快乐，那很难说他是幸福的。我们在前面已经论述，人性中有趋乐性，这种趋乐性正是人成长的内在推力。我们享受美食很快乐；我们游戏很快乐；我们考上大学很快乐；我们找到一份好工作很快乐。毫无疑问，这个时候，我们可以说，我们是幸福的。我们因快乐而幸福，这是显而易见的。

更多的时候，情况却完全不是这样。比如乒乓球运动员，他们在训练的时候极其辛苦无聊，据说一个星期可以练坏一双球鞋；钢琴演奏家训练时也一样，一天就在钢琴面前弹来弹去，需要有极大的耐性才能坚持下去；科学家在实验室里做实验，更加枯燥无味，甚至几年、十几年、几十年都见不到效果；还有上甘岭坚守阵地的志愿军战士，南沙群岛高脚屋里的战士，战天斗地的"王进喜"们，他们的生活甚至不能用简单的快乐来衡量。探险、创业这些活动，不但于肉体上很辛苦，还会有很大的生存风险。那么,这些人是否幸福呢?如果他们不幸福,他们又是为了什么?如果他们是幸福的,他们的幸福又是从哪里来的?

幸福问题看似很抽象,其实却与我们每个人有关,更与我们每个孩子的未来有关,关系到孩子们选择什么样的生活,也因此与我们要谈的教育紧密相连。我们的孩子将来会选择美食式的快乐,还是科学研究式的"无聊"?是游戏式的幸福,还是创业式的"艰辛"?这一切皆取决于教育。

亚里士多德曾经非常深刻地论述过幸福问题。他指出幸福就是合乎德性的现实活动。他所谓的德性,是指人的理性和灵魂,是人的精神品质,也是人自身的目的性。亚里士多德非常推崇人的理性,认为这是人之所以为人的独特之处。他说:"不论是牛,还是马,以及其它动物,我们都不能称之为幸福的。因为它们没有一种能分有这种现实活动。出于同样的理由,也不能说孩子们是幸福的,因为年龄的关系他们没有这样合于德性的行为。"([古希腊]亚里士多德著,《尼各马科伦理学》,苗力田译,2003年,中国人民大学出版社,第16页)所以在亚里士多德看来,幸福存在于人的精神生活中,存在于人的灵魂中。他不能允许从一般肉体层面来定义幸福。孩子因为年龄小,其精神和灵魂还没有发育完成,所以我们不能说孩子是幸福的。

如果说亚里士多德的幸福观比较晦涩难懂,相对来说,稍晚于亚里士多德的伊壁鸠鲁,他的幸福观更容易理解。他说,快乐就是生活的最终目的;快乐是幸福生活的始与终。难能可贵的是,伊壁鸠鲁把当前的快乐和长期的快乐区分开来,认为如果快乐会导致长期受罪的话,那最好将快乐弃之不顾;如果从长远计议当前的痛苦会带来大乐的话,那么忍受痛苦是值得的。这样就从肉体的快乐引向精神的快乐,从当前的快乐引向未来的快乐,让人们更多地去追求荣誉、正义与智慧。

我们不得不说,这种思想具有显著的先进性,它的意义在于引导人们去追求未来更为高级的幸福,从而引领人自身不断成长。

近代英国思想家密尔认为,所谓幸福就是快乐以及不痛苦。他认为幸福意味着满足自己、拥有快乐、避免损失、远离痛苦。但是,在他看来快乐具有不同质的区别。他说,没有人为了尽情享受畜类的快乐而把自己降为低等动物,或许一个拥有高级官能的人对实现自己的幸福无能为力,但他从不希望自己沦为低级的存在。这样密尔把肉体的快乐与精神的快乐也做了严格区分。

由此可见，区分肉体快乐与精神快乐，并以追求精神快乐为荣，是西方文化的传统。

美国哈佛大学幸福课举世闻名。这门课的老师叫夏哈尔，是一个以色列人。这个人原来是一个壁球运动员。壁球训练是一件非常辛苦的事。最初，他妈妈鼓励他说，你好好打，等你打到省冠军就会过上幸福生活了。于是他咬牙坚持，后来他果然打到省冠军，但是他发现自己只幸福了半天，很快他又很纠结，他要不要冲全国冠军呢？他决定还是要冲全国冠军，于是他又投入更艰苦的训练中。等到他真的拿到全国冠军，他发现这一次高兴的时间更短。于是他开始研究幸福问题，想搞清楚幸福究竟是怎么回事，最后他成了哈佛大学幸福课的教师。夏哈尔对幸福的定义是：既有未来的意义感，又有当下的快乐感。

但在实际生活中，这种情况很难出现。因为从种种分析来看，包括夏哈尔自己的经历，我们看到，快乐具有如下特性：首先，一切现实的快乐都是快速递减的，正如夏哈尔获得壁球冠军那样，高兴总是只有一阵子；其次，肉体快乐的递减要比精神快乐的递减更快，比如满足饥渴的快乐瞬间即逝；再次，精神快乐的递减比较慢，比如一项科学发明所带来的快乐，可能会伴随发明人一辈子，但也绝对没有刚开始那么强烈；最后，所谓意义感，它源于人们对价值的追求，是一种精神快乐，阿德勒称之为优越感。

根据以上分析，我们可以得出结论：肉体的快乐是短期的、低级的快乐形式，精神快乐则是更为长期的、高级的快乐形式。

夏哈尔对幸福的定义太理想化了。在现实中，我们更多地感到，当我们更关注当下快乐的时候，我们往往很难感受到未来的意义感，比如饿了吃饭、渴了喝水等；当我们追求未来的意义感的时候，我们又很难有当下的快乐感，比如训练钢琴、徒步探险等。这说明肉体快乐与精神快乐很难两全，人类不太可能有像夏哈尔说的那种幸福，既有未来的意义感，又有当下的快乐感。如果人类不愿意停留在肉体的低级幸福状态，那就要付出必要的代价，去追求未来的作为价值实现的高级幸福，即精神幸福。所以，对人生来说，真正的幸福就是对人生价值的追求。这样说来，那些乒乓球运动员、钢琴演奏家、科学家、探险家、创业家，那些为民族利益而牺牲的英雄们，他们虽然付出了巨大的代价，但是追求着崇高的人生价值；他们虽缺少当下的肉体快乐，但他们却收获了未来的人生价值。他们实现的是一种更高的、真正代表人性光辉的精神幸福。

所以，一个精神愿望强烈的人其实是充满幸福感的。正是在这个意义上，英国哲学家约翰·穆勒说，不满足的人比满足的猪幸福，不满足的苏格拉底比满足的傻瓜幸福。所谓不满足的人和不满足的苏格拉底，就是不停留在肉体快感上，他有更高的、更丰富的精神追求，而精神上的追求是无止境的，不会有彻底满足的时刻，但他比光有肉体欲望的猪和傻瓜更幸福。

最近有一本书，书名叫《极简主义》。作者乔舒亚曾是一个每周工作 70 小时、每年工作 362 天、年纪轻轻就拿上 6 位数年薪的企业高管，20 多岁就买了名车豪宅，有一个美丽的妻子。越来越有钱的他，发现自己幸福感并没有增加，实际上他的生活非常糟糕。一番反思后，乔舒亚开始过极简主义的生活。他丢掉了家中 90% 的东西。这样的极简生活，反而让他的内心越来越充实，获得了前所未有的快乐与自由。他这样的生活影响了他的好友瑞安，在他的帮助下，瑞安也过上了极简生活。极简主义不是要你一无所有，而是通过舍弃生活中多余的东西，我们得以集中精力追求生命中最重要的五种价值：健康、人际关系、热情、成长和奉献。

我在这里引用这个故事，不是建议大家都去过极简生活，而是要借这个故事表达我的观点：幸福在于自己独特的价值实现。

三、改造我们的幸福观和教育观

我们认为，在很大程度上说，幸福观决定了我们的教育观。而幸福观又取决于一种文明的精神内核。这与前面说的教育与文明相适应的观点异曲同工。

当前，我们国内对中国教育有诸多反省，也有诸多责难，这说明我们的教育确实存在不容忽视的紧迫问题。但是问题究竟在哪里？各方面的议论却流于表面、众说纷纭、莫衷一是，基本没有找到根本原因。实际上，有什么样的文明，就有什么样的幸福观；有什么样的幸福观，就有什么样的教育观。中国教育出现的问题，归根到底是中国文明的问题。改造中国的教育，归根到底在于改造中国的文明和中国人的幸福观。

改革开放以来，我们向世界、向西方学习他们的先进文化，取得了很大成效，经济社会面貌发生了极大变化。但是我们应该看到，几十年来，我们学习的还是西

第一章　前论：教育就是传承文明

方文明中表层的东西，比如经营管理、科学技术等。通过这些学习，我们固然小有所成，但是我们发现这些收获基本上是后发优势，现在，这种后发优势已经越来越不可持续。我们亟待实施经济转型，从跟随型走向自主创新型。这个时候，我们突然发觉，我们的创新能力、创新意识严重不足，经济转型举步维艰。于是，我们开始反思我们的教育，甚至责怪我们的教育。因为大家慢慢认识到，中国未来的经济取决于我们的教育。

著名经济学家钱颖一对中国教育有一个独到分析。他说，中国在大规模的基础知识和技能传授方面很有效，使得中国学生在这方面的平均水平比较高。这种教育对推动中国经济在低收入发展阶段的增长非常重要，因为它适合"模仿和改进"的"追赶"作用。但是，中国学生缺乏好奇心、想象力和批判性思维能力，中国人才缺乏创造力、缺乏领导力、缺乏影响力。不是我们的学校"培养"不出杰出人才的问题，而是我们的学校"扼杀"潜在的杰出人才的问题。在好奇心和想象力被扼杀、在个性发展受压抑的情况下，人与人之间的差别就减少了。在培养杰出人才方面，印度都比中国强。印度的人均收入比中国低，印度教育的平均水平肯定不如中国，但是它在出现突出人物方面比中国显著。全球著名商学院中的哈佛商学院、芝加哥商学院、康奈尔商学院、华盛顿大学商学院的院长都有过印度裔，全球著名大跨国公司中，微软、百事、德意志银行、万事达卡的CEO（首席执行官）也都有过印度裔。但是日前还没有或很少有中国人担任这类商学院和跨国公司的CEO。钱颖一认为，杰出人才不是培养出来的，而是在一种有利的环境中"冒"出来的。所以创造环境远比"培养"更重要。（见附录二：《中国教育的首要问题是如何培养真正的人》，题目为引者所加，本书第281页）

在我看来，钱颖一说的这种环境，不但包括自然环境，也包括人文环境、文化环境。社会和历史的发展推动我们不得不去思考我们文化底层、底色的内核。实际上，教育的真正底色是文明形态，改造教育必然意味着改造文明。从这个意义上说，中国的改革开放已经从浅层开放抵近到深层开放的关口，到了一个文明再造的关口。

幸福观是一种文明形态、文明底色的组成部分。幸福观也是文明与教育之间的桥梁。

前面说道，西方文明非常重视个人的精神生活、精神价值，非常重视人的理性与灵魂，并把幸福与个人的精神生活紧密联结。

在古希腊时期，就出现了一批精神生活极为丰富的人，他们就是古希腊哲学家。实际上，哲学的原意在古希腊就是"爱智慧"。哲学家们往往是一些衣衫褴褛、耽于沉思的人。他们认为，爱智慧才是人的最高贵的生活，也是最幸福的生活。正是这样一批人创造了无与伦比的古希腊文明。

这种对人自身的自重与自爱，文艺复兴以后演化为人本主义思想，工业革命以后，人的主体地位进一步确立。人的存在、人的幸福、人的目的、人的欲望被高度肯定，自由意志、自由、自我、自我实现、个人主义、个性等成为近代西方社会学的核心概念，个人的、自我的精神世界的丰富性被尽情地展开。尽管到了当代，西方在自由、自我问题上有走向偏执极端之势，并对西方社会产生严重后果，但是社会的发展却不能没有自由和自我。没有个人对幸福的追求、没有个性的解放，西方社会的创新是不可想象的。我们看到，西方一个普遍现象就是，每一个人都注重寻找属于他个人的精神生活和精神价值。为了追求个人价值，西方涌现出了诸多探险者，这些探险者很多也是科学研究者。有的少年或四肢不全者，单人驾驶帆船或快艇横渡大西洋；有的少年15岁已经成功登完世界七大洲的最高山峰；还有百岁老人从高空跳伞以庆祝生日。正是这些丰富多彩的个性解放与自我实现者，成就了西方的创新社会。

这些在我们看来非常自我的人，非常另类的人，甚至不可思议的人，在西方人看来，却可能是自己生命价值的实现，是追求幸福的生活，因而是最有意义的生活，也是他们认为非常值得追求的生活。

几千年来，西方人始终在问：我是谁？我从哪里来？我要到哪里去？这些问题，在中国人看来，简直是莫名其妙！但是在西方人看来，却是一些永远要问却永远也回答不了的大问题。在西方人看来，人有生必有死，所以人生从一开始就注定会有一个失败的结局。人不同于猫，也许猫不会去想死的问题，但人不一样，人作为理性动物，由于他有思维性，他会不停地思考死的问题，不停地问自己为什么要去经历一个必然失败的人生过程。

于是，西方人努力寻求永生。这种永生只有在自我的精神里才能找到。人的肉体是有限的，肉体会消亡，但是精神世界是没有止境、没有界限的，因此精神幸福也是没有界限的。正因为没有界限，所以才是最崇高的幸福。西方人想用精神的永生来对抗肉体的消亡。他们也重视肉体的快乐，但更加重视精神的快乐。亚里士多德的肉体死了，但是他的精神却是永存了。

反观中华文明，不能不说，在某种意义上说，西方文明的优势恰恰是我们文明的劣势。

我们的文明基本不谈幸福问题，我们害怕谈论私欲，我们从不谈论自我，我们避谈个性，我们从来没有展开过个人精神世界的丰富性。私欲、幸福、个人价值，这一切不正是西方社会创新的动力吗？因此，我们的文明缺乏创新底色。

儒、释、道三家，基本上都没有关注个人问题。孔子说，君子爱财，取之有道。这说明孔子承认人的某些基本需要，但基本上只是一些本能的需要。孔子从来没有阐述过人的丰富多彩的精神世界，从来没有正面讨论过人性、幸福、权利、自由等问题。他只关心仁，而所谓仁，主要是强调个人对社会的服从，而不是个人在社会中应有的主体性、独立性。我们现在知道，离开人的主体性，社会的发展既无动力，也无意义。在对"人是什么"的认知上，我们的先哲已经与古希腊的先哲明显拉开了差距。

老子比孔子更甚，他压根不提倡社会的进步和人的欲望的实现，他想把社会维持在最自然、最朴素、最原始的状态，他强调"虚其心，实其腹"，直接要把人的精神世界消灭掉。如果不是人不吃饭会死，估计他连"实其腹"这句话都不会说。

佛家更是极端，它强调四大皆空，放弃一切尘世的欲望，消解自我，追求无我。但真正成佛，就不是人了；大家都成佛，社会就停滞了。

所以，中华文明不谈论个人幸福、个人权利、个人欲望这些问题。我们喜欢谈论道德。但是，道德恰恰是从私欲中产生的，没有私欲，要道德何用？没有私欲，道德由何而生？我们把道德归于人的天性，这说明我们对道德是无能为力的。这恰恰又让我们在道德面前缴械投降，表示我们无权、更无力干预人的道德境遇。

当我们没有构建起个人的精神价值时，当我们没有展开个人丰富多彩的精神世界时，而我们的本能需要却又无法消除，所以总有某些中国人显得很自私、很现实，满足于油盐酱醋，不愿创新，不愿冒风险，人生格局很小。我曾经留意过这样一个现象，我们绝大多数家长，他们的唯一希望就是孩子将来上一所好大学，找一份好工作，似乎这就是孩子人生的终点，他们从不关注孩子的精神追求。与此同时，我们很多孩子上了大学还不知道自己一辈子想干什么，只要将来有一份工作，干什么都无所谓。在这样的局面下，我们的下一代怎么可能有独特的人生？我们要承认，不去仰望星空，过多专注于满足那种基础性的、低级的、本能的需要，就会形成一些精致的利己主义者。

这就是中华文明的某种底色。在这样一种幸福观下，很多人只不过活着而已，但绝不可能活出每一个人的精彩，更不可能"冒"出很多杰出人才。

可是，我们现在需要全民创新创业，我们需要自主发展，我们需要创造，那种后发的、跟随的、模仿的路已经到头。我们中国人需要激发出一种力量，我们需要敢于承担风险、敢于付出代价、敢于担起责任，我们需要这样一种精神力量，去冲破发展道路上的种种挑战。尽管对于满足于油盐酱醋的快乐生活，我们也许已经感到足够幸福，但是，这种生活方式、这种幸福观显然不能使中华民族站立在人类世界的潮头。

为此，我们需要重新构建我们文明的底色，重新构建我们的幸福观。我们不能满足于油盐酱醋的肉体快乐的幸福观，我们要升华自己的精神世界，寻找自己独特的精神价值，创造自己独特的人生意义。

教育要为这种转型服务。教育不能停留在一心为了分数、一心为了升学、一心为了考一所好大学、一心为了找一份好工作这些方面。这些都只能体现油盐酱醋的肉体幸福观，难以实现作为精神生命的精神幸福。教育要观照人生更深层的东西，那就是人生的价值、意义。教育要服务于这个目的。

这种转变当然很难，因为，教育也不是处于真空之中，而是处于现实之中。我们现实中的人，又是浸染在传统文化之中，他们往往又会满足于自己的油盐酱醋，于是形成恶性循环。所以，当前我们中国教育面临的问题，不仅是教育系统的问题，更是我们需要文明的觉醒、需要人民的觉醒、需要社会的觉醒的问题。要实现中华民族完全崛起，文明的涅槃再生、幸福观的涅槃再生不可避免。

第四节 健全的人格是教育的核心目标

目的是抽象的，目标却是具体的。如果幸福是教育的目的，那么人格就是教育

第一章　前论：教育就是传承文明

的目标，因为没有健全的人格就没有幸福。

一、价值观是人格的底色

　　人格这个词经常被滥用，这使人格这个词的内涵变得模糊。但作为一个重要的教育学问题，我们又要对它做出清晰的界定。

　　人格通俗地讲也叫个性。从心理学上来讲，人格包括气质与性格两部分。埃里希·弗洛姆说："所谓人格，我指的是人先天禀赋和后天获得的、真正构成一个人特征的、从而使个人与他人区别开来的各种心理特质的总和。"（［德］埃里希·弗罗姆著，《寻找自我》，陈学明译，工人出版社，1988年，第67页）（埃里希·弗洛姆即埃里希·弗罗姆，各时期译法不同，本书正文叙述中统一采用"埃里希·弗洛姆"——引者注）其中先天禀赋部分就是气质，它是不可改变的；后天获得的部分就是性格，它是可塑的。因此，我们讲培育人格主要是指培育性格。为了叙述上统一，我们虽然总在用人格这个词，但实质上更多的是指性格。

　　后天获得的性格，当然是从属于人的意识系统（包括潜意识）。我们前面已经讨论过，作为认知结果的意识系统，它包括价值和知识两部分。那么，性格是价值还是知识呢？抑或它既是价值又是知识？

　　知识由于具有一般性和共性特征，显然很难通过知识"使个人与他人区别开来"。因此，知识不是人格构成的要件。

　　在此，我们要引用个体心理学的创始人阿尔弗雷德·阿德勒的一段话来加以说明。阿德勒说："在考虑人格构成时，要注意到：人格的统一体，还有它独特的方式和目标，并不建立在客观现实之上。相反，一个人对生活事实的主观看法才真正是他的人格结构的基础。人对事实的看法和观念，并不就是事实本身；因此，人类虽然生活在一个充满同一样事实的世界，但却各自以不同的方式塑造自己，每个人都根据他对事物的看法来调节自己；他的看法有对的，也有不那么对的。"（［奥地利］阿尔弗雷德·阿德勒著，《儿童的人格形成及其培养》，韦启昌译，北京大学出版社，2014年，第4页）

　　我们前面曾经说到，知识追求客观性和普遍性；价值则是认知主体与个体之间的关系判断，它完全是个性化的、因人而异的、独特的。人的精神生命的独特性正是来源于其价值观的独特性。从阿德勒的论述中，我们看到人格"并不建立在客观现实之上"，它是"一个人对生活事实的主观看法"，"他的看法有对的，也有不那么对的"，"每个人都根据他对事物的看法来调节自己"。显然，阿德勒所说的"人格结构的基础"是价值，是态度，而不是知识。因此，阿德勒又强调："是我们的观点，而不是事实，决定了我们要走的方向——这是我们的心理真正的奇妙之处。我们的观点控制、调节我们的行动，我们的人格构成也以我们的观点为基础。"（[奥地利]阿尔弗雷德·阿德勒著，《儿童的人格形成及其培养》，韦启昌译，北京大学出版社，2014年，第19页）

在同一本书中，阿德勒又说："人的挣扎、追求，或者寻找目标的活动，导致形成个人的人格。"（[奥地利]阿尔弗雷德·阿德勒著，《儿童的人格形成及其培养》，韦启昌译，北京大学出版社，2014年，第5页）这个表述就更加清楚了，因为目标本身就是价值。可见，人格很大程度上是建立在价值观基础上的。

价值产生信念和态度，信念和态度构成人格，人格决定了人的发展方向。"根本的动力，是对价值的认可，是对重要性的认知，无论在科学、道德还是宗教领域，概莫如此。让个性和超越自我的东西融合，需要各种形式的疑惑、好奇、尊敬或崇拜，以及各种形式的强烈欲望。对价值的认可会给生命增添难以置信的力量；没有它，生命将回复到较低层次的被动状态中。"（[英]怀特海著，《教育的目的》，庄莲平、王立中译注，文汇出版社，2012年，第54页）

美国发展心理学家费尔德曼认为，"人格是区分个体的持久性特征的总和"（[美]罗伯特S.费尔德曼著，《儿童发展心理学》，苏彦捷等译，机械工业出版社，2016年，第153页）。在费尔德曼的定义中，又突出了"持久性特征"的含义，这说明那些暂时的、不稳定的特征也不能归结为人格。

综合以上分析，我们这样定义人格似乎更为准确：真正构成一个人特征的、从而使个人与他人区别开来的各种持久性心理特质的总和。也可以更为通俗地理解为：人格就是持久稳定的信念和态度。

正如怀特海所说，信念和态度是一种"难以置信的力量"，当然对人生起决定性作用。因此，也可以这样来理解人格，即人格是推动人自身发展的内在动力。

二、培育健全的人格是教育的核心目标

我们在日常生活中经常会提起人格，凡是受过一定教育的人，都会谈论人格；即便没有受过教育的人，也会自觉地维护自己的人格。通常，我们每一个人都非常看重自己的人格，把人格不被尊重看成是对自己最大的侮辱。从这一点来看，人格被我们看成是人的本质属性。我们又经常说，性格决定命运、决定人生。从这一点来说，人格决定着我们人的行为模式、人生轨迹和人生结局。

人格对于人、对于人生、对于幸福、对于人的命运是如此重要，如果我们的教育不是以培育人格为核心，那是完全没有道理的，也是完全不负责任的，那肯定也是完全失败的教育。这个道理应该是再明显不过了。

心理学家阿尔弗雷德·阿德勒说："小孩的教育和成长不论是在父母的保护下进行，抑或在教师的帮助下展开——那是无关宏旨的，关键是小孩要得到正确的教育。我们这里所指的教育当然是孩子课外的教育——不是学科知识的传授，而是孩子人格的训练发展，后者才是教育最重要的内容。"（[奥地利]阿尔弗雷德·阿德勒著，《儿童的人格形成及其培养》，韦启昌译，北京大学出版社，2014年，第156页）这段话清楚地说明，孩子真正重要的教育、正确的教育不是学科知识的教育，不是课堂教育，而是课外的人格的教育。阿德勒另一段话说得更加直白："培养孩子健全的人格——这才是儿童教育的首要目的。其他诸如如何帮助孩子积累书本知识以提高他们的智力一类的问题则是儿童教育的枝节和皮毛。"（[奥地利]阿尔弗雷德·阿德勒著，《儿童的人格形成及其培养》，韦启昌译，北京大学出版社，2014年，第3页）

爱因斯坦说："什么是教育？当你把受过的教育都忘记了，剩下的就是教育。"那么，这里"忘记"的显然是指知识，而"剩下的"是什么呢？显然是指通过潜移默化沉淀在人内心的人格因素。

我国著名教育家蔡元培说："教育是帮助被教育的人给他能发展自己的能力，完成他的人格，于人类文化上能尽一分子的责任，不是把被教育的人造成一种特别器具。"

另一位著名教育家张伯苓说过："作为一个教育者，我们不仅要教会学生知识，

教会学生锻炼身体，更重要的是要教会学生如何做人。"

中国教育学会家庭教育专业委员会副理事长、著名青少年教育专家、家庭教育专家孙云晓表示，孩子的成功并不是以拿到名牌大学的录取通知书等为衡量标志，更重要的是孩子得具有健康的人格，家庭教育的核心在于培养孩子健康的人格。

这些论述说明，教育家们早就断言，教育的核心目标是人格问题，而不是知识问题。但是，令人遗憾而又无可奈何的是，我们现实中的教育在很大程度上似乎与此背道而驰。学校和家长们普遍都过度关注考分，甚至可以说把全部注意力都放在考分上。我们好像不明白，当过度关注考分的时候，我们会自然地忽视人格培养，甚至由于过于关注考分，我们的很多行为已经在破坏、扭曲以致戕害人格，从而导致舍本求末，捡了芝麻丢了西瓜。

曾几何时，我们开始谈论素质教育。学生们在课堂教育以外，开始接受一些艺术、体育方面的教育。家长们为了使孩子"不输在起跑线上"，忙着给孩子报各种"兴趣班"，而不管孩子是否真有兴趣。很多孩子整个周末都被各种课外班占得满满当当。于是孩子们在形形色色的课外班中失去了学习和生活的兴趣。对孩子们来说，他们的生活就是学习，而这种生活成了孩子们的地狱。

基本上来讲，我们所说的素质教育仍然只是知识和技能层面的素质，而没有达到人格层面。我们所说的"起跑线"，仍然只是知识和技能层面的起跑线。显然，素质教育也好，起跑线也好，都没有抓住人的本质、文明的本质、教育的本质问题。我们必须明确强调的是，人生的起跑线绝不是知识与技能，人生的起跑线只能是人格。教育必须回归到人格培育这个核心上来。

中国家庭教育研究会理事长朱永新说，生活中看人常常是一俊遮百丑。有了高分数、好成绩就被看作好孩子。事实上，影响终身发展的因素中，分数并不是最重要的，起着制约作用的是品德、品格，是做人的快乐，是受人欢迎、尊重，而不是知识学问。不少父母过多关心学习，只要考出好成绩，什么要求都答应，而品德低下却不被关注。

朱永新教授说的正是当前中国教育的现实写照。

我们认为，在培育人格的系统工程中，家庭和学校担负着不同的职责。一般来说，一方面，人格培育更多取决于家庭教育，从这一点来说，家庭教育的缺失将是教育的最大缺失。另一方面，虽然学校更多承担的是智力教育，但这并不是说，学校可以忽视人格培育问题。学校教育只能是在继续完善、巩固、补充家庭教育中的人格教育的基础上开展智力教育，而不能以牺牲人格为代价开展智力教育。因此，我们主张家庭教育统领学校教育。现实中，我们有很多学校的教学行为可能正在戕害人格的正常成长，这是我们要努力避免的。

三、幸福源于健全人格

我们前面已经论述过，幸福是人生价值的实现；同时，我们又论述了价值是人格的底色，即人格很大程度上以价值观为基础。因此幸福问题既然是价值观问题，那么它也就是人格问题，一个人的人格决定了他幸福还是不幸福。我们可以这样说，幸福源于健全人格。

所谓"健"就是健康，健康的人格要求我们的价值观应该是健康的。所谓健康，就是有利于自身人格的成长。我们的价值观只有有利于自身人格的成长时才是健康的，相反，价值观如果不利于自身人格的成长，就不能说是健康的。比如自信这种价值观，它是有利于自身成长的，因此它就是健康的；又比如自傲和自卑这两种价值观，它们不利于自身人格的成长，所以它们就是不健康的。

在这个问题上，最难以判断是否健康的价值观是自利，它牵涉到个人与社会的关系问题，也是人类文明中最难处理的问题。迄今为止，人类自身还没有很好地处理这个问题。但是，我们却必须处理好这个问题，因为我们人类都会碰到这个问题。这个考验将会伴随每个人的一生。本书第五章会专门论述这个问题，在此我们只是简单提及。

我们首先要问，自利是不健康的吗？显然，假如自利是不健康的，我们就要放弃自利的价值，这就意味着我们不去追求快乐，不去追求卓越，不去追求幸福，不去追求创新……如果这一切都成真，那么人还需要成长吗？人还有成长的动力吗？可见，人要成长，就要有自利心。因此，从一定意义上说，自利是健康的。

那么，自利真的就很健康吗？我们又分明看到，在我们现实世界中，很多人因为自利而遭人唾弃，遭人鄙视，甚至遭到打击与毁灭。

由此看来，我们否定自利显然不行，过于自利也不行，真正的界限是适度自利，这样不但能够实现个人自身目的和个人成长，而且不至于担心个人遭到唾弃和毁灭。

这个界限就是道德。因此，在道德以内，任何个人都是自由的，他可以行使其自利行为，这时的自利是健康的，而且这种自利行为有利于个人和社会的成长与发展，超出道德界限的自利则是不健康的。

所谓"全"就是全面。正如我们前面所说，人的生命具有统一性，阿德勒也说过，人格是一个统一体。全面的人格意味着我们应该建立对宇宙万物的价值系统，我们应该建立对自身、对他人、对自然万物、对过去、对现在、对未来的信念和态度。这个统一体应该得到整体的、全面的呈现。一个全面的价值系统，才有利于更清晰地定位我们自己，才有利于促进我们自身价值的实现，才有利于达到我们所期望的幸福。特别是，当我们的价值系统更为全面时，我们才能得到更多、更高级的幸福。假如我们的价值系统是残缺不全的，将会严重制约我们的成长和幸福的实现。所以，我们通过培育健全的人格来实现健全的幸福。正如弗洛姆所说："幸福和不幸是有机体的整个状态的表现，是总体人格的表现。"（［德］埃里希·弗罗姆著，《寻找自我》，陈学明译，工人出版社，1988 年，第 206 页）

四、家庭是人格培养的主战场

我们愿意反复强调，区分价值与知识在教育上具有极其重要的意义。因为在人的生命活动中，价值与知识的产生机理不同，作用也不同。从作用的角度来讲，价值是人的核心追求，是人生的意义所在；同时价值能够推动知识的生产和创造，它是知识生产的前提和驱动力。从产生机理的角度来说，知识是一个客观的认识过程，这种客观性又决定了它的一致性。比如对一朵玫瑰花来说，不同的人并不能做出随意性的判断，不同的人答案只有一个。因此，知识可以简单复制和灌输。价值则不能简单复制和灌输，因为价值是个人对对象的关系判断，不同的个人对同一对象，以及同一个人对不同对象，所产生的关系判断都是不同的，它是"一个人对生活事实的主观看法"。还是以玫瑰花为例，一个人说我喜欢玫瑰花，另一个人说我不喜欢玫瑰花，这都是价值判断，然而我们不能说"我喜欢玫瑰花"是对的，"我不喜欢玫瑰花"是错的。实际上，价值判断在很多情况下无所谓对错。因此价值只能来源于个人经验和体验，以及个人对于自身经验的理解。

从价值的产生机理，我们就可以得出人格培育的基本路径。

第一章　前论：教育就是传承文明

人生活在世界上，会与各种各样的人和事物打交道，这些人和事物构成了我们的生存环境；每个人的认知能力对其所在的环境产生生活体验，并在体验的基础上产生对环境的理解；这种理解的结果就形成了价值观，一系列的价值观形成了价值观系统，这个系统就是人格。

简单说，人格产生于自己的生活。

从这个过程中，我们可以了解，人格培育的关键环节有两个。首先，是给孩子创造一个生活环境，让孩子自由地生活于其中，使孩子产生直接的生活体验。这个环境当然应该是符合人类生活的完整的环境，它应该包括物质环境、人文环境、自然环境、家庭环境、社会环境等方面。这个环境应该尽可能完整与丰满，符合人类生活的原貌。中国教育的一个问题是，孩子们的生活环境与他们将来要生活的现实环境严重脱节。比如，现在有不少孩子从不做家务，甚至连面条都不知道怎么煮，家长一门心思只让孩子读书，孩子与真正的生活处于隔离状态。这样的孩子，哪怕学习成绩很好，考试分数很高，将来的生活能力也是存疑的。只有完整丰富的生活环境，才可能产生完整的价值系统，形成健全的人格。

孩子一出生就自然处于一定的环境之中，家长的主动性或者说教育者的主动性，就是可以对孩子所处的环境进行调控。按照我们对孩子成长规律的理解，形成对孩子成长的顶层设计，然后我们投入时间、精力、金钱，去调控孩子成长的生活环境。我们可以给孩子创造一个更为完整、更符合现实、更加丰富多彩、更符合孩子成长规律的环境，从而使孩子健康成长，形成健全的人格；我们也可能由于懒于学习，或者没有时间照顾孩子，或者经济拮据，于是既不去了解孩子的成长规律，也不去规划孩子的生活环境，得过且过，孩子的成长处于不可控状态，这就是我们通常说的放养。

我们究竟要怎样做？选择权在家长们手中。学校固然提供了孩子生活的部分环境，但这部分环境太过单一、太过简化，它无法满足孩子成长的要求。杜威强调，学校应该像社会和家庭，"它应当采取和继续儿童在家庭里已经熟悉的活动"（［美］杜威著，《我的教育信条》，杨小微、罗德红译，华东师范大学出版社，2015年，第95页）。但是，学校毕竟无法还原家庭和社会生活，因此，家庭在孩子人格教育中承担着更大责任。

其次，价值的产生还取决于孩子对环境的理解。同样的环境，不同的人会产生完全不同的理解，这是完全正常的。但是，我们要承认，有一些理解对孩子未来生活可能极为不利。

阿德勒讲了这样一个故事。有一个三口之家，小男孩八岁了。看上去一切正常，夫妻相爱，孩子依赖父母。除了孩子略有点任性以外，父母对孩子并没有特别不满意的地方。男孩八岁这一年，母亲又给他生了一个小妹妹。小妹妹的降临，使得父母把很多精力用于照顾这个小孩，这也很正常，也不可避免。但是，男孩却突然觉得小妹妹成了家庭的中心，自己似乎被父母抛弃了。我们知道这不是真的，但关键是男孩就是这样理解的。于是"他完全自暴自弃，一副懒洋洋的样子，漫不经心，毫不在意——他以此折磨他的母亲。一旦母亲不给他所要的东西，他就扯她的头发；他总不给她一会儿的安静，不是捏她的耳朵，就是拉她的手。他拒绝放弃他的战略，随着小妹妹的长大，他更加坚持自己设计的行为模式。小妹妹很快就成为他捉弄的目标。他的恶劣行为开始于她妹妹诞生的时候，因为从那时起，妹妹成了家庭注意的焦点"（［奥地利］阿尔弗雷德·阿德勒著，《儿童的人格形成及其培养》，韦启昌译，北京大学出版社，2014年，第17页）。

所有这一切都源于男孩看待妹妹出生这件事出现了谬误。这种认知谬误是否完全无法避免？不是的。如果父母提早做好引导，结果完全可能是另一个样子。

这个故事说明，家长要对孩子对环境的理解加以正确引导，以使孩子的价值观朝着有益于健康成长的方向发展。如果家长引导不好或者不加引导，都有可能走向反面。但是，当孩子认知能力发展以后，他将更多依赖自我认知。

那么怎么样引导才是正确的呢？尤其是孩子在很小的时候，他是如何认知环境的？孩子的认知与成人的认知有何区别？要回答这些问题，就需要系统的教育思想，把握孩子成长规律。

因此，一个是环境的构建，一个是认知的引导，是人格构建的两个关键环节，也可以说是人格教育的基本路径。

在此，我们要特别指出，婴幼儿时期形成的认知构成人格的基础部分。这部分认知可能决定着孩子的一生。这是因为，这部分认知具有基础性的作用，它将决定和影响孩子以后产生的其他认知。阿德勒说："一个人在成长过程中出现的错误和失败需要我们认真地分析，尤其需要分析一个人在儿童早期形成的对事物的偏颇认识，因为这些偏颇的认识主宰着这个人以后的一生。"（［奥地利］阿尔弗雷德·阿德勒著,《儿童的人格形成及其培养》,韦启昌译,北京大学出版社,2014年,第4页)弗洛姆说:"性格在本质上则是个人经验,特别是早期生活经验的产物。"([德]埃里希·弗罗姆著,《寻找自我》,陈学明译,工人出版社,1988年,第67页)可见,家庭、父母在孩子人格培育中占据着核心地位,学校则只能起到辅助作用。对此,家长们切不可掉以轻心。

在德国,亲生父母要是不能很好地抚养孩子,国家会把孩子从父母身边带走。国家则会在社区经常举办家庭教育知识讲座,通知父母去学习,使父母成为合格父母,能够更好地履行家庭教育责任。"可是做自然父母和做合格的父母这之间还是有区别的,在德国做自然父母如果不合格,国家是会把你的孩子带走的,不是你认为的'我生的孩子就是我的'这么古老简单。"(见附录三:《在德国学做父母》,本书第285页)从中可见,德国对家庭教育是何等重视与严格。

第二章
引论： 西方人格理论简评

在上一章，我们讨论了人性的各个方面，讲到了人的十个特性。并且已经说明，人性的发展集中表现在人格中。而人格又决定了人生终极目标的实现，即幸福问题。人性、自我、自由、人格、个性、欲望、幸福这些问题，是高度关联的问题。中华传统文明对这些问题基本采取回避态度，而在西方文明中，从苏格拉底开始就着眼于人的目的性问题，把人自身目的的实现视为真正的德行和最高的善，在此基础上演化出了西方哲学中的生命论。近代以来的人格心理学，正是这种文化传统的结晶。本章，我们将讨论几种有代表性的人格理论，以便为下一步讨论人格教育问题，提供理论支点。

第一节　弗洛伊德的人格理论及简评

一、弗洛伊德的人格理论

（一）人格的构成

作为精神分析心理学的鼻祖，弗洛伊德的人格理论具有重要意义。

在弗洛伊德的人格学说中，人格由本我、自我和超我三部分组成。

本我是原始的心理驱动力，是非理性的，它跟随本能冲动并追求即时的满足感；本我被唯乐原则所支配，无节制地寻找快乐，而不考虑所渴望的行为是否现实可行，是否被社会认可。

自我从社会现实出发、从理性出发来调节本我的冲动；自我受现实原则支配。自我在生命过程中是被动的，"很容易看到自我是通过知觉意识的中介而为外部世界的直接影响所改变的本我的一部分"，"自我习惯于把本我的欲望转变为行动，好像这种欲望是自己的欲望似的"。（［奥地利］西格蒙德·弗洛伊德著，《自我与本我》，张唤民等译，上海译文出版社，2011年，第213、214页）

超我大致上与良心的概念相对应，包括从社会习来的道德态度。弗洛伊德后来又把理想自我纳入超我概念之中，所谓理想自我就是一个人想让自己努力成为的样子。

（二）人格的统一性

在弗洛伊德看来，人格是一个整体，本我、自我、超我是这个整体的三个层次。这三个层次相互关联、相互影响，构成一个整体。

本我是人格的基础，是人格的出发点，人的存在似乎都是为了实现本我的满足；自我从现实出发，想方设法去满足本我，调解本我与环境的矛盾，因此自我从本我中生发,又服务于本我;超我又从自我中生发出来,形成社会规范来约束自我、监督自我,以便自我服务本我的目标得以实现。"当一个孩子成长起来,父亲的角色由教师或其他权威人士担任下去;他们的禁令和禁律在自我典范中仍然强大,且继续发展,并形成良心,履行道德的稽查。"([奥地利]西格蒙德·弗洛伊德著,《自我与本我》,张唤民等译,上海译文出版社,2011年,第213、228页)除了监督,超我对自我还有护佑功能。"超我实现保护和拯救的功能,这同一件工作在早期是由父亲来完成的,以后由上帝或命运来完成。"([奥地利]西格蒙德·弗洛伊德著,《自我与本我》,张唤民等译,上海译文出版社,2011年,第213、257页)

(三) 一切动力来自本我

在弗洛伊德看来,超我是自我的一部分,自我又是本我的一部分;同时超我约束自我,自我约束本我。

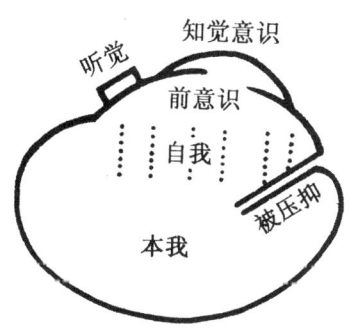

左图表示本我、自我与超我的关系。([奥地利]西格蒙德·弗洛伊德著,《自我与本我》,张唤民等译,上海译文出版社,2011年,第213页)这样人的真正的心理动力只有本我,本我是一切动力的源头。这个动力的核心部分就是性本能。这样,弗洛伊德就把人格的本源归结于本我,也即动物的、本能的我。

二、对弗洛伊德人格理论的简评

(一) 弗洛伊德人格理论的优点

弗洛伊德人格理论注重人格的内在驱动力,这是其显著优点。人格是人的本质表达,这种表达不可能脱离人自身的内在本质而存在。心理学的后续发展逐渐形成了更为丰富的心理动力学思想,正是对弗洛伊德理论的某种继承。

弗洛伊德把人格划分为相互区别又相互联系的本我、自我与超我三个部分,是一种很有意义的创举。本我按照唯乐原则寻求满足,自我负责调解本我与环境之间的关系,超我则负责监督和保护自我。功能各异的三者,形成一个统一的整体人格。

我们认为，这种区分确实在相当程度上勾勒出了人格力量的基本层次和特征。

（二）弗洛伊德人格理论的缺点

弗洛伊德人格理论也有明显不足。

首先，弗洛伊德人格理论忽视了外部环境在人格塑造过程中的影响力。尽管弗洛伊德承认外部环境会影响人格，表现在他承认自我在本我与现实之间发挥调解作用，但是他并没有更多地去揭示外部环境是如何影响人格的。

其次，在弗洛伊德的人格理论中，过于注重本能的作用，这使他的理论在某种程度上把人等同于动物，忽视了人的高级精神活动。他总试图从本能出发解释人类活动，以至于他把超我定义为良心和理想自我。在这里我们看出，弗洛伊德明显想为人的高级精神活动之一的理想自我找一个安放之处，因为他无法回避人的高级精神活动，于是他找到了超我，可是这个安放地却非常勉强。因为，按照弗洛伊德的解释，道德良心是非理性的，并且它更接近于无意识的本我，而理想自我显然是高度理性的产物。那么，性质迥异的两者何以共存于超我之中？这是相当费解的。情况很可能是这样（我们后面还会谈到），弗洛伊德从本能出发来解释道德良心是一个误区，可道德良心实际上具有高度理性的一面。这正好说明，弗洛伊德理论存在难以克服的内在矛盾性。

第二节 华生的人格理论及简评

一、华生的人格理论

（一）人格定义

作为行为主义心理学的先驱，华生的人格理论也具有一定的代表意义。

华生把人格定义为行为，这是行为主义心理学的显著特征。"行为主义者把人格等同于行为,认为人格是个人行为的综合,而且可以通过测量行为来研究和塑造。"([美]华生著,《行为心理学:一个伟大心理学家的思想精华》,刘霞译,现代出版社,2016年,第47页)因此,华生认为,"要知道一个个体适合做什么,不适合做什么,我们只能去观察他在日常复杂活动中的行为表现"([美]华生著,《行为心理学:一个伟大心理学家的思想精华》,刘霞译,现代出版社,2016年,第49页)。

(二) 刺激—反应机制

那么,人的行为受什么因素影响呢?华生归结为"刺激—反应机制"。实际上,华生的人格理论深受巴甫洛夫关于生物体条件反射理论的影响,认为个体的人格决定于他所生存的环境,他所处的环境决定了他的行为。刺激—反应机制是华生人格研究的核心课题,"行为心理学家主张将人类一切的行为活动,都用'刺激—反应'的公式来解释"([美]华生著,《行为心理学:一个伟大心理学家的思想精华》,刘霞译,现代出版社,2016年,第14页)。"行为心理学家在实验过程中通过制造刺激来观察人的反应,最终要达成的目标,是根据某种刺激对人的行为作出预判,或者根据人的行为来推导引起该反应的刺激。"([美]华生著,《行为心理学:一个伟大心理学家的思想精华》,刘霞译,现代出版社,2016年,第18页)

(三) 注重习惯

华生的人格理论非常注重习惯问题,这是他注重行为的合理延伸。习惯无非是持续性的行为。实际上,华生也把人格理解为习惯系统的最终产物,习惯问题也成为行为心理学的最本能、最真实、最核心的课题。在华生看来,正是习惯的不同,使得人不同于其他动物。

(四) 回避意识

与注重行为相适应,华生的人格理论自然而然就回避关于意识问题的讨论。"传统学派一致认为人的意识是心理学最核心的研究课题,而在行为心理学中,人类存在的行为和活动才是心理学真正的课题。"([美]华生著,《行为心理学:一个伟大心理学家的思想精华》,刘霞译,现代出版社,2016年,第10页)"关于一个个体的道德怎样，行为心理学家并不感兴趣，除了作为一个科学家，实际上，一个个体是什么类型的人，行为心理学家也并不关心。"（［美］华生著，《行为心理学：一个伟大心理学家的思想精华》，刘霞译，现代出版社，2016年，第50页）因此，在华生的人格理论中，没有关于人类高级精神生活的内涵。

（五）人就是一般动物

在把人看作一般动物这一点上，弗洛伊德与华生是相似的。弗洛伊德认为人只受本能的支配；华生则认为，人只受条件反射的支配。由于华生主张回避意识问题，所以他主张，"诸如'感觉'、'知觉'、'意象'、'愿望'、'意念'、'情绪'、'思维'这样从主观立场出发的术语，研究者现在都要从科学、客观的立场出发，将一切主观性术语清除"（［美］华生著，《行为心理学：一个伟大心理学家的思想精华》，刘霞译，现代出版社，2016年，第13页）。因此，兴趣、意志、理想、目标和建立在这些价值基础上的人生幸福，都不是行为主义要探讨的问题，人就是一般动物而已。正因为华生把人看作一般动物，所以他认为行为心理学最亲密的伙伴是生理学。更有甚者，华生干脆把人等同于机器。他说："只要我们把它的各个部件——轮子、轮胎、轴、差速器、发动机和机身装在一起就能造出一部机动车……那么，现在我们就把这种情况运用到人的身上，假如有这么一个人，他叫约翰·杜，由下面这些部件组成——头、手臂、手、躯体、腿、脚和神经、肌肉及腺体系统。"（［美］华生著，《行为心理学：一个伟大心理学家的思想精华》，刘霞译，现代出版社，2016年，第48页）"为了对某个个体的人格进行详细描述，我们需要让他在商店里经受所有可能的测验，以了解他是什么类型的人——何种类型的机器。"（［美］华生著，《行为心理学：一个伟大心理学家的思想精华》，刘霞译，现代出版社，2016年，第49页）

二、对华生人格理论的简评

（一）华生人格理论的优点

注重环境的作用是华生人格心理学的一个重要特点，这说明不能脱离环境来谈人格，这与弗洛伊德从内在本能来探讨人格形成鲜明对比。在这一点上，他们两人正好走向两个极端。但是，这两个极端都是有意义的。实际上，人格问题既不能脱离环境，也不能脱离人的内在力量。而他们两人正好各自看到了某一端。

同时，华生的人格理论把人看作一般动物，运用条件反射原理来解释人类行为，这也有一定的合理性，毕竟人具有动物性的一面；实际上，人在幼儿时期，由于其认知能力还没有得到充分发展，人在很大程度上确实更像一般动物。只是随着认知能力的发展，人越来越超越一般动物，成为真正意义上的人。因此，我们认为，华生的人格理论对于幼儿期的人格发展还是具有重要的指导意义。

（二）华生人格理论的缺点

华生人格理论的最大缺点，就是没有从人的内在力量的角度来探讨人格问题。人的内在力量有两个部分，一个部分是生物的、本能的力量，这是弗洛伊德所注重的；另一个部分是精神的、价值的力量，这是后来马斯洛等人本主义心理学家所注重的。正是这两种力量，推动着人们去寻求快乐和幸福。而人之所以不同于一般动物，就是有自己鲜明的生存目的，即追求幸福。我们在华生的人格理论中，只看到人作为行为的工具而存在，看不见人有自己的目的性，看不见人的精神、价值及对幸福的追求。

华生的人格理论由于不能正确地认识人的本质，显然也难以全面解释人类的行为。他把人格理解为习惯系统的最终产物，这样就把人类行为僵化了。在实际生活中，人类行为方式可以是多种多样的，而决定这些行为的价值取向则是持续稳定的，用行为习惯显然难以解释这些多样化的行为。比如，我们显然不能用习惯来解释红军战士爬雪山过草地，也不能用习惯来解释狼牙山五壮士的行为，用习惯更解释不了西方世界一些八九十岁的老人用高空跳伞的方式来庆祝生日的行为。

第三节 阿德勒的人格理论及简评

一、阿德勒的人格理论

（一）什么是人格

阿德勒是个体心理学的创始人，毕生致力于研究人格问题。他的人格理论有这么几点值得我们高度重视。

阿德勒认为，人的行为由个人的人格统一体发动和执行，人的行为反映了人的心理活动。他说，"所谓的人格，也就是人的挣扎、追求的一种表达"（［奥地利］阿尔弗雷德·阿德勒著，《儿童的人格形成及其培养》，韦启昌译，北京大学出版社，2014年，第10页）。可见，在阿德勒看来，人格是反映人的价值追求的心理活动，也是行为的内在动力。

阿德勒又说，"每一个人对待下面三个关于个人和社会生活的基本问题的态度，比任何别的东西都更能表现出他的真正的自我。第一个问题涉及与社会的关系……第二个根本问题是关于一个人打算如何运用他的一生——他想在社会劳动分工之中发挥什么作用……第三个根本问题的根源是人类分为两个性别的事实"（［奥地利］阿尔弗雷德·阿德勒著，《儿童的人格形成及其培养》，韦启昌译，北京大学出版社，2014年，第10、11页）。从这里又可以看出，人格又可以理解为人对待事物的信念和态度。

价值、心理活动、态度，阿德勒从这些不同的侧面来理解人格。

阿德勒说："根据一个人对以上三个问题的回答方式我们就能够发现这个人大致的生活方式和他独特的目标。一个人的目标是全能的。它决定这个人的生活方式，并反映在这个人的行动上。"（［奥地利］阿尔弗雷德·阿德勒著，《儿童的人格形成及其培养》，韦启昌译，北京大学出版社，2014年，第12页）这说明人生目标是人

第二章　引论：西方人格理论简评

格的最核心要素，而人生目标又集中体现了人的价值、心理活动和态度。

（二）人格统一体

阿德勒十分强调人格是一个统一体。阿德勒说："或许最奇妙的事情莫过于我们必须了解一个孩子的全部生活历史，才可以弄清楚他做的单一一件事情。这个孩子做的每一件事似乎都表达了他的全部生活和人格，不了解这一隐蔽的背景就无从理解他做的事情。这种现象我们名之为人格统一体。"（［奥地利］阿尔弗雷德·阿德勒著，《儿童的人格形成及其培养》，韦启昌译，北京大学出版社，2014年，第15页）

从这段话中我们理解，所谓人格统一体，第一层意思是人格是个人全部生活的结晶，第二层意思是孩子做的每一件事都表达了他的整体人格。"了解一个人的个别行为的含意的前提，是要有办法理解这个人的整体人格。"（［奥地利］阿尔弗雷德·阿德勒著，《儿童的人格形成及其培养》，韦启昌译，北京大学出版社，2014年，第16页）所以，个人的任何单个行为都不能孤立地看待，都要放到整体人格的背景下来审视，才能明白这个行为的真正含义。孩子的单个行为表现，一旦脱离其整体人格，将变得不可理解。

我们前面说过，人格实质上是人的价值观系统。这个系统里面包含了个人对各种人、事、物的态度。阿德勒则告诉我们，这个价值观系统是一个有机整体，具有内部的协调一致性。人格统一体说明，生活要求人们以协调统一的方式对生活做出回应。如果这种协调统一被破坏，就说明这个人有精神疾病。应该说，这与我们强调的生命体的统一性原理相一致，与埃里克森的人格同一性原理也是一致的。

（三）追求优越感是人格形成的基本动力

阿德勒认为，追求优越感是人的天性，是人格心理发展的根源。人正是在追求优越感的过程中反复挣扎，最终导向某一个具体目标，并努力实现这个目标，在这个过程中形成人格。"孩子从出生的时候起，就不断地挣扎成长。这种成长的目标就是伟大、完美和优越，这个目标是无意识形成的，但这目标却无时不在。"（［奥地利］阿尔弗雷德·阿德勒著，《儿童的人格形成及其培养》，韦启昌译，北京大学出版社，2014年，第3页）因此，抓住追求优越感这个线索，可以有效地分析人格的发展。

（四）社会感情是人格的重要组成部分

所谓社会感情是指对他人的友谊、友爱、诚信、忠诚等心理倾向。在阿德勒看来，社会感情是人格的重要组成部分，他强调运用孩子的社会意识来检测这个孩子是否获得成长。"社会感情的强弱是一个人获得正常成长的关键性和决定性因素。"（[奥地利] 阿尔弗雷德·阿德勒著，《儿童的人格形成及其培养》，韦启昌译，北京大学出版社，2014年，第6页）

为什么必须要有社会感情？社会感情与个人追求优越感是矛盾的吗？对此，阿德勒认为，由于人天生就生活在社会中，人的目标只能在一种社会背景下，或者说在社会感情的基础上才可以妥善完成。他说，"社会感情和对优越感的欲望这两者都以人性做基础。这两者都是人的某种根本欲望的表达——这种欲望寻求获得肯定"（[奥地利] 阿尔弗雷德·阿德勒著，《儿童的人格形成及其培养》，韦启昌译，北京大学出版社，2014年，第74页）。这段话清楚地表达了两层含义：一是社会感情和个人优越感是可以相容的，而不是必然矛盾的；二是社会感情与个人优越感都是源于个人获得某种肯定，这说明社会感情和个人优越感都生发于个人的某种自我目的的实现。这个结论对于人格培育极其重要，它牵涉道德感的来源这一重大理论问题，我们将在第五章做专门讨论。

（五）外在环境影响人格

阿德勒既注重从人的内在天性来研究人格，也关注外在环境对人格的影响。他说，个体心理学"既不会专注于个体的心灵，以致把刺激心灵的环境置之度外，也不会只注意环境的影响而不加考虑独特心灵对于环境的特殊感受"（[奥地利] 阿尔弗雷德·阿德勒著，《儿童的人格形成及其培养》，韦启昌译，北京大学出版社，2014年，第123页）。

人格特征通常潜伏着，一般很难快速了解，你要经历许多事情，才能逐步理解。阿德勒提出了通过环境的变化来观察人格特征的方法。他说："当一个孩子进入一个新的处境，他隐藏着的性格特征就会表现出来。如果我们可以直接测试个别孩子，把他们置身于新的和意想不到的处境中，根据他们的表现，我们就可以发现他们的成长状况。这些人在新的处境做出的行为肯定跟他们以往的性格相吻合，我们就由此发现了在一般情况下难以发现的他们的性格。"（[奥地利]阿尔弗雷德·阿德勒著，《儿童的人格形成及其培养》，韦启昌译，北京大学出版社，2014年，第97页）这些都说明，阿德勒非常强调环境与性格之间的某种关系，对我们研究性格问题提供了重要启示。

二、对阿德勒人格理论的简评

（一）阿德勒人格理论的优点

阿德勒构建了一个比较完整的人格理论，并为此建立了个体心理学。

首先，阿德勒从人的内在动力和外部环境两个方面来考察人格问题，这是弗洛伊德和华生都没有做到的。我们认为，这也是正确的考察人格问题的思想方法。这个方法也被后来的人本主义心理学所继承和发扬。作为人格主要特征的价值和态度，是一种主客体之间的关系判断，阿德勒非常鲜明地阐明了这一点。由此启发，教育要根据人的内在特征，创造一种有针对性的环境，以促进人的成长。

其次，阿德勒所说的内在动力，是人追求优越感的特性，他认为这是人的天性。我们基本同意这个观点。同时，我们也认为，追求优越感就是人性中的趋乐性的一种表现，而且我们认为，优越感是精神层面的快乐。因此我们也可以认为，阿德勒的人格理论关注人的高级精神生活和高级精神价值。在这一点上，他也超越了弗洛伊德和华生。可以说，他的人格理论脱离了动物性层面，真正上升到人的层面。

再次，阿德勒对于人格统一体的强调令人印象深刻。他要求从整体人格的角度来解读每一个具体行为；而在整体人格中，人生目标具有核心的、全能的意义，人的各种具体行为都围绕这个目标展开。这些观点为我们理解个体的行为和人格提供了重要启示。

最后，阿德勒把社会感情置于人格的重要位置。这是非常重要的，也是前所未有的。它揭示了人类生活的一个重要方面即人与社会的关系以及这个关系在人格中的反映。缺少这一块，人格必将是不完整的。而且他进一步指出，社会感情和优越感的追求，都是基于人的某种欲望的满足，这是一个非常重要而深刻的见解。

（二） 阿德勒人格理论的缺点

阿德勒的人格理论，对人的本能力量对于人格的影响很少关注，甚至可以说基本没有关注。我们认为，这是其人格理论的一个重大缺点。人毫无疑问具有动物性的一面，这是无可回避的，这个特征也必然会在人格中表现出来。追求优越感固然可以解释很多人类行为，但是并不能有效解释所有的人类行为。人类需要睡眠，需要吃饭，这很难说是在追求优越感。因此，他的理论在孩子幼年期的人格形成上，就显得比较苍白。

另外，阿德勒虽然谈到了人格理论的多侧面的重要问题，而且有些问题也论述得非常深刻，但是他的理论整体上仍然缺乏严密的逻辑链条，因此给人略显松散的感觉。比如，他没有很好地解释社会感情与自我优越感相统一的内在机理究竟是什么。

第四节　马斯洛的人格理论及简评

一、马斯洛的人格理论

（一） 基本需要

马斯洛认为，人们平常形形色色、纷繁多样的行为，可能本身并不是目的，而是实现目的的手段，目的深藏在行为症状的后面。因此，我们研究这些行为意义不大，研究隐藏在行为后面的目的才是重要的。通过对行为目的的层层分析，"它最终总是会导致一些我们不能再追究的目标或者需要，这些需要的满足似乎本身就是目的，不必再进一步地证明或者辨析"（［美］亚伯拉罕·马斯洛著，《动机与人格》，许金声等译，中国人民大学出版社，2012年，第6页）。这样马斯洛就提出了人的基本目的或基本需要的概念。

他认为人有五种基本需要。

一是生理需要。生理需要是指人为了维持体内平衡而产生的需要，包括对呼吸、食物、水、睡眠、保暖、性等的需要。

二是安全需要。它包括如下一些内容："安全、稳定、依赖、保护，免受恐吓、焦躁和混乱的折磨，对体制的需要、对秩序的需要、对法律的需要、对界限的需要以及对保护者实力的需要。"（［美］亚伯拉罕·马斯洛著，《动机与人格》，许金声等译，中国人民大学出版社，2012年，第22页）

三是爱与归属的需要。爱包括感情的付出与接受。"爱的需要既包括给予别人的爱，也包括接受别人的爱。"（［美］亚伯拉罕·马斯洛著，《动机与人格》，许金声等译，中国人民大学出版社，2012年，第28页）归属的需要就是加入集体组织、被组织接受的需要。

四是尊重的需要。"社会上所有的人都有一种获得对自己的稳定的、牢固不变的、通常较高的评价的需要或欲望，即一种对于自尊、自重和来自他人尊重的需要和欲望。"（［美］亚伯拉罕·马斯洛著，《动机与人格》，许金声等译，中国人民大学出版社，2012年，第28页）尊重的需要分为两类，"第一，对实力、成就、权能、优势、胜任以及面对世界时的自信、独立和自由等的欲望。第二，对名誉或威信（来自他人对自己的尊敬或尊重）的欲望，对地位、声望、荣誉、支配、公认、注意、重要性、高贵或赞赏等的欲望"（［美］亚伯拉罕·马斯洛著，《动机与人格》，许金声等译，中国人民大学出版社，2012年，第28页）。

五是自我实现的需要。自我实现"指的是人对于自我发挥和自我完成的欲望，也就是一种使人的潜力得以实现的倾向"（［美］亚伯拉罕·马斯洛著，《动机与人格》，许金声等译，中国人民大学出版社，2012年，第29页）。马斯洛指出，"这种倾向可以说成是一个人越来越成为独特的那个人，成为他所能够成为的一切"（［美］亚伯拉罕·马斯洛著，《动机与人格》，许金声等译，中国人民大学出版社，2012年，第29页）。

（二）需要的满足形成性格

马斯洛认为，正是这些基本需要的满足，直接或间接地形成了人的性格。"任何需要的满足，只要是真正的满足，也就是对基本需要而不是对神经症需要或虚假需要的满足，都有助于性格的形成。不仅如此，任何真正的需要的满足都有助于个性的改进、巩固和健康发展。"（［美］亚伯拉罕·马斯洛著，《动机与人格》，许金声等译，中国人民大学出版社，2012年，第44页）基本需要得到满足，将会产生健康的人格；基本需要被阻碍，将会产生心理疾病。"在任何一种基本需要受到挫折时，很可能表现出病态，或者至少不如健康的人。"（［美］亚伯拉罕·马斯洛著，《动机与人格》，许金声等译，中国人民大学出版社，2012年，第40页）心理学之所以要研究基本需要问题，真正的原因就在于需要的满足形成性格，性格又很大程度上决定了人的行为。在马斯洛看来，就行为论行为，意义不大；从基本需要入手研究行为，才能搞清行为幕后的真正原因。

（三）基本需要的层次性

马斯洛认为，基本需要按照从低级到高级的顺序排列，即按照生理需要、安全需要、爱与归属的需要、尊重的需要、自我实现的需要进行排列。人总是优先满足低级需要，在低级需要得到一定满足后，就会产生高一级的需要，逐次发展。

同时，马斯洛强调，低一级的需要与高一级的需要之间并不是截然分开的，一般情况下，低一级的需要得到部分满足时，高一级的需要就开始出现。但是，任何时候，人总有一个优势需要，这个优势需要是当时人的行为的决定性力量。

（四）基本需要的差异

低级需要更接近于本能、更接近于物质、更局部化、更有限度。更接近于本能意味着更加迫切、更加不可调和；更接近于物质意味着更加依靠物质的、有形的、外部的资源来满足；更加局部化意味着更接近于局部满足；更有限度意味着容易被满足。

高级需要则呈现出一系列不同于低级需要的特征。高级需要更多的是精神需要，因此高级需要的实现也使人感觉到更加健康、更多的幸福感。马斯洛特别强调了自我实现的人所特有的高峰体验："无限宽广的地平线在眼前展开、同时出现未曾有过的更有力和更无助的感受、极度狂喜、迷茫、敬畏感、失落于时间与空间之中的感受，最后，意识到发生了非常重要和有价值的事情的感受。"（［美］亚伯拉罕·马斯洛著，《动机与人格》，许金声等译，中国人民大学出版社，2012年，第172

页）这种体验基本上可以说就是忘我状态。

高级需要的实现既需要更多地依靠人的内在潜力，又需要调动更多的外部资源；它是更大程度上的内、外部资源的调动、融合与统一。"生活在自我实现层次中的人既是最爱人类的，又是个人特质发展最充分的人。"（［美］亚伯拉罕·马斯洛著，《动机与人格》，许金声等译，中国人民大学出版社，2012年，第76页）自我实现的人非常自我，同时对人类又怀有很深的认同、同情和爱。自私与无私在他们身上完全融为一体，"在健康人身上，自私与无私的二分法消失了，因为他们每一个行动从根本上既是利己又是利他"（［美］亚伯拉罕·马斯洛著，《动机与人格》，许金声等译，中国人民大学出版社，2012年，第186页）。"在生活的最高层次上（即存在），责任就是愉悦，人热爱'工作'，工作与休息之间没有什么区别。"（［美］亚伯拉罕·马斯洛著，《动机与人格》，许金声等译，中国人民大学出版社，2012年，第79页）

高级需要的满足要求有更多的创造性。高级需要的实现更多地依靠人的内在潜力，包括自主性、目标、意志等意动因素，也包括对环境的整合与组织能力。自我实现者不会被动地被环境所支配，而是想方设法去支配环境。所有这一切都呈现为创造性。

高级需要比低级需要更加脆弱，表现在它出现得较迟，对生存来说也没有那么迫切，更容易受到阻碍、压制、改变甚至消失。因此，需要的层次越高，发展的可能性越低，而心理治疗就越容易。

高级需要更有价值，它一旦得到满足，就具有相对的独立性，就更容易忍受低级需要满足方面的缺憾。"人们在满足了高级需要，并获得了价值和体验之后，高级需要会变得具有自制能力，不再依赖于低级需要的满足。"（［美］亚伯拉罕·马斯洛著，《动机与人格》，许金声等译，中国人民大学出版社，2012年，第55页）

二、马斯洛的人格理论简评

（一）马斯洛人格理论的优点

马斯洛人格理论的最大优点，是对人格发展的内在动力做了非常系统、深刻和精细的解剖。如果说弗洛伊德和华生的人格理论着重于本能层面对人格的影响，阿德勒人格理论关注精神层面对人格的影响，那么马斯洛则既考虑到了本能又考虑到了精神对于人格的影响，这种系统性是前所未有的；马斯洛需要层次理论对于需要的层次划分、各层次之间的关系以及相互影响，都达到了空前的深刻与精细，使我们了解到人格发展的规律性、精妙性和复杂性。因此，我们在马斯洛这里，看到了更加健康的人、更加丰富和完整的人、更加体现人类本质和理想的人，给人类自身的发展展现了极大的前景和信心。

马斯洛的人格理论也给教育提供了非常有益的启示。马斯洛认为，基本需要满足的直接和间接的结果造就人格。根据这一重要观点，教育的主要任务和出发点，应该是创造条件，不断满足和提升孩子的基本需要；这种教育不仅仅是读书、上学，应该立足于日常的、完整的生活。那么，我们就应该思考，学校能够满足和提升孩子基本需要吗？学校教育在注重分数和成绩的同时，是否已经忽视了人格教育呢？甚至是否正在戕害人格，以至于背离了教育的本质和初衷？同时我们也思考，在孩子教育问题上，家庭是不是应该承担更加重要的角色呢？我们全社会是否正在犯一个重大错误，即我们过分注重学校教育而忽视了家庭教育呢？马斯洛的人格理论给我们思考这些问题提供了理论支点。

（二） 马斯洛人格理论的缺点

在一些更具体的问题上，我们觉得，马斯洛的人格理论还有值得商榷的地方。

第一，马斯洛尽管承认"如果不与环境和他人发生联系，人类动机几乎不会在行为中得以实现"（［美］亚伯拉罕·马斯洛著，《动机与人格》，许金声等译，中国人民大学出版社，2012年，第13页）。但是，马斯洛在环境与人格的关系上关注很少，基本没有展开论述。我们认为，人格应该是动机与环境作用的产物，单是从动机角度来谈人格，仍然无法解释人格问题的丰富性和现实性。比如，人固然会有自我实现的需要，这可以认为是人内在的规律性；但是，具体到每一个人，他会通过什么方式、什么途径来满足其自我实现的需要，则取决于他所处的环境。这种具体的表达才是真实的人格。也就是说，需要本身还不是人格，它只是实现人格的内在动力。

第二，马斯洛虽然关注到了道德与社会感情问题，甚至可以说，他对自我与道德、社会感情之间的关系有相当细致的观察。比如马斯洛发现，在健康的人身上，

第二章 引论：西方人格理论简评

自私与无私完全融为一体，这是相当惊人的发现。但是很遗憾，马斯洛并没有把道德作为人格的有机组成部分加以更多讨论，更没有深入探讨自我与道德之间的作用机理、道德的形成机制。也就是说，马斯洛的需要层次理论似乎难以解释自私与无私为什么会融为一体。

第三，马斯洛的需要层次理论很难解释一个普遍存在的现象：为什么很多人的需要停留在较低层次？某个层次的基本需要满足以后，真的必定会产生高一级的基本需要吗？这两个问题相当重要，它们关系到人格是否会第次地顺利发展，关系到人是否会不断地顺利成长。但是，马斯洛对这两个问题的讨论似乎不够充分和深入。尤其是在爱的需要和尊重的需要之间似乎存在某种被马斯洛忽视了的断层，因为爱是对他人的要求，而尊重显然转向了对自身的关注，这种转向是如何发生的？

第四，马斯洛把第二层基本需要定义为安全需要是不准确的。安全具有一种广义的内涵，它应该指任何需要与快乐免受威胁。正如前面我们曾经谈到的，安全性是指维持现有快乐，不管这种快乐是生理需要满足的快乐，还是尊重需要满足的快乐。因此，安全威胁存在于每一个需要层次的满足过程中，不应把安全仅仅看作是第二层次的需要。这种关系，马斯洛自己是有所察觉的，比如他说，"因此我们可以将整个机体描述为一个寻求安全的机制，感受器、感应器、智力以及其他能力则主要是寻求安全的工具……几乎一切都不如安全重要（甚至有时包括生理需要，他们出于被满足，现在不受重视了）"（［美］亚伯拉罕·马斯洛著，《动机与人格》，许金声等译，中国人民大学出版社，2012 年，第 23 页）。"那种想用某一宗教或者世界观把宇宙中的人组成某种令人满意的、和谐的、有意义的整体的倾向，多少也是出于对安全的寻求。在这里我们同样可以将一般科学或者哲学列为部分地是由安全需要所促成的。"（［美］亚伯拉罕·马斯洛著，《动机与人格》，许金声等译，中国人民大学出版社，2012 年，第 25 页）在这里，马斯洛意识到安全需要是一种根本性的需要，包括生理需要、道德活动、宗教活动、科学活动，"多少也是出于对安全的寻求"。所以，尊重的需要、自我实现何尝不也是一种安全需要？只是它是一种更高级形式的安全需要而已。一种需要一旦得到满足，这种需要就转而寻求安全性，以此来维护这种满足状态。马斯洛没有在此做更多探索，是需要层次理论的一个损失。

第五，在第三层基本需要的"爱与归属"需要中，马斯洛也存在一个理论盲点。那就是：马斯洛所说的爱，既包括被爱，也包括爱他人。"爱的需要既包括给予别人的爱，也包括接受别人的爱。"（［美］亚伯拉罕·马斯洛著，《动机与人格》，许金声等译，中国人民大学出版社，2012年，第28页）我们认为，给予别人爱与接受别人爱是两件性质完全不同的事情，是两种完全不同的需求。在许多情况下，给予别人爱与接受别人爱固然相伴而生，但是也有很多这样的情况，人们愿意接受别人爱，却并不一定愿意给予别人爱。侵略者与殖民者显然愿意接受别人的爱，可是他们显然并不愿意把爱施与别人。马斯洛似乎忽视了这种区别。被爱是个本我范畴的问题，爱他人是个道德范畴的问题，用弗洛伊德的话来说，是一个超我问题。假如被别人所爱的人一定也会爱别人，那么人类道德问题岂不变得十分简单？可惜这不是事实。

第六，在谈到第四层基本需要的"尊重需要"中，马斯洛说，尊重包括自尊和来自他人的尊重两个方面。但是对于自尊和他人尊重两个方面的关系，马斯洛并没有展开过多论述。我们认为，这两者并不是一般分量、完全并列、互不相关的关系。在这两者中存在一定的主从关系，即他人尊重是根本的需要，自尊是从属的需要，而且在这里，自尊是作为他人尊重的前提条件，因为来自他人的尊重并不是无条件的。在上一层爱的需要那里，我们更多地强调被接受，而不太强调自己内在的条件。在更高一级的自我实现者那里，自尊、自重、自我评价将成为根本动力，来自别人的评价和尊重反而变得不那么重要。越是高级的需要，越关注自己内在力量的发挥。这种对内在力量依靠的第次变化，马斯洛是有认知的，但是在解释尊重需要时，马斯洛不够致密。这一点在他解释爱与被爱时有点类似。

马斯洛的人格理论，如果能够更加深入地解决上述几个方面的问题，将会更加完善。

第五节　弗洛姆的人格理论及简评

一、弗洛姆的人格理论

（一）人格构成

弗洛姆对人格的定义是："所谓人格，我指的是人先天禀赋和后天获得的、真正构成一个人特征的、从而使个人与他人区别开来的各种心理特质的总和。"（[德]埃里希·弗罗姆著，《寻找自我》，陈学明译，工人出版社，1988年，第65页）

弗洛姆所谓人格的先天禀赋部分，主要是指气质，它是反应的方式，是体质上的，不可改变的。弗洛姆所谓人格的后天获得部分，是指性格。"性格本质上则是个人经验，特别是早期个人经验的产物，它是可以改变的，至于改变到什么程度，则视自知力和新的经验的类型而定。"（[德]埃里希·弗罗姆著，《寻找自我》，陈学明译，工人出版社，1988年，第67页）

（二）性格类型

由于性格具有伦理学的意义，气质则不具有伦理学意义，因此弗洛姆特别关注性格问题。弗洛姆把性格分为两大类型：创发性和非创发性。

对于创发性，弗洛姆说："创发性是人的能力所在，是一种使用自己的力量和实现自己的固有潜力的能力。如果我们说他必须使用其力量，那指的是必须自主而不依赖于控制其力量的任何人。还有更深一层的含义，那就是他必须由理性来引导，因为只有知道了其力量是什么、如何运用、用于何方，才能真正地利用自己的力量。一个人具有创发性意味着：他体验到了自己是其力量的体现者和'行动者'，他感觉到了自己是一个强者，感觉到了自己的力量没有受到阻碍和遭到异化。"（[德]埃里希·弗罗姆著，《寻找自我》，陈学明译，工人出版社，1988年，第108页）可见，弗洛姆所谓的创发性的核心含义是自主、理性，那么这与西方文明中的自由、自由意志的含义基本相当，也与创造性一词的含义基本相同。

非创发性的含义与创发性正好相反。"一个人可能在活动着，但也可能并不是真正的行动着，他的活动是由其无法控制的力量所造成的结果。"（［德］埃里希·弗罗姆著，《寻找自我》，陈学明译，工人出版社，1988年，第110页）所以，非创发性主要是指活动者自身难以自主控制。非理性冲动行为、顺从性行为、机械性行为等都是非创发性的。

弗洛姆特别关注人的创发性性格，认为这是人的真正力量和潜能的来源，这是弗洛姆人格理论的显著特征。他说："人创发性地使用其力量的能力就是他的潜能，无能力就是无潜能。他能运用其理性的力量，透过事物的表面现象而理解本质。他能够运用其爱的力量，突破把他与他人隔绝开来的围墙。他能够运用其想象力预见尚未出现的事物、制定计划、开始创造。"（［德］埃里希·弗罗姆著，《寻找自我》，陈学明译，工人出版社，1988年，第113页）因此创发性基本上可以看作是一种带有人的本质性的精神活动，是人获得自由、德行和幸福的基础。

（三）极权主义良心与人本主义良心

良心就是道德心。弗洛姆把良心分为极权主义良心和人本主义良心。

"极权主义良心乃是内在化了的外在权威的心声。"（［德］埃里希·弗罗姆著，《寻找自我》，陈学明译，工人出版社，1988年，第185页）"极权主义良心的规范并不是由一个人自己的价值判断所决定，而是绝对地由权威所宣布的命令和戒律所决定。"（［德］埃里希·弗罗姆著，《寻找自我》，陈学明译，工人出版社，1988年，第187页）所以，极权主义良心是出于令权威高兴的动机，因此也可以理解为是一种利他的动机。极权主义良心所产生的行为将会达到一种利他的善，这种善基本上就是基督教式的善（这种善相当于中国传统文化中的善）。同时极权主义良心渗透着与一个人的自我作对的破坏性，即非利己性。

"可以恰到好处地把人本主义良心称作是自己关心自己、自己爱护自己的心声。"（［德］埃里希·弗罗姆著，《寻找自我》，陈学明译，工人出版社，1988年，第206页）人本主义良心是自我的、自利的，一定程度上也是自私的，它努力使自己成为潜在地所是的那个样子。"人本主义良心是人的自利和完整性的表现，而极权主义良心则注重于人的服从、自我牺牲、责任,注重于人的'社会顺应'。人本主义良心,以创发性作为自己的目标,也就是以幸福作为自己的目标。"([德]埃里希·弗罗姆著,《寻找自我》,陈学明译,工人出版社,1988年,第207页)所以,人本主义良心是追求自身目的的、是以自身幸福为目标的、是创发性的;它所产生的是一种利己的善,是一种亚里士多德式的善。这种善从苏格拉底开始,被亚里士多德、斯宾诺莎、洛克、尼采等人继承并发扬光大,成为西方文化的主流,并被自由主义称之为最高的善(这种善是中国传统文化甚少关注的)。

(四) 极权主义良心和人本主义良心可以共存

极权主义良心产生利他的善,人本主义良心产生利己的善。这两种善可以共存吗?这是伦理学、心理学和人格理论的一个极其重大的、带有根本性的问题,甚至可以说是以一切社会学为研究的基础性问题。

自古以来,东西方文化都有极其强大的力量认为,善恶不两立,利己与利他不可共存。弗洛姆却开天辟地地认为,这两种善可以共存,实际上任何人身上都存在这两种善。"对极权主义良心和人本主义良心分别孤立地做了考察,以便把它们各自的特质阐述清楚。但事实上,这两种良心并非是互相分离的,在任何人身上,它们总不是互相排斥的。恰恰相反,任何人实际上都同时具有这两种'良心'。"([德]埃里希·弗罗姆著,《寻找自我》,陈学明译,工人出版社,1988年,第214页)

那么,这两者是如何实现共存的呢?

弗洛姆说,"用最大众化的术语,可以把全部生命的性质表述为维持和肯定其自身的存在。所有有机体都有着一种维护其自身存在的内在倾向。正是基于这一事实,心理学家提出存在着一种自我维护的'本能'。一个有机体的首要'任务'就是活下去。'活下去'是一个动态,而不是静态的概念。存在就是有机体特有力量的展现。所有有机体都有着一种把其特有的潜力展现出来的内在倾向。所以,可以把人生的目的理解成按照其本性的规律展现其力量"([德]埃里希·弗罗姆著,《寻找自我》,陈学明译,工人出版社,1988年,第24、25页)。

在这里,弗洛姆指出,所有有机体既有一种维护其自身存在的内在倾向,又有一种把其特有的潜力展现出来的内在倾向。这两种倾向的共同点是自我、自利。因此也可以说，人在本性上就是自利的。寻找自我、满足自我，通过创发性活动实现自我，是人的本质性追求。

与此同时，弗洛姆又敏锐地认识到，当人们不断地寻求自我、追求自我实现的时候，又会产生一种非常强烈的孤独感和不安全感。"一方面，它是一个人的力量与完整性不断增强，对自然的支配越来越得心应手的过程，是理性能力以及与他人的联系日益紧密的过程；但另一方面，这个日益加剧的个体化进程又意味着孤独感和不安全感日益增加，也意味着个人对自己在宇宙中的地位、对生命的怀疑增大，个人的无能为力感和微不足道感也日益加深。"（[美] 艾里希·弗洛姆著，《逃避自由》，刘林海译，上海译文出版社，2015年，第23页）（艾里希·弗洛姆即埃里希·弗洛姆，各时期译法不同，本书正文叙述部分统一采用"埃里希·弗洛姆"——引者注）正是这种孤独感与不安全感，使自我、自由成为一个难以忍受的负担。"于是人便产生了逃避这种自由的强烈冲动，或臣服，或与他人及世界建立某种关系，借以摆脱不安全感，哪怕以个人自由为代价，也在所不惜。"（[美] 艾里希·弗洛姆著，《逃避自由》，刘林海译，上海译文出版社，2015年，第23、24页）

人出于本性而追求自由、追求实现自我，当自由与自我达到和超越一定限度时，他就难以承受由此而产生的孤独感和不安全感。为了摆脱这种孤独感和不安全感，他宁可放弃部分自由，以保全其余的成长自由。此时，利己的善与利他的善达到共存。

从这个机制中，我们可以明显看出，放弃部分自由是为了保全其余自由；放弃部分自由是手段，保全其余自由是目的。与此相对应，利他的善是手段，利己的善是目的。这两者是分别作为手段和目的而共存的。

（五）人格的两歧现象

弗洛姆揭示了人类生存的两歧现象，人格发展逃脱不了生存的两歧的约束。

弗洛姆说："人是自然的一个组成部分，受自然规律支配而无法改变它们，但是他又超越了自然的其他部分。正当他从属于自然，作为它的一个组成部分时，他却又被抛弃了。他无家可归，但又像所有人一样被家拴住了。"（[德] 埃里希·弗罗姆著，《寻找自我》，陈学明译，工人出版社，1988年，第51、52页）这段话非常清楚地表明了人生两歧的含义：人生处于必须要面对却又永远无法消除的矛盾之中。人的一生都在这个两歧中挣扎，试图解脱出来，实际上却永远不可能。

这种两歧有多种表现形式，上述的两歧可以称之为自然与超自然的两歧。弗洛姆还谈到了生与死的两歧："死并不是生的一个有意义的组成部分，但我们只能接受它而别无他法。所以，就生而言，它是注定要失败的。"（[德] 埃里希·弗罗姆著，《寻找自我》，陈学明译，工人出版社，1988年，第54页）

此外，我们还可以列出多种两歧形式，比如肉体与精神的两歧。人是肉体的存在，没有肉体，人就不存在了；可是人又是超越肉体的精神的存在，因为如果人仅仅是肉体的，人又很难称其为真正的人。

又比如个体性与社会性的两歧。人当然是个体的存在，每一个人都是独立的、独特的存在，每一个人都有自己的目的性，并努力实现其目的；但是，人又是社会的人，是社会的一个组成部分，脱离社会人难以生存。上面谈到的利己的善与利他的善，正是人的个体性存在与社会性存在这个两歧的反映。作为个体性存在的人，他必须追求利己的善，否则他的存在将毫无意义；作为社会性存在的人，他必须履行利他的善，以善尽作为社会一分子的责任。

弗洛姆指出，人生之所以具有两歧现象，原因在于人具有理性，"理性的出现使人陷于'两歧'之中"（[德] 埃里希·弗罗姆著，《寻找自我》，陈学明译，工人出版社，1988年，第53页）。正如前面我们曾经提到的尤瓦尔·赫拉利的观点，认知革命的结果，使得人类可以生活在自己虚构和想象的故事世界当中。人比一般动物多出了一个世界。这样就导致人生既是现实的，又是想象的；既是肉体的，又是精神的；既是个体的，又是社会的；既是自然的，又是超自然的。正是理性能力或者说认知能力，使得人生处于两歧之中。

两歧俨然成了人生的宿命，人类无法摆脱它。因此，这种两歧的宿命也严重制约着人格的发展。从两歧的角度去理解人格，是我们不可避免、不可或缺的有效途径。弗洛姆说："心理学必须建立在关于人生存的人类学——心理学概念的基础上。"（[德] 埃里希·弗罗姆著，《寻找自我》，陈学明译，工人出版社，1988年，第59页）

二、弗洛姆的人格理论简评

（一）弗洛姆人格理论的优点

弗洛姆的人格理论具有哲学的深刻性。实际上，弗洛姆更多地从哲学和伦理学来探讨人格问题，这使我们对人格问题有了更深刻的理解。比如弗洛姆关于人生两歧的理论，使我们对于人的生存现实有了前所未有的、更加深刻的认知，这比弗洛伊德的本能理论以及马斯洛的需要层次理论更有深度、更加切中人的本质。这使我们获得了对于人格问题的某种关键性的定位：人格的发展只能在两歧之间取得平衡。

弗洛姆突破了历史上由来已久的人性善恶两分法，这种两分法或者认为人性是恶的，或者认为人性是善的。弗洛姆认为，人并非必然是恶的，或者说，人的欲望本身并不是恶的表现，而恰恰是一种利己的善，而且是真正的善、是人本主义的善。只有这种善不能实现时，才变成恶。更重要的是，弗洛姆认为利己的善与利他的善是可以共存的。我们认为，弗洛姆肯定利己的善的合理性，并且认为利己的善与利他的善可以共存，是具有重要理论意义的。正如马斯洛指出的，在健康人身上，自私与无私的二分法消失了，因为他们每一个行动从根本上既是利己又是利他。弗洛姆与马斯洛在这一点上达成共识，这是伦理学也是心理学的一个重大突破。这个突破说明，道德观的建立不再是无源之水、不再依赖"天理"了。宗教的道德教诲总是建立在制欲的基础上，中国儒、释、道三家最后都走向寡欲、制欲、去欲的道路，都认为人欲与道德是不能共存的。弗洛姆的理论恰恰突破了这种认知。

弗洛姆关于创发性的论述也令人印象深刻。创发性是自主的、理性的、自我的、创造的，更是精神的，是人的深层本质特征，是人的真正的潜力所在。弗洛姆的创发性论述很像马斯洛的自我实现。这样就在人格中涵盖了高级精神的层面，在这一点上，弗洛姆、马斯洛、阿德勒是殊途同归的。

弗洛姆对于人格中非创发性因素的论述也是独一无二的。这是一个独特的角度。它可能是有意识的，也可能是无意识的，但一定是不自主的。非创发性论述有助于深化我们对于人格问题的认识。

第二章　引论：西方人格理论简评

（二）弗洛姆人格理论的缺点

在弗洛姆的人格理论中，对于人的本能力量对人格的影响讨论得比较少。实际上，人是不能脱离本能而生活的，当然也不能只停留在本能上。因此本能的力量和精神的力量对于人格的影响都不能忽视。在这个问题上，马斯洛的理论做了比较完善的处理。弗洛姆虽然讨论了人格中的遗传因素和非创发性因素，但是遗传和非创发性并不等于本能。本能始终存在，并在相当程度上决定着人格，这是不可忽视的事实。

弗洛姆人格理论还有一个缺点是，他虽然承认利己的善和利他的善可以共存，从而在一定程度上解决了伦理学和心理学中的一个重大理论难题，但是他的论证方法是错误的，所以他的理论是不彻底的。这导致这样一个现实：按照他的理论，我们仍然无法了解人的道德心来自哪里。因此，我们也无法采取有效手段培养道德心。

弗洛姆从创发性出发进行论证不是一个很好的逻辑起点。在弗洛姆看来，创发性是一种纯精神的活动，因此只要是创发性的，就能够保持自己的完整性和独立性，同时也能够保持他人的完整性和独立性。于是，利己的善与利他的善正是这样在互不侵犯中实现共存。

弗洛姆说，"真正的爱，是创发性的一种表现"（[德]埃里希·弗罗姆著，《寻找自我》，陈学明译，工人出版社，1988年，第167页）；"创发性的爱，是两个人之间关系的一种最亲近的形式，由这种爱所建立起来的相互关系，双方都能维护其独立性。它是一种充裕现象"（[德]埃里希·弗罗姆著，《寻找自我》，陈学明译，工人出版社，1988年，第245页）；因此，"原则上，爱他的'对象'与爱他自身是根本不可分的"（[德]埃里希·弗罗姆著，《寻找自我》，陈学明译，工人出版社，1988年，第166页）。

在另一处，弗洛姆有类似的说法。"如果分离与个体化进程的每一步都伴随着相应的自我增长，那么儿童的发展便和谐了。"（[美]艾里希·弗洛姆著，《逃避自由》，刘林海译，上海译文出版社，2015年，第20页）这里的自我增长，实质上就是指创发性的发展。弗洛姆的意思是，只要是创发性的发展，便是和谐的发展。

弗洛姆还说过："一旦个人面对着与自己完全分离、自成一体的外在世界，他就面临两种抉择，因为他必须克服难以忍受的无能为力和孤独状态。道路之一是沿积极自由前进;它能够自发地在爱与劳动中与世界相连,能够在真正表达自己的情感、感觉与思想中与世界相连;他又能成为一个与人、自然、自己相连的人,且用不着放弃个人自我的独立与完整。"([美]艾里希·弗洛姆著,《逃避自由》,刘林海译,上海译文出版社,2015年,第93页)所以在弗洛姆看来,只要是积极自由的活动,就能够保持自己的独立与完整。而积极自由是什么呢?"积极自由就是自我实现,它意味着充分肯定个人的独一无二。"([美]艾里希·弗洛姆著,《逃避自由》,刘林海译,上海译文出版社,2015年,第176页)

所以,在弗洛姆这里,积极自由、自我实现、自我增长基本都有创发性的意思。在这些论述中,弗洛姆的意思是,凡是创发性的活动,都是充裕性的;而充裕是纯粹精神的,"充裕的领域是创发性的、人的内在活动的领域"([德]埃里希·弗罗姆著,《寻找自我》,陈学明译,工人出版社,1988年,第243页)。这样,充裕性的活动就不涉及物质的竞争,从而能够保持自己与他人的完整性,也使利己的善与利他的善实现共存。

这就是弗洛姆的论证方法。但是,我们不得不说,这个逻辑是错误的。

任何创发性的活动,包括爱,难道仅仅是精神活动吗?难道不需要物质基础吗?弗洛姆自己就说过,"真正的爱意味着关怀、尊重、责任和知识"([美]艾里希·弗洛姆著,《逃避自由》,刘林海译,上海译文出版社,2015年,第167页)。实施爱的关怀、履行爱的责任,难道不需要物质基础吗?其他创发性的活动,比如劳动,就更需要物质基础了,它需要生产资料的支持。我们认为,所有的创发性活动都不是纯精神的活动,它也有物质的一面,在创发性活动的背后,都存在物质竞争,所以创发性与充裕并没有必然的一致性。一切殖民活动毫无疑问是创发性的,它却直接表现为对物质财富的抢夺。人类发明汽车毫无疑问也是创发性的,它却导致交通堵塞、空气污染。所以,弗洛姆把创发性理解为只是人的内在活动,这是不对的。

所以,我们同意弗洛姆的结论,即利己的善和利他的善可以共存。但是,他的论证与逻辑却是错误的。在第五章,我们将会给出自己的论证。

第二章　引论：西方人格理论简评

第六节　埃里克森的人格理论及简评

一、埃里克森的人格理论

埃里克森的人格理论集中体现在他的同一性渐成说中。他认为："任何成长的东西都有一个基本方案，各部分从这个基本方案中发生，每一部分在某一时间各有其特殊优势，直到所有部分都发生，进而形成一个有功能的整体为止。"（[美]埃里克·H. 埃里克森著，《同一性：青少年与危机》，孙名之译，中央编译出版社，2017年，第63页）

埃里克森把人的一生看成是一个完整生命周期，并把这个周期划分为八个阶段。见下表。

埃里克森生命周期阶段论一览

大致年龄范围	正性结果	负性结果
0~1.5岁	从周围环境的支持中得到信任	对他人感到害怕和不安
1.5~3岁	如果探索受到鼓励，会产生自主感	怀疑自己，缺乏独立性
3~6岁	发现发起行动的方式，产生主动感	对自己感到愧疚
6~12岁	能力的发展，产生勤奋感	感到自卑，缺乏掌控感
12~20岁	觉知自我独特性，产生同一性	不能确定生活中的角色
成年早期	爱情和友谊的发展	恐惧与人交往
成年中期	觉知对生命的连续性贡献	个人行为的琐碎化
成年晚期	对人生成就的统一感	对人生中所失机会的后悔

（资料摘自[美]罗伯特S. 费尔德曼著，《儿童发展心理学》，苏彦捷等译，机械工业出版社，2016年，第325页）

在人生的八个阶段中，成长阶段有五个，它们的特点是：

在0~1.5岁阶段，孩子通过接受环境提供的各种生存资源（饮食、睡眠、母爱等），从而产生对环境的信任感；如果这种信任感不能确立，就会对他人感到害怕和不安。这种信任感是孩子心理活力的最基本先决条件，没有这种信任，孩子长大后就不会怀有信仰。

在1.5~3岁阶段，孩子会运用自己稚嫩的力量尝试探索外部世界，这种探索如果得到鼓励，就会产生自主感；否则，孩子被过度保护或限制，就会对自己产生疑虑和羞愧。这种自主感是前期信任感的发展。

在3~6岁阶段，孩子会产生一种被称为主动感的新的活力，"他似乎变得活跃而主动；他能自由支配剩余精力，使他很快地忘记了许多失败并能接近一些似乎合适但仍不免带有危险的新的领域，怀着永不熄灭的热情和不断增长的方向感"（［美］埃里克·H. 埃里克森著，《同一性：青少年与危机》，孙名之译，中央编译出版社，2017年，第81页）。这时的孩子迫切地寻求自己做事，但这种努力如果失败，又会感到内疚，从而失去进取心。

在6~12岁阶段，孩子着力于发展做事的技巧，并逐渐地发现自己的长项和弱项，"这个年龄的儿童最喜欢的就是温和但坚定地强迫他们冒点险去发现一个人可以完成他本人再也没有想到的事情，发现那些之所以最富有吸引力的事情，恰恰不是因为它们是游戏和幻想的产物，而是由于它们是现实的产物"（［美］埃里克·H. 埃里克森著，《同一性：青少年与危机》，孙名之译，中央编译出版社，2017年，第90页）。埃里克森把这种心理力量称为勤奋感。与此相对，孩子如果不能建立勤奋感，就会产生自卑感。

在12~20岁阶段，孩子通过对前期生活经验的不断尝试和整合，挖掘自己独特的优点和缺点，最后确定自己的社会角色——职业定位和人生目标，明白自己到底要什么。"他们有时病态地而且往往是好奇地一心想着将自认为是什么样的人与自己在别人眼中表现为什么样的人进行比较，并且老是想着如何把早期养成的角色和技术与当前的理想原型结合起来的问题。"（［美］埃里克·H. 埃里克森著，《同一性：青少年与危机》，孙名之译，中央编译出版社，2017年，第91页）这个阶段的孩子充满了纠结与矛盾，但最后将克服混乱，走向统一。埃里克森称此为同一性。同一性的产生意味着孩子在社会性和心理上已经成年，他将来的使命就是为同一性所确定的生活策略而奋斗，直至实现同一性所确定的人生目标。同一性是人格成长的成熟状态，它赋予成人一种巨大的力量，这种力量就是忠诚。"至于青年期及其最热烈、最不稳定的追求中心是什么这一问题，我断定忠诚是其主要力量，这种力量需要有机会去发展、去使用、去召唤——甚至去为之死亡。"（［美］埃里克·H.埃里克森著，《同一性：青少年与危机》，孙名之译，中央编译出版社，2017年，第177页）如果成长失败，就会产生同一性混乱，孩子将难以确定自己在社会中应该担当何种角色。

二、对埃里克森人格理论的简评

（一）埃里克森的人格理论的优点

埃里克森从内在心理力量的角度，对人格的渐次发展做了系统剖析，这是其突出优点。它让我们明白，孩子的心理力量是从信任感、自主感、主动感、勤奋感、同一性等这样的路径逐步增强，直至长大成人。其中体现的清晰的层次关系，使这种理论具有很强的可信性和可操作性。埃里克森的理论首次对人格成长的过程做出了整体性的阐述，其他心理学家似乎都没有达到这种整体性；他使我们深信，人格成长需要一个基本方案。

（二）埃里克森的人格理论的弱点

但是，埃里克森的理论也并非完美无缺。埃里克森过于关注人的内在心理力量的成长，以至于他似乎忽视了人其实还有动物性的一面、本能的一面。从这个意义上说，弗洛伊德和华生的心理学仍有其积极的一面。人格培养仍然要在一定程度上借助于本能力量，而这正是埃里克森人格理论中所缺乏的。

另外，马斯洛曾经提出成长性动机和匮乏性动机问题，他说："既然自我实现者是由成长性动机而不是由匮乏性动机推进的，那么，他们主要的满足就不依赖于现实世界、他人、文化或达到目的的手段，总之，是不依赖于外界来实现的……受匮乏性动机促动的人一定要有其他人，因为他们的主要需要的大部分（爱、安全、尊重、威信、归属）只能来源于他人。"（［美］亚伯拉罕·马斯洛著，《动机与人格》，许金声等译，中国人民大学出版社，2012年，第170页）由此可以推论，基本需要其实有两类，即匮乏性需要和成长性需要。在埃里克森的人格理论中，他关注的信任感、自主感、主动感、勤奋感、同一性等，似乎都应归类为成长性需要，于是他无意中忽视了匮乏性需要，更没有揭示两类需要之间的内在联系。把匮乏性需要和成长性需要统一起来，也许是人格理论的一个重要课题。

埃里克森所关注的信任感、自主感、主动感、勤奋感、同一性等，似乎都是某些行为的结果，那么这些行为产生的原因是什么——也许这才是人的行为的内在动力的最初形式。比如在 1.5~3 岁，"如果探索受到鼓励，会产生自主感"。那么，人为什么会去探索？也许这才是我们真正想弄明白的，即成长的某种最初的力量。

另外，信任感、自主感、主动感、勤奋感这些词更像是在描述一个成长过程，同一性这个词则不是描述过程，而更像是在描述某种状态。这使我们感到有一些不协调。应该有一个词来描述 12~20 岁这一年龄段的成长过程，而同一性是这个年龄段结束的成果。

第三章
正论一：人格成长的规律

在上一章中，我们对几种常见的人格理论进行了讨论，从中我们可以看到，每一种人格理论均有它的优势和独到之处，同时也有它的缺点和不尽人意之处。我们发现，这六种人格理论中的任何一种，都不能完整地解释人格问题。所以，我们有必要对这些人格理论进行综合、归纳与深化，提出一些补充意见，以便能够更加完整地理解人格问题。

第一节　人格成长三要素

关于人格，我们在第一章曾经谈道，它由先天的气质与后天的性格两部分组成。而性格的底色是价值观，正是人的价值观决定了人对待事物的态度。所以我们也可以把人格问题简化为人对待事物的态度问题，持久而稳定的态度是人格问题的核心意涵。

人为什么会产生态度？又是如何产生态度的？这就关系到人格的成长问题。

我们认为，人格要真正成长起来，有赖于三个方面因素的相互作用。这三者是缺一不可的。我们曾经说过，人格是人与外部环境相互作用的产物。要完成这个相互作用，就关系到三方面的要素。这三个方面的要素我们称之为动力、机制与环境。

所谓动力，就是人格成长的内在推动力，也可以称为成长力。人格之所以会成长，是因为人有成长的内在动力；石头不会成长，是因为石头没有成长的内在动力。怀特海说："在机械生产中，建设的能量来自它的外部，它将分离的各个部分组装在一起。但是对于一个活生生的有机体来说，情形就大不一样了，它依靠自身自我发展的冲动而成长。这种冲动可以从有机体的外部进行激发和引导，它也可能为外界的力量所扼杀。"（[英]怀特海著，《教育的目的》，庄莲平、王立中译注，文汇出版社，2012年，第53页）

对于人格成长的动力，弗洛伊德、阿德勒、杜威、马斯洛、弗洛姆、埃里克森等学者从不同的角度进行了阐述。弗洛伊德把它称之为性力，也称为力比多；阿德勒把它归结为追求优越感；杜威则强调兴趣；马斯洛则提出了基本需要的理论；弗洛姆则提出了人的创发性精神力量；埃里克森提出了同一性渐成说。

马斯洛曾经表示，要找到人类行为的最终目的，"它最终总是会导致一些我们不能再追究的目标或者需要，这些需要的满足似乎本身就是目的，不必再进一步地证明或者辨析"（[美]亚伯拉罕·马斯洛著，《动机与人格》，许金声等译，中国人民大学出版社，2012 年，第 6 页）。在他看来，基本需要就是最终目的。但是，在我们看来，基本需要并不是最终目的，他们仍然只是表象。也就是说，基本需要后面还有更深一层目的存在。同样，弗洛伊德所说的力比多，阿德勒所说的追求优越感，弗洛姆所说的创发性等，都不是最终目的，在某种程度上说，这些都只是一些表象而已。

那么究竟什么是人类行为的最终目的呢？我们认为人类行为的最终目的就是追求快乐。第一章我们曾经谈到人性中的趋乐性，我们认为，追求快乐才是人生的最终目的。不同需要的满足为了什么？优越感的满足为了什么？力比多的释放为了什么？创发性的发挥为了什么？所有这些并非最终目的，最终目的是追求快乐。人们不会为了创发而创发，创发是追求快乐的手段。人们也不会为了吃饭而吃饭，吃饭也是为了快乐。其实，人生的最终目的是追求快乐（快乐意味着幸福），这个道理是显而易见的，也是非常简单明了的，很多哲人已经反复讨论过这个问题，答案基本一致。相对于追求快乐，满足需要、释放力比多、追求优越感、发挥创发性等等，所有这些都是手段，都是为了满足追求快乐这个目的。

所以，人生或者人格成长的动力是什么呢？就是趋乐性，就是追求快乐。人要是不追求快乐，要是无所求、无所欲，人还会成长吗？人还有必要成长吗？所以，趋乐性是人成长的必然性依据。就像种子要发芽，因为它有发芽的依据；石头不会发芽，它有不会发芽的依据；人成长的依据就是追求快乐。至于弗洛伊德的力比多，阿德勒的追求优越感，杜威强调的兴趣，马斯洛提出的基本需要，弗洛姆的创发性精神力量，埃里克森提出的同一性，等等，都是趋乐性的不同表现形式。

人是在追求快乐的过程中成长的。教育就是促进人的成长，所以教育本质上是快乐的，也应该是快乐的，并且是为了快乐的。教育如果是痛苦的，那一定是违背人性的，这样的教育一定在什么地方出了问题，一定需要改进。那种考完试就烧书，把学习当作无奈的、强迫下的例行公事的学习，那种时刻都被学生想要尽快逃离的教育，肯定是病态的教育。教育的整个过程都应该是快乐的。卢梭说过："很显然，孩子们不可能渴望通过使用折磨自己的工具来完善自身。但是，如果你能够利用这个工具让孩子们变得快乐，那么你就会发现，你根本无法阻止他们使用这个工具。……当下的益处才是最大的动力，才是使人走得既远又稳的唯一动力。"（[法]让-雅克·卢梭著，《爱弥儿》，檀传宝等译，中国轻工业出版社，2016 年，第 66 页）

一方面，人的快乐既包括肉体的快乐，又包括精神的快乐，这才是人不同于动物的地方。越是凸显出精神快乐，就越是接近人性、凸显人性。有一个放羊娃的故事是这样的，有人问放羊娃："放羊干吗呢？""赚钱呢！""那赚钱干吗呢？""娶婆姨呢！""娶婆姨干吗呢？""生娃呢！""生娃干吗呢？""放羊呢！"……这说明有一些人的生活始终停留在本我的层面，甚至是生理的层面。另一方面，卢梭也曾说过，"一个人是绝不会因为患痛风而自杀的，唯有心灵的痛苦才会让人感到绝望"（［法］让-雅克·卢梭著，《爱弥儿》，檀传宝等译，中国轻工业出版社，2016年，第14页）。这说明在有些人的生活中，精神生活是高于生理层面的。

趋乐性存在于人性之中，追求快乐是人的本性，这样说还有一层意思，就是人自身内部存在成长的动力，这种动力不是外加的，而是内在的。所以教育要尊重这个动力、顺应这个动力、发挥这个动力。好的教育就是保护、发展和引导孩子内在的成长力。与这个动力相背离、相矛盾的各种教育，都是错误的。从一定意义上说，教育是否成功，取决于我们是否能够巧妙地利用人的趋乐性，从内容到形式，努力满足人的趋乐性要求。

在中国，教育是不是应该是快乐的，现在也成了一个悬案。有人说，教育应该是快乐的；也有人说，教育怎么可能是快乐的呢？我们认为，教育如果以知识灌输为主要目标，那多半是不快乐的；反之，教育如果以人格培养作为主要目标，那就应该是快乐的。因为人格是在趋乐性推动下、在基本需要的满足中、在自身成长力的作用下逐渐成长起来的，而满足必定伴随着快乐。现实的情况是，中国的教育主要是以灌输知识为主要目标，所以中国的学生多半快乐不起来。一些人的教育观停留在知识灌输层面，没有上升到人格教育和智慧教育的层面，忽视了学习的内在动力，所以他们理所当然地认为，教育是不可能快乐的。

怀特海说："毫无疑问，痛苦是引发有机体开始行动的一种次要因素。但是，这通常是在缺乏快乐的时候才会出现。快乐是激发生命力的一种正常而健康的方式。我并不是说，我们可以安宁平静地沉溺于当前的娱乐的诱惑之中，我的意思是，我们应该寻求一种符合自然发展规律的模式，这种模式本身令人愉快，让人在自身的快乐中去追求并安排个性的发展。处于次要地位的严格训练必须以保证某些长远利益为目的；要保持必要的兴趣，就必须有一个适当的不能过低的目标。"（［英］怀特海著，《教育的目的》，庄莲平、王立中译注，文汇出版社，2012年，第44页）

如果我们认为，教育只能是痛苦的，那么这恰恰是由我们的教育思想落后引起的，在怀特海看来它只是一个很低的教育目标而已。心理动力学的任务正是要寻求"让人在自身的快乐中去追求并安排个性的发展"。

人格成长的环境是人追求快乐、实现快乐的条件，它提供了实现快乐的可能性依据。人固然有趋乐性，但是，要是没有一定的条件，这个快乐是难以实现的。肚子饿了要吃饭，这是趋乐性的表现；但是，要真正解除肚子饿的难受感和紧张感，就要有吃的东西，比如米饭或者馒头等。这就是环境，就是条件，它满足了人追求快乐的需要。

环境主要是指物质的、地理的、空间的、时间的、社会的条件，它是满足人的需要的客观条件。没有这些环境条件，人格无从实现。从这个意义上说，所谓教育，就是按照一定的规律，在尊重成长力的前提下，创造、整合环境条件，以促进人的成长。

在所有这些环境因素中，有一种因素是极其特别的，它就是社会因素。如果说其他环境因素是死的，社会因素却是活的。社会环境的作用机理与其他环境因素的作用机理大不一样，人与社会之间，不完全是一方主动另一方被动的关系，而是主动中有被动，被动中有主动。所以，人与社会的关系成为人格成长中的一个独特问题，阿德勒称其为社会感情。

人格成长的机制就是环境作用于具有趋乐性的人从而产生快乐的具体方式。环境作用于人可能产生快乐，也可能产生痛苦，也可能没有任何快乐或痛苦感；同样的环境作用于不同的人，可能产生完全不一样的快乐感或痛苦感；不同的环境作用于不同的人，有可能产生相似的感觉。同样是食物，对于饥饿的人是快乐，对于饱食的人可能产生餍足感。

为什么会有这些不同呢？这就要归结于产生快乐的机制，它是人格成长规律的核心部分，也是人格成长的合理性依据。

但是，对于这个机制，迄今为止讨论得还非常不够。弗洛伊德、马斯洛和阿德勒主要讨论了成长动力问题，却对成长机制涉及甚少，所以马斯洛解释不了为什么有那么多的人只停留在低层次的需要上，而自我实现的人那么少。弗洛姆的两歧理论和华生的刺激—反应机制似乎触及了机制问题，可惜都不全面，没有完全揭开人格成长的机制之谜。

人格成长的动力和机制问题，构成了人格成长的规律，这是本章讨论的重点。按照一定的规律创造和整合环境，这是教育问题，我们将在后面几章讨论它。

第二节　人格成长的初级动力：本我

我们知道，弗洛伊德的人格理论是不够完善的，后来的心理学家提出了越来越多的批评。但是我们认为，他把人格划分为本我、自我与超我三个部分，还是具有现实意义的。在这里，我们仍然要借用这几个概念。我们将本我理解为人格成长过程中本能的、自然的需要，它是人格成长的初级动力；把自我理解为非本能的、精神的需要和动力，它是人格成长的高级动力。本我主要是匮乏性需要，自我主要是成长性需要。这两者直接体现"我"的目的性，是"我"的有机组成部分。超我实质上是非"我"的，它本身并非"我"的目的，但是离开超我，却可能有损于本我和自我，因此它是实现本我和自我的必要条件，于是间接地又成为"我"的一部分。这三者以不同的功能形式统一于整体人格，形成人格的内在秩序。人的复杂性就呈现在人格的内在秩序之中。

正如弗洛伊德所说，本我是本能存在的，因此人一出生本我就自然存在，正因为这样，它有普遍和原始的特征；本我遵守唯乐原则，它无条件追求满足，这种追求是刚性的。除此以外，我们还发现，本我的满足主要依赖于外部要素，它是单纯地向外寻求满足，摄取外部能量，即是匮乏性的；本我的实现还更多依赖于感觉，因此也是直接的，是直接可感的；本我的实现也更多地依赖于物质因素。因此，有这样一些词与本我紧密相关：本能、普遍、摄取、刚性、感觉、直接、物质。

人格的成长具有一定的顺序性，这种顺序性主要体现在人格成长的条件和动力上，马斯洛对此已经做过相当精细的分析，尽管他的某些观点我们不能完全认同，因此在某些地方我们会略做修正，但总体上我们认同他提出来的需要层次理论。我们认为，马斯洛提出的前三种基本需要，大体上可以看作是本我的范畴。

首先是生理需要，它是维护生物体存在的需要。生物体的存在是高于一切的，没有生物体的存在就没有人生的过程，因此生理需要既是基础性的，又是最重要的，也是人格成长的首要动力。生理需要包括呼吸、食物、水、睡眠、保暖、性等内容。不管是大人还是小孩，总要先满足生理需要，才能谈论人生的其他问题。在生理需要上，最集中地体现了本能、普遍、摄取、刚性、感觉、直接、物质的特征。

其次是秩序需要，在马斯洛那里被称为安全需要。第二章我们已经提出，马斯洛把第二种需要定义为安全需要是不准确的，我们认为把它称为秩序需要更为合适，原因有五点：

一是安全需要实际上存在于人生的各个阶段，也存在于需要的各个层次，因此不能只把第二层次的需要定义为安全需要。我们认为，所谓安全需要，就是维持现有快乐的需要。当你处在生理需要层次时，你就希望维持生理需要满足的快乐，而不愿失去它；当你处在被爱的快乐层次时，你也希望维持这种被爱的快乐；当你处在被尊重层次的快乐时，你也希望维持这种快乐。当这些快乐受到威胁时，你就有不安全感，你就会寻求保护这种快乐。因此安全需要是时时处处存在的，而不只是生理需要满足以后才有安全需要产生。实际上，生理需要是最基本的安全需要，自我实现的需要是最高级的安全需要。越是低级的安全需要，越依赖于外部因素；越是高级的安全需要，越依赖于人自身。从低级安全到高级安全，是安全的被动因素逐步减少、主动因素逐步增加的过程，是人的主体性、主动性逐步上升的过程。这个问题非常重要，它是人格成长机制的核心问题之一。

二是马斯洛在谈到安全需要时，他的原话是这样的："如果生理需要相对充分地得到满足，接着就会出现一整套新的需要，我们可以把它们大致归纳为安全类型的需要（安全、稳定、依赖、保护、免受恐吓、焦躁和混乱的折磨、对体制的需要、对秩序的需要、对法律的需要、对界限的需要以及对保护者实力的要求等）。"（［美］亚伯拉罕·马斯洛著，《动机与人格》，许金声等译，中国人民大学出版社，2012年，第22页）在这里，马斯洛用了几个比较含混不清的词语："大致归纳为"和"安全类型"。所谓"大致归纳为"的意思就是，马斯洛本人也认为未必十分确切；所谓"安全类型"，我们已经说过，所有各层次需要都有安全问题，所以把第二层次"大致归纳为安全类型"，也有一定道理，但却未必十分准确。

三是我们在前面已经论述，马斯洛自己已经察觉到，安全需要存在于每一个需要层次满足的过程之中，并且在多处提到类似论述。如："因此我们可以将整个机体描述为一个寻求安全的机制，感受器、感应器、智力以及其他能力则主要是寻求安全的工具……几乎一切都不如安全重要（甚至有时包括生理需要，他们由于被满足，现在不受重视了）。"（[美]亚伯拉罕·马斯洛著，《动机与人格》，许金声等译，中国人民大学出版社，2012年，第23页）这就说明，安全需要是贯穿人生全过程的，是人性的基本特征之一，是人生的普遍需要，而不是某个阶段、某个时间、某个地点的特殊需要。

四是根据马斯洛关于安全需要原话的意思，我们认为，它基本上是对个人外在环境因素的需要，是对环境的稳定性、可预测性的需要。所以，我们把这种需要定义为秩序需要更为准确。马斯洛提到的依赖、保护、恐吓、焦躁、混乱、体制、法律、界限、保护者实力等要素，实质上都关乎秩序问题。

五是在婴儿成长过程中，在满足生理需要后，最先出现的其他需要，实际上也是秩序需要。孩子容易受到惊吓、不愿意见陌生人、不愿意到陌生环境，这些都是秩序问题。心理学研究表明，孩子在七八个月大时，开始出现分离焦虑，一岁左右开始出现陌生人焦虑。孩子似乎天生希望处于熟悉的、可预测的、秩序稳定的环境之中。

鉴于以上五点理由，我们把第二层次的基本需要定义为秩序需要。从秩序需要的内涵来看，仍然非常鲜明地体现出本能、普遍、摄取、刚性、感觉、直接、物质的特征。

第三层次是爱与归属的需要。前面我们已经论述，接受别人的爱与爱别人是完全不同的两个问题。马斯洛所说的"爱与归属"中的爱，既包括被爱，又包括爱别人，把爱别人与被爱归类在同一个需要层次中，我们认为是不妥的。实际上，当孩子需要父母的爱时，孩子自己可能并不具备爱别人的能力，这也说明被爱与爱别人不是同时产生的。所以我们这里所说的爱，专指被爱。

我们认为，当一个人的生理需要和秩序需要得到相对满足以后，紧接着产生的是被爱的需要。所谓被爱就是被接受。孩子需要被某些人接受，这些人是"重要他人"。当然首先是被父母接受，得到父母的爱护。然后是得到更多人的爱，爷爷、奶奶、亲戚、朋友等等，这个范围逐渐扩大，就产生了一个群体甚至社团，爱的需要就顺理成章地发展成为归属的需要——被一个群体或社团接受。被爱的需要实际

第三章：正论一：人格成长的规律

上是安全需要的一次升级。

我们发现，生理需要和秩序需要都是对外部的、物质性的需要，爱的需要却从物质性的需要转向对人的需要。这是一个重大转向。尽管对人的需要本身也含有外部的、物质的属性，但是，人却是一种特殊的外在物，是有意志、有感情的外在物，因此这个转向也标志着人的需要从物向人、向精神转变。爱当然仍然含有物的因素，因为爱我们的是一个活生生的人，而且爱也往往需要用物来表达，但是毫无疑问，爱已经烙上了精神的烙印，已经蕴含了精神因素。因此，爱实质上是本我向自我过渡的一个桥梁。在本我的本能、普遍、摄取、刚性、感觉、直接、物质等特征中，本能、普遍、摄取等特征仍然非常明显，但是刚性、感觉、直接、物质等特征似乎已经有所弱化，物质特征弱化更为明显。需要层次之间的这种变化正好体现了渐变的逻辑特征。

越是低级的需要，满足的方式越简单；越是高级的需要，满足的方式越复杂。从本我的角度来看，教育最容易在"爱"这个层次上出现问题。人们习惯于给孩子提供物质满足，但是很多人在给孩子提供精神满足时却出错了，很多人甚至仍然以提供物质满足代替精神满足。我们看到太多教育失败的案例，其往往都是跌倒在爱的门槛外。

精神现象的出现是人之所以称为人的根本原因。爱也可以说是最初级的精神现象，是人从一般动物向真正的人进化的初级阶段。完成这个转变是教育的关键一步。但是在现实生活中，很多人在给孩子爱时却出错了。

弗洛姆曾经指出，我们经常看见两种错爱：一种是因为爱而把自己完全消解在爱的对象之中，使自己失去独立性；另一种是因为爱而完全希望拥有爱的对象，使他人失去独立性。这两种病态的爱都是令人难以承受的，却是很常见的。我们说爱是接受，爱一个人就是接受一个人，而一个人的最大特征就是他的独特性、他的不可替代性。这种独特性是所有心理学家都公认的。所以接受一个人就意味着接受他的独特性，而不是压垮他的独特性，更不是消解他的独特性；真正的爱是两个保持独特性的人相互欣赏、相互扶持、相互鼓励。所以，正确地爱孩子，尊重孩子的独特性，是教育成功的起始点。没有对孩子独特性的尊重与维护，孩子很难顺利进入下一个更高的自我的发展阶段，他有可能永远停留在靠他人、靠外力维持生存的本我阶段。

渐次地满足生理需要、秩序需要、被爱的需要是人格成长的初级动力。逐步满足这些初级需要，人性的基本特征才能逐步显现。但是，由于这些需要都是通过向环境"摄取"能量来获得满足，因此这时候的人还不是真正意义上的人，他们离动物状态虽然已经有了一点距离，但终究还不太远。真正的人应该是向环境"释放"能量——通过创造性活动来满足自身的需要。

第三节　人格成长的高级动力：自我

自我是对本我的超越。超越这个概念有两层意思：一是自我离不开本我，没有本我就不可能有自我，本我是自我的基础和前提；二是自我不是本我，而是超越本我的。自我更多地体现出精神的我、理性的我，本我则更多地体现为物质的我、本能的我。它们的共性都是"我"，都为"我"而存在，是对"我"的满足与实现，但是本我与自我又是不同层次的"我"，体现出生命成长与人格成长的不同状况、不同层次。这里清晰地体现出生命的层次性。

对于第一点即自我离不开本我，弗洛伊德强调得比较多，他甚至认为，自我也是本我的一部分，是本我与环境协调的产物。对于第二点即自我的精神属性，弗洛姆从创发性的角度进行了诸多论述，这是弗洛姆人格理论的优点；但是他忽视了自我与本我的关联性，看不到创发性也有物质的一面，也是以本我为基础的。

马斯洛较好地处理了本我与自我的关系。他的五个层次基本需要理论，既涵盖了本我，又涵盖了自我，同时也阐述清楚了相互之间的关系。这是马斯洛的一个巨大贡献。

在五个基本需要层次中，我们认为，前三个层次的基本需要是本我的部分，后两个层次的基本需要是自我的部分。因此自我中包含了尊重需要和自我实现需要。

尊重需要是人在满足了爱与归属需要的基础上的提升。生理需要和秩序需要都是物质性的需要。人在满足了一定程度的生理和秩序需要的基础上，就会产生爱与归属的需要。爱是被某人所接受，归属是被某社团所接受。爱与归属都是人对于人的需要，是从对物的需要转向对精神的需要。假如爱与归属的需要也得到一定程度的满足，人的需要就会向更高层次的尊重需要转变。

尊重需要可以理解为被更大范围、更多的人所承认。但是，这种承认不是无缘无故的，而是有前提的，其前提就是这个人是独特的、与众不同的，他是由于自己是一个与众不同的人而被接受的，是以一个内在潜力得以发展和发挥的人而被接受的，是以具有某种优越性而被接受的。

尊重需要是爱与归属需要的扩大与提升。在范围上它是扩大了，从熟悉的人扩大到不熟悉的人；在接受度上它是提升了，从作为一般的人被接受提升到作为与众不同的人被接受。我们把这种依靠自己的独特性和优越性而被接受称为承认，承认是更深层次的接受。尊重需要以自身的实力、优势、成就为前提，因为没有这些自身具有的实力、优势和成就，他就不能成为一个与众不同的人，他也没有资格和机会成为一个受到别人尊敬的人。正是从这个意义上，从尊重需要开始，人格的发展转向自我，转向了自我素质的完善与提高，转向对自己内在力量的"释放"（但是，这种转向并不是突然产生的，马斯洛没有对此进一步作探讨，而埃里克森的理论正好在此问题上提供了支持，它证明人的内在力量的成长和"释放"有一个过程，第六章我们将会讨论这一点）。但是，尊重需要仍然以外界的评价、肯定为目的，尊重归根到底是别人给予自己的尊重。

自我实现需要是尊重需要的进一步提升。尊重还有赖于别人的评价和肯定，自我实现需要则放弃寻求别人的评价和肯定，代之以自我的评价和肯定，自我实现是人真正的自我满足和自由状态，自我实现是自己为自己立法。

自我实现需要更加强大的内在力量，包括更高的认知能力、更明确的目标、更强大的信心与意志等，总之需要更完善的内在素养。在自我实现者面前，外部力量不再能够束缚他，或者说他具有更强大的驾驭外在力量的能力。

自我实现者是超越现实的，甚至是超越时代的。他以自己强大的思想洞察力审视人类、审视世界、审视宇宙，因此他以独特的眼光看见宇宙中一片新的蓝天。而广大庸众还生活在地下室的阴暗的小空间之中，并习惯、满足于自身所处的环境，不愿意或者不能够走出地下室来看看宇宙中新的蓝天。

被誉为"美国最好的老师"的雷夫·艾斯奎斯，在他的《第56号教室的奇迹：

让孩子变成爱学习的天使》一书中提出，人的行为模式发展可以分为六个阶段。第一阶段：我不想惹麻烦；第二阶段：我想要奖赏；第三阶段：我想取悦某人；第四阶段：我要遵守规则；第五阶段：我能体贴别人；第六阶段：我有自己的行为规则并奉行不悖。雷夫认为，学生的行为是按照一定次序逐渐发展的，最美好的就是第六阶段，人找到了自己的规则，融入了自己的灵魂，并奉行不悖。雷夫举例说："每年，我带的五年级学生都会阅读约翰·诺斯的杰作——《独立和解》。小说的主人公菲尼亚斯是一位卓越的运动员及第六阶段思维的实践者。某日在游泳池畔，他注意到游泳比赛的全校纪录保持者并不是他们班上的同学。从未受过游泳训练的他对友人吉恩表示自己破得了纪录。他简单地热了身，走上起跳台，接着要吉恩帮他计时。一分钟后，吉恩难以置信地看见菲尼亚斯破了纪录，但是她很失望，因为没有其他人在场来确认这个纪录的'正式性'。她打算致电当地报纸，还要菲尼亚斯第二天在正式计时人员和记者面前重游一次。菲尼亚斯婉拒了，而且要求吉恩守口如瓶，因为他想破纪录，也办到了，这就够了。"（[美]雷夫·艾斯奎斯著，《第56号教室的奇迹：让孩子变成爱学习的天使》，卞娜娜译，中国城市出版社，2009年，第23页）

这就是自我实现的人的特征，他超越了他人评价的需要，代之以自己评价自己。

自我更多地依赖人的内在力量，并不是说它就不依赖外在环境，实际上，相对于本我层面而言，自我对于外在环境则有了更多依赖性。准确地说，自我是这样一种状态，它依赖自己强大的内在力量，同时更充分地、更好地整合利用外在环境因素。自我是自己与环境处在更加协调和融合的状态，它是人的潜力高度调动和发挥的状态，同时也是外在环境被更有效地利用的状态。因此，自我不是目空一切，不是孤傲狂妄，而是建立在真实的、强大的内在力量基础上对环境的高度融入，是对人生一览众山小的境界。

所以自我是一个更高层级的人格成长的动力，是真正的人的本质特征的反映。一个没有达到自我层面的人，还不是真正成熟的人，只能被称为"巨婴"。我们说本我具有本能、普遍、摄取、刚性、感觉、直接、物质等特征，说明本我是初始性的；自我则发生了全面转向，它相应地、更多地表现出后天、独特、创造、弹性、理性、间接、精神等特征，它是成长性的、发展性的。也就是说，如果本我这种需要体现出以本能形式存在，其存在形式具有更多普遍性，满足这些需要主要依靠外部力量，这些需要的满足具有更多刚性和不可妥协性，这些需要的满足过程更多地依靠感觉，也更加直接，这些需要的满足更多地呈现为物质形态，那么，自我的需要或动力则正好与本我相反，它更多的是后天的需要，这些需要满足的形式具有更多的独特性，满足这些需要更多地依靠内外部力量创造性运用，这些需要的满足具有更多的弹性，这些需要的满足过程更多地依靠理性，也更加间接，同时这些需要的满足更多地呈现为精神形态。

正是由于自我的成长具有后天、独特、创造、弹性、理性、间接、精神等特征，才导致自我成长的困难。后天的需要更依赖培养，独特的需要更依赖清晰的定位，创造意味着更依赖自身的强大，弹性意味着会有更多的妥协，理性意味着更依赖自身认知能力的完善，如此等等。在现实生活中，这些特征是很容易被延缓或者被压制的，从而使自我的成长变得困难。

但是，自我却又是人之所以称其为人的根本标志。人既是肉体的、动物的人，更是精神的、自主的人。人如果只是停留在本我阶段，那么说明人离一般动物并不远，甚至就是一般动物。由于一般动物需要的刚性特征，这样的社会更多地表现为弱肉强食与零和博弈，人更多地体现为物质至上和自私自利。只有人上升为自我的人、精神的人、自主的人，才会实现亚里士多德式的德性的善、自我的善、利己的善；在此基础上，才会有创发性，才会避免零和博弈，才可能实现利己的善与利他的善的统一，人类社会才会进入更加良性的循环发展。

因此培养自我、发展自我、找到自我是教育的核心任务。这个问题在我们的教育实践中很大程度上被忽视了。中国教育的最大问题是不注重培养学生的自我，导致很多学生找不到自我。北京大学徐凯文教授指出的"空心病"，我们认为本质上就是一种因自我缺失而导致的精神疾病。中华传统文明是忽视自我的，甚至是想尽办法去回避和压抑自我的。翻开中华传统文明的典籍，儒、释、道的共同特征，正是忽视、回避、压抑自我。近代以来中华文明的落后局面，与我们失去自我这个重要动力有关；对中国人形成的固有偏见如普遍注重物质、明哲保身、自私自利，也与这一点有关。我们的社会总体上似乎主要生活在本我阶段。但是，中国要发展、要创新、要屹立于世界，必须使我们的国民素养上升到自我层面。

第四节　人格成长的初级机制：条件反射

人作为一种动物，他具有所有动物都具备的生物反射机能。

我们用榔头敲打一块砖头，直到把砖头敲碎，砖头都不会有任何反应。我们去敲打一棵树，树除了摇晃几下，也不会有其他反应。但是假如我们去敲打一只猫，这只猫就会远远地逃开，并发出惨叫声。猫的这种反应就叫作生物反射。

科学研究已经证明，动物普遍都具有反射机能。根据生物学原理，所谓反射，是指动物通过中枢神经系统对刺激的一种应答式反应。可见，反射是对动物而言的，是依赖于中枢神经系统的，是对刺激的应答式反应。

反射可以分为非条件反射和条件反射。非条件反射也叫基本反射，它是动物生来就有的、无须后天训练的反射。比如遇到强光，人的瞳孔就会自动收缩；遇到黑夜，人的瞳孔就会自动放大；肚子饿了，胃就会痉挛；身体被刺痛，就会发出叫声。条件反射是动物在后天的生活中经过学习和训练而获得的，是反射的高级形式。条件反射使人能够适应千变万化的环境。

由于条件反射是通过后天学习和训练获得的，因此对教育有重要意义。实际上，以华生的理论为代表的行为心理学，就是建立在条件反射这一原理基础上的。因此，对于条件反射在教育中的作用，我们要予以充分重视。条件反射虽然不能完整解释人格成长问题，但是它对人格成长的确有相当大的影响和作用。

按照生理学原理，条件反射又可以分为经典条件反射和操作性条件反射。经典条件反射是指，原本没有关联的两个刺激，经过反复重复，建立起某种关联性。例如，摸婴儿的头与给婴儿喂奶这两个刺激，原本没有什么关系，但是，你要是不断重复这个动作：先摸摸婴儿的头，然后给他喂奶，久而久之，只要你一摸婴儿的头，婴儿就会做出吃奶的反应，转过头并开始吮吸。又如，对一只小狗来说，铃声和食物原本是两个无关的事物，但是，你要是重复这个动作：先响起铃声，然后给小狗喂食，久而久之，只要一响起铃声，小狗就会做出吃食的反应——分泌唾液并兴奋地摇动尾巴。马戏团里训练动物就是利用经典条件反射原理。

操作性条件反射是指，"自发性反应根据与其相联系的正性和负性结果而被增强或减弱"（［美］罗伯特 S. 费尔德曼著，《儿童发展心理学》，苏彦捷等译，机械工业出版社，2016 年，第 87 页）。这个定义比较抽象，我们把它具体化。"自发性反应"是说，某种行为是自发的、有目的的；"正性和负性"是说，该行为产生的结果对其自身来说是有益的还是有害的，有益则是正性，有害则是负性，正性意味着奖赏，负性意味着惩罚；"增强或减弱"是说，由于该行为产生一个有益于自身的结果，从而趋向于强化该行为，或者由于该行为产生一个有害于自身的结果，从而趋向于弱化该行为。简单地说，操作性条件反射就是人趋向于强化对自己有益的行为，弱化对自己有害的行为。

条件反射在塑造人类情绪方面作用巨大。而情绪决定态度，态度又是人格的核心组成部分。因此，在理性还没有发育起来的婴幼儿时期，条件反射是形成人格的主要途径，在理性发展以后也仍然起作用。在婴儿期形成的对于外在事物的基本态度，将影响孩子后来的成长甚至影响其一生，以至于以后发展起来的理性力量都无法改变。埃里克森提出，婴儿从出生到 12～18 个月，将产生信任或不信任的情绪。在这段时期，假如婴儿在环境中得到积极的、友好的映像，孩子就趋向于信任环境；反之，婴儿在环境中得到消极的、恐惧的映像，孩子就会对环境产生深深的怀疑。这种对于环境的态度，正是最初也是最基本的人格，它就像高楼大厦的奠基石，影响孩子的一生。有一个例子很能说明问题。阿尔伯特是一个只有 11 个月大的婴儿。"虽然阿尔伯特最初很喜欢有皮毛的动物，也不害怕老鼠，但是后来他在实验室里学会了害怕它们。在实验中，每当阿尔伯特试图和可爱的、不会伤害他的小白鼠一起玩的时候，他的周围就会响起巨大的噪声，使得阿尔伯特开始害怕小白鼠。事实上，这种恐惧还扩展到了其他的带皮毛的物体，包括兔子，甚至还有圣诞老人的面具。"（［美］罗伯特 S. 费尔德曼著，《儿童发展心理学》，苏彦捷等译，机械工业出版社，2016 年，第 87 页）由于经典条件反射的作用，阿尔伯特害怕一切带皮毛的物体，这样一个人格特征，无疑会严重限制阿尔伯特未来的生活，因为在日常生活中，带皮毛的物体实在是太多了。

条件反射在教育中的具体作用，主要表现为习惯的养成和改变。

习惯在人格中、在人们的日常生活中具有极其重要的地位。首先，在习惯出现以后，大脑不再完全参与决策，习惯性行为会自动展开，从而大大提高人们的工作生活效率。比如，我们早上起床、刷牙、吃早饭，然后上班，这些行为都已经形成习惯了，因此我们每天都能很快地做完这些事。如果我们没有形成习惯，早上醒来就要先思考一番：今天要不要起床？然后我们终于决定要起床了，又开始考虑：要不要刷牙？一番纠结后终于去刷牙，刷完牙又想：要不要吃早饭？如果我们每一件事都要这样思考决策，我们的日常生活就会变得烦琐不堪。习惯实际上减少了我们的决策时间，简化了决策程序，提高了工作和生活效率。

其次，人们研究发现，习惯在人类行为中占据很高的比重，我们的很多行为都不是精心思考的结果，实际上都是出于习惯。"杜克大学 2006 年发布的研究报告表明。人每天有 40% 的行为并不是真正由决定促成的，而是出于习惯。"（[美] 查尔斯·都希格著，《习惯的力量：为什么我们这样生活，那样工作？》，吴奕俊、陈丽丽、曹烨译，中信出版集团股份有限公司，2017 年，第 IX 页）

很多心理学家和教育专家都指出，培养良好习惯是教育的重大课题，尤其是家庭教育的主要课题之一。好的习惯成就幸福人生，坏的习惯可能毁掉一生。一种好的行为一旦形成习惯，将一生受益无穷；一种坏的行为一旦形成习惯，将一生祸害无穷。比如爱看书的习惯会使人一生中不断进步，而一个懒惰的习惯可能会使人一事无成。

人类文明发展到现在，已经有了很璀璨的文明积累，某一些行为已经被公认为是正确的，而另一些行为已经被公认为是错误的。比如爱读书、讲礼貌、遵守时间、讲诚信、讲卫生、爱运动、做事有计划、独立思考、换位思考、日事日毕、有始有终、常做家务、节约、公共场合不大声喧哗、不随意发脾气、尊老爱幼、排队上下车、让座、持之以恒、随手关灯、不乱扔垃圾、用完的东西要归位、食不过饱、不挑食、勤洗内衣、乐于助人、控制情绪、勇于认错、耐得寂寞、马上行动、大处着眼、注重细节、张弛有度、每日自省、注重仪表、不找借口等等，这些都是好习惯；也有很多公认的坏习惯，如撒谎、网瘾、抽烟、懒惰、依赖、邋遢、打架、睡懒觉等等。我们可以列出成百上千种习惯。

教育的一个重要任务，就是从小开始培养孩子的好习惯，努力避免孩子形成坏习惯。假如孩子养成了这些好习惯，还愁一事无成吗？知识相对习惯来说，在教育的重要性中，顶多算是一颗芝麻的量级。

那么，习惯是如何形成的呢？实际上，习惯形成的原理就是条件反射。查尔斯·都希格在《习惯的力量：为什么我们这样生活，那样工作？》一书中，对习惯形成的机理做了深刻剖析。他认为："我们也许不记得自己的习惯是如何养成的，不过一旦这些习惯在大脑中形成，它们就会影响我们的行为，而我们自己往往是意识不到的。"（[美] 查尔斯·都希格著，《习惯的力量：为什么我们这样生活，那样工作？》，吴奕俊、陈丽丽、曹烨译，中信出版集团股份有限公司，2017 年，第 24 页）他在书中提出了一个"习惯回路"的概念，习惯正是根据这个回路来运作的。都希格的习惯回路如图所示。（[美] 查尔斯·都希格著，《习惯的力量：为什么我们这样生活，那样工作？》，吴奕俊、陈丽丽、曹烨译，中信出版集团股份有限公司，2017 年，第 19 页）

"我们大脑中的这个过程是一个由三步组成的回路。第一步，存在着一个暗示，能让大脑进入某种自动行为模式，并决定使用哪种习惯。第二步，存在一个惯常行为，这可以是身体、思维或情感方面的。第三步则是奖赏，能让你的大脑辨别

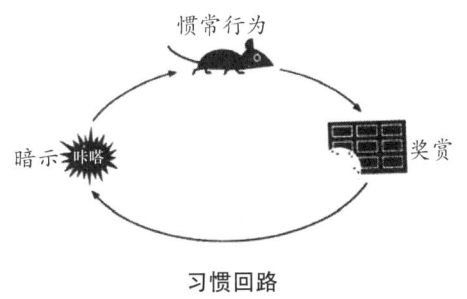

习惯回路

出是否应该记下这个回路，以备将来之用。慢慢地，这个由暗示、惯常行为、奖赏组成的回路变得越来越自动化。线索与奖赏交织在一起，直到强烈的参与意识与欲望出现。最终，不管是在麻省理工学院的实验室里，还是在你家院子的车道上，习惯诞生了。"（[美] 查尔斯·都希格著，《习惯的力量：为什么我们这样生活，那样工作？》，吴奕俊、陈丽丽、曹烨译，中信出版集团股份有限公司，2017 年，第 18、19 页）

习惯就是通过这样一个由三个步骤组成的回路形成的。我们仔细分析这个回路就会发现，第一步的"暗示"和第二步的"惯常行为"，正好构成了一个经典条件反射；第二步的"惯常行为"和第三步的"奖赏"，又正好构成了一个操作性条件反射。所以，习惯回路恰恰是经典条件反射与操作性条件反射巧妙叠加而成的。因此，这种生而具备的条件反射能力，成为人格成长的重要机制，也是人类学习的重要方式。

在这个习惯回路中，我们假如把第三步的奖赏改为惩罚，我们就破坏了这个习惯回路，这是习惯回路的反向运用。通过这个习惯回路反向运用，我们可以阻止某些习惯的形成。这个原理可以用来克服某些坏习惯的形成。因此，惩罚也是教育必不可少的手段。

最好的暗示是父母的榜样作用。在家庭中，孩子会自然而然地接受父母行为的暗示，并模仿父母的行为，如果再加上恰当的奖励以固化孩子的行为，就正好构成了一个习惯回路，使孩子养成行为习惯。值得注意的是，就算父母不加奖励，即取消习惯回路最后一个环节，从暗示到行为仍然构成一个经典条件反射，久而久之也可以形成行为习惯。所以，不管愿意不愿意，父母的行为习惯总会"遗传"给孩子。这种现象应该引起家长高度关注，以便扬长避短。

对于惩戒，首先必须确定，它是必要的，因为没有惩戒，就不能阻止孩子某些坏习惯的形成；其次惩戒须避免体罚和辱骂，因为体罚和辱骂会挫伤孩子的自尊心和自信心。惩戒的目的是引起孩子的反思并纠正错误，因此惩戒的方式要非常讲究，过度惩戒有可能适得其反。比较适当的方法是冷落、隔离和剥夺。冷落是对孩子采取冷淡态度，表示你对他做错的事情很在意、很生气；隔离是让孩子在某一个特定地方站立反省，以触动他的内心；剥夺是暂时性地让孩子失去他心爱的某种东西或机会，让他付出代价。

人的一生需要养成成百上千种习惯。某些重要的习惯要在小的时候养成，大了就来不及了。好习惯没有养成，坏习惯就会产生，人的一生都会受到这些坏习惯影响，后果如何可以想象。孩子大了可以通过自己的努力养成习惯，但是在孩子小的时候，要养成某些重要的好习惯，只能靠大人或父母善加引导。所以，家庭教育再一次突出了它的无可替代的作用。

在这里，要特别强调一下教养问题。在家庭教育中，这个问题经常被人们提起。我们认为，教养本质上是一种习惯。我们可以把习惯简略地分为三类，一类是个体的生活习惯，如食不过饱、不挑食、讲卫生、爱运动等；一类是做事的习惯，如爱读书、做事有计划、独立思考、换位思考、日事日毕、有始有终、持之以恒、随手关灯、常做家务、控制情绪、勇于认错、耐得寂寞、马上行动、大处着眼、注重细节、张弛有度、每日自省等；还有一类是待人的习惯，如讲礼貌、守时、讲诚信、公共场合不大声喧哗、不随意发脾气、尊老爱幼、排队上下车、给老人让座、不乱扔垃圾、乐于助人、注重仪表等。所谓教养，就是表现在行为中的道德修养，我们也可以把教养理解为良好的、符合道德的待人习惯，是一个人诸多习惯中待人部分的习惯。因此，教养问题也可以归结为养成符合道德规范的待人习惯的问题。我们知道了习惯养成的规律，也就明白了提高教养的方法。

第五节　人格成长的高级机制：理性选择

　　理性是西方文明的核心概念，在中华文明中并没有关于理性问题的系统认识，这也是东西方文明的关键分野之一。人之所以称为人，人的最本质特征之一，就是人有理性。可以说，人的崇高、人的困惑、人的纠结，都源于人的理性。人一旦失去理性，就与一般动物无异了。

　　理性的前提是尊重客观世界。我们认为，存在着一个不以我们的主观意志为转移的客观世界，而这个客观世界又与我们存在着千丝万缕的联系，因此这个客观世界有待于我们去认识和了解。

　　理性的核心部分是我们认识客观世界的方法，因此理性与认知、思维、逻辑等概念有相近的含义，我们运用一定的思维方法和逻辑方法来认知世界。

　　理性还有一层含义，就是它的目的性。人为什么要运用自己的理性？人为什么不放弃自己的理性？归根到底，人运用理性是为了解决自己生活中各种各样的问题，从而使自己生活得更幸福。事实上，人类正是由于具有理性，使得人类成为这个世界的主宰，使得人类不断取得进步和发展。理性和目的性是相辅相成的，理性服务于人的目的性。

　　因此毫无疑问，理性在人格的成长中发挥着重要作用。这个作用不是动力性的，而是工具性的，它是人格成长的关键机制。在人格成长的过程中，人并不能完全依靠建立在条件反射基础上的习惯来应对各种情境。事实上，在人格的成长过程中，充满了陌生的情境和艰难的选择。在这些选择面前，习惯是无能为力的。这时候，人必须依靠理性的力量，对自己的生活做出选择。

人并非一生下来就具有理性，人的理性有一个发展过程。因此，人格在一定程度上随着理性的发展而发展。那么，理性是如何支配人格的呢？理性支配人格的机制是什么样的？这才是我们最为关心的问题。

让我们还是先回到尤瓦尔·赫拉利关于人类认知的论述上，他说，"从认知革命以来，智人就一直生活在一种双重的现实之中。一方面，我们有像是河流、树木和狮子这种确实存在的客观现实；而另一方面，我们也有像是神、国家和企业这种想象中的现实"（［以色列］尤瓦尔·赫拉利著，《人类简史：从动物到上帝》，林俊宏译，中信出版社，2014年，第33页）。

"客观现实"与"想象中的现实"这个双重现实世界的存在，为人类生活提供了无限可能性，也增加了无限的复杂性。

正如弗洛姆所揭示的，理性是人的福音，但也是他的祸根，理性的出现使人陷于两歧。由于有了理性，人知道自己必然会死；那么，人既然终归一死，为什么还要生？人就在这个纠结中不断寻找答案。

理性影响人格成长的机制，正是理性给人生带来高度复杂性的一个缩影。人格成长的过程正是不断寻找答案的过程。人生的很多时候，固然可以依靠习惯性行为加以应对。但是也有很多时候，特别是面临新情况、新问题时，是无法靠习惯解决问题的，这时候就需要理性的力量进行决策和选择。

前面我们已经提及，人的终极追求就是寻找幸福快乐。当人们去寻找并努力实现未来的想象中的快乐时，人就表现出成长性；当人们看不到未来的快乐或者认为未来实现快乐无望时，人就表现出维持现有快乐，就突出安全性。人的成长过程就是在现有快乐与未来快乐的两端之间反复纠结、反复权衡的过程。如果一个人倾向于追求未来快乐，他就会走向成长；如果一个人不愿意或者没有信心去追求未来快乐，他就会选择安全；如果一个人在追求未来快乐时受到严重压抑和阻碍，他就会患上精神疾病。因此，一个人可能在任何一个基本需要层次上停止前进，不再成长。狼孩似乎是某种停止成长的案例。

马斯洛提出五个层次的基本需要揭示了人格成长的动力，固然很有意义。但是，有了动力，人格并不会自动成长，动力也可能会失效。尤其是自我部分的动力，由于自我的需要并非是刚性需要，这种动力往往更加容易被压制。由于马斯洛不够重

第三章：正论一：人格成长的规律

视动力释放的机制问题，所以马斯洛解释不了为什么有很多人没有得到更好的成长和发展，为什么自我实现的人只是凤毛麟角。

因此，从理性的角度来讲，我们需要解决好现有快乐和未来快乐两者之间的相互匹配问题。这是揭示人格成长机制的关键环节。

我们先来谈一谈现有快乐问题。关于这个问题，我们要区分三种情况。

第一种情况是过度满足。连马斯洛都意识到，这是一种病态的满足。他说："现在我们还面临一种新的、由心理富裕导致病态的可能。也就是说，病的起因是由于患者得到无微不至的爱护、关怀、被宠爱、崇拜、欢迎所包围，被膜拜到忘情的地步，被推到舞台的中心位置，拥有忠诚的追随者，各种欲望随时随地都能得到满足，甚至成为人们为之自我牺牲和自我克制的对象。"（［美］亚伯拉罕·马斯洛著，《动机与人格》，许金声等译，中国人民大学出版社，2012年，第51页）我们认为，这种过度满足将使当事人沉浸在现有快乐中难以自拔。他对现状很满意，因此他力求维护这个现状，不愿意放弃这个现状。由于任何成长都有风险，所以在这种情况下，他追求安全性甚于成长性。于是，现有快乐成为他成长的沉重包袱。

有一个例子很能说明这个问题。宁铂是20世纪70—80年代的"神童"，曾经受到国家领导人接见，当时全国性报刊争相报道他的事迹，让他名噪一时。后来他考上中国科学技术大学少年班。这样一个人本应该大有作为，可是结果却令人非常意外。"大学毕业之后，宁铂在内心里强烈地希望报考研究生，但是他一再放弃自己的希望。第一次是在报名之后，他放弃了；第二次是在体检之后，他又放弃了；第三次，他甚至领取了准考证，但是在走进考场的前一刻，他又放弃了。"（凌志军著，《成长比成功更重要》，湖南人民出版社，2013年，第59页）对此，他的同学张亚勤评论道："他如果向前迈一步，走进考场，是一定能够通过考试的，因为他的智商很高，成绩也很优秀，可惜他没有进考场。这不是一个聪明不聪明的问题，他也许是怕考不好丢了面子，所以我说他做错了判断。"（凌志军著，《成长比成功更重要》，湖南人民出版社，2013年，第60页）这是一个典型的宁愿保持现有快乐，宁愿选择安全性，而不愿意选择成长的事例。

溺爱是另一种形式的过度满足，都说被溺爱的人永远长不大，也是同一个道理。舒适的生活让他们失去了奋斗的动力。李天一就是一个被溺爱的典型。家境优越的他，小小年纪就开豪车，与一帮公子哥沉溺于歌厅酒吧，结果成了少年犯。

第二种情况是适度不满足。适度不满足是指这样一种状况，某种基本需要得到一定满足，但这种满足还没有达到自己满意的程度，还有一定的缺憾。适度不满足的基本特征是，当事人对自己的现状不满意。正因为不满意，他就希望改变现状；由于现有快乐没有太多令他留恋的地方，所以他倾向于追求未来的快乐，哪怕这样做有一定的风险。一个令他不满意的、适度不满足的现状，成了他成长的动力。这完全是理性选择的结果。

适度不满足又可以分为时间上的延迟满足和程度上的降低满足。

一位叫沙拉的犹太裔母亲，讲述了一个《难产的蛋糕》的故事。有一天女儿告诉这位母亲，自己想吃蛋糕。母亲并不想立即给女儿买蛋糕，于是她带着孩子走到蛋糕店门口，一摸口袋说，该死，我没有带钱。女儿当然非常沮丧，但是因为没有带钱也就无可奈何了。过了几天，女儿又提出吃蛋糕的问题。于是这位母亲又带孩子去买蛋糕。快到门口时，母亲开始装病，胃疼，头晕，浑身不舒服。可以想见，这次的蛋糕又没有买成。但是，这件事并没有过去。过了不久，女儿又提起蛋糕的事，问母亲说，你这个蛋糕为什么那么"难产"呢？于是这位母亲说出了一番令人深思的话："你知道我为什么不给你买蛋糕吗？因为下个星期就是你的生日。妈妈希望你在学会等待的过程中，能够获得一份喜悦。一个蛋糕妈妈可以买给你，但将来你早晚要面对整个社会。这个社会就像一块大蛋糕，但这个蛋糕，却不是妈妈用钱可以去买的。因为对妈妈来说，你是我的唯一，可是你并不是这个社会的唯一。如果把这个社会比作一个蛋糕的话，它是不可以也不可能由你来分割的。你得学会等待，在等待的过程中，你会学到，想得到一份蛋糕需要努力付出，需要日复一日、月复一月、年复一年的努力。每一天都要付出，每一天都不是白过的，因为每一天都会有各种各样的新鲜事儿发生，你在那些新鲜事儿当中长大，学习着应付不同的突发情况，就像是慢慢分到了一小块又一小块的蛋糕。社会这块蛋糕渐渐由一小块变成一个完整的圆蛋糕。等到下个星期的今天，我会陪着你一起去蛋糕店挑你最喜欢的蛋糕，你愿意跟谁分享都能做到。"（沙拉著，《赢在家风：特别狠心特别爱Ⅱ》，接力出版社，2015年，第73页）

这是一个智慧母亲的教育方法。沙拉认为，过度满足影响孩子成长，因为"她已经没有想要的东西了，所有她想要的，你都给她了"（沙拉著，《赢在家风：特别狠心特别爱Ⅱ》，接力出版社，2015年，第71页）。"培养孩子在适当不满足的情况下慢慢长大，是我们做父母的应该尽到的责任。"（沙拉著，《赢在家风：特别狠心特别爱Ⅱ》，接力出版社，2015年，第76页）

　　沙拉把适度不满足提高到父母责任的层次，这是前所未有的。在我国经济水平普遍提高、又有很多独生子女的特殊国情下，这个问题特别值得中国父母的重视。

　　凌志军先生在研究了微软亚洲研究院的众多技术翘楚以后得出一个很让人意外的结论："我们在研究了'微软小子'们的全部经历之后，发现大多数人都有一个地方特别相似：他们中极少有人生长在大都市，其中很多人出生在小城市，另外一些人则出生在穷乡僻壤，他们的起点在小地方，然后一步步走到大都市里来……'微软小子'中生长在大都市中的人不超过20%，这看上去有些奇怪，其实有着很深刻的道理。城里孩子聪明有余而坚毅不足，他们的生活过于安逸，因而性格中缺少一种顽强的、百折不挠的信念。"（凌志军著，《成长比成功更重要》，湖南人民出版社，2013年，第222页）安逸意味着过度满足，从而使孩子缺乏成长的动力和信念。大都市里无疑有更多家境良好的家庭、条件更好的学校，但是却没有穷乡僻壤培养的好学生多。这足以让我们感到惊讶，甚至不解。这个现象对那些一门心思忙着择校的父母来说，难道不应该引起深思吗？我们如果从知识教育角度来看，这个现象当然无法理解；但是，如果从人格成长的角度就很好理解了。正是穷乡僻壤的客观条件，让孩子自然地处在适度不满足的环境中，从而使孩子产生摆脱现有状况的成长动力。

　　第三种情况是极度不满足。极度不满足是一种严重匮乏状态，以至于接近影响生存。这种状态肯定会使当事人产生极其强烈的改变现状的欲望，由于对现状的极度不满，他倾向于不择手段地追求未来。这种欲望甚至会强烈到病态的程度。一方面，极度不满足如果不能得到改变，就会产生精神疾病。另一方面，极度不满足即便得到改变，也会有很多后遗症。

　　一种后遗症是，由于改变现状的欲望过于强烈，以至于不择手段、一往无前。这种人很可能会与社会伦理规则发生强烈冲撞，甚至走上犯罪道路。电视连续剧《人民的名义》中的祁同伟就是案例。他从小出生在一个极其贫困的家庭，小的时候历尽艰辛，所以立志要出人头地。大学毕业后，他宁愿娶比自己大十几岁的校长的女儿，作为自己晋升的阶梯，但是实际上他又不爱她，于是他又与另一个女人搞婚外恋。最后，祁同伟疯狂敛财，走上犯罪道路。

还有一种后遗症是，这种极度匮乏导致他深深地自卑和极度的敏感，使他观察外在的人和事产生变形。这种人即便成功也不容易真正得到幸福。他会有随时随地的不安全感；对他人无意中的一句话，也会反应过激，从而一再伤害自己。

观察成功人士会发现，他们很多人都是极度不满足的人。他们的成长道路充满曲折、悲伤甚至屈辱。司马迁在《史记》中说："盖文王拘而演《周易》；仲尼厄而作《春秋》；屈原放逐，乃赋《离骚》；左丘失明，厥有《国语》；孙子膑脚，《兵法》修列；不韦迁蜀，世传《吕览》；韩非囚秦，《说难》《孤愤》；《诗》三百篇，大底圣贤发愤之所为作也。"这说明成功者在一定程度上都是失意者。但是，这些人如果过度失意，只能是孤独的成功者，因为他们虽然成功，却不一定幸福。我们要记住，教育的最终目的是幸福，而不仅仅是成功。我们希望孩子们长大以后是幸福的成功者。

我们再来讨论一下未来快乐问题。

要是看不到未来快乐，人就很难成长。未来快乐也有两个问题，一个是什么是你的未来快乐？另一个是如何实现未来快乐？

未来快乐首要问题是一个人的人生目标和愿景。正如阿德勒所说，人生目标是人格的核心问题。找不到人生目标，就看不到未来快乐，就失去了成长的方向。

一个人要明白自己一辈子究竟想要什么，这不是一件容易的事。很多人其实并不确切地知道自己想要什么。一个人可能需要用很长时间来寻找自己的目标，有的人甚至可能终其一生都不知道自己究竟要什么。

有了人生目标以后，接下来的问题就是如何实现自己的目标。实现目标当然与我们的客观环境条件有关，同时更与我们自身的内在力量有关。对一个人来说，在客观条件面前，自己是被动的；然而在我们自己的力量面前，我们却是主动的。因此调动自己的潜力，是我们完全可以把握的。我们要是对自己的潜力没有信心，人生目标就毫无意义，就只是摆设。所以调动自己内在的力量是教育的重要任务。

关于未来快乐这个问题，正是人格中"自我"的成长要回答的问题，"自我"正是追求未来快乐，下一章我们要专门加以讨论。

现有的和未来的这些因素，在错综复杂中推动着人格成长。一个人总是反复纠结，调动我们所有的理性能力，评估自己的现状和未来。我们可能倾向于停留在现在，也可能更倾向于追求未来。这种评估活动，时时刻刻都在进行。因此，人格成

第三章：正论一：人格成长的规律

长绝不是直线的，而是婉转曲折的。并不像马斯洛所说，低层次需要满足以后，必然产生高层次需要。正如阿德勒说的，"而所谓人格，也就是人的挣扎、追求的一种表达"（［奥地利］阿尔弗雷德·阿德勒著，《儿童的人格形成及其培养》，韦启昌译，北京大学出版社，2014年，第10页）。这种挣扎的特征，大大增加了人格成长问题的复杂性。我们要理解成长、把握成长，就要充分理解这种挣扎的特征。

假如我们先把未来快乐问题撇开不谈，从理性的角度来观察现实对人格成长的影响，我们可以做如下分析。

最差的人格培养方法是给予孩子过度的满足——不管这种满足是物质的，还是精神的。过度满足将会导致孩子沉溺于安逸的现状，不思进取。这样的孩子，很难成为一个独特的、自强的人。他很可能没有自己真正的人生目标，更没有追求目标的勇气和意志。他可能一辈子都依赖别人，离开别人就很难立足于社会。所以，从这个意义上说，溺爱是最差劲的教育方法，会害了孩子一生。

最好的人格培养方法是适度不满足。孩子处于适度不满足状态，他就会寻求改变现状。这种内在的力量推动他自动去寻找自己的人生目标，发自内心地去探索世界，主动地学习，并从中看到自己的希望。他将会努力用未来的快乐来代替现实的不快乐。在这个主动追求的过程中，形成积极的、健康的人格。

最复杂的情况是极度不满足，它很容易产生极端人格，不是大恶大奸，就是极大成功。这种人具有极强的改变现状的欲望，因此往往事业上极度成功。事实上，历史上很多功成名就的人，往往是极度不满足的人。对极度不满足的人，启发和引导就显得更为重要。要努力防止他不择手段追求自己的目标，防止他成为社会的另类，甚至走上犯罪道路。假如物质上极度不满足，精神上的爱就显得更为重要，因为恰当的爱可以使孩子对未来、对他人建立信心。如果一个人在物质上和精神上都处在极度不满足状态，那么他不是一个不择手段的人，就是一个厌世的人。文学作品中一再描述的大恶大奸之人，一定有一个极度不满足的人生经历。

如果我们的教育可以把孩子的生活调整到适度不满足状态，那是最有利于孩子成长的；如果我们的生活环境条件使我们处于物质上的极度不满足状态，那我们就要学会努力用爱来抚慰孩子成长；假如孩子在物质和爱的需要上都处在极度不满足或极度满足状态，这个孩子将会有一个非常危险的人生。

第四章
正论二：自我的成长

本我带有某种先天的、本能的特征，因此本我的成长我们不做专门讨论，只在某些章节附带论及。我们重点要讨论的是自我的成长。人格成长的核心是自我的成长。一个自我没有成长起来的人，只能是一个低层次的、接近于动物的人。后面我们还会知道，自我还是超我的存在前提。如果说，本我的满足是一个比较简单的过程，那自我的成长就是一个艰难而复杂的过程，因为自我不会自动成长。这两点——自我是人的根本标志以及自我成长的复杂性——决定了自我成长在教育活动中具有极端重要性。

第一节　自我的本质

在第三章，我们谈到了本我与自我的关系，我们知道自我是本我的升华和超越。同时，我们也讨论了本我和自我的基本区别，即：

本我：本能、普遍、摄取、刚性、感觉、直接、物质。

自我：后天、独特、创造、弹性、理性、间接、精神。

我们必须申明，自我具有非常独特的内涵，理解这个内涵，是教育促进自我成长的前提。

第一，本我和自我都是"我"。它们都指向"我"自己，是"我"的需要、"我"的欲望的满足，是"我"的目的性的实现。因此，本我和自我都是自利的。实际上，马斯洛的需要层次理论给我们的最大启示是，人格是在个人需要、个人欲望的满足过程中成长起来的，离开个人利益的实现，谈不上成长；相反，当个人利益严重受阻时，人就会产生精神疾病。这说明，教育不能回避个人欲望、个人利益问题。那些通过回避、压制、打击个人欲望的教育方式，将导致人格畸变。教育必须注重"我"这个问题，要关注"我"的需要和欲望；本我与自我的区别，在于"我"处于不同的层次。

第二，如果说本我是先天的、本能的"我"，自我则是后天的"我"。这意味着自我是后天成长、发展起来的，是教育的结果，是环境作用的结果。如果教育不得法、不恰当，自我很可能就无法成长起来，也可能被严重扭曲。所以，自我的成长依赖于正确有效的教育。

第三，自我的满足形式主要是尊重和自我实现，它们都是精神上的满足。这与本我的满足主要体现在物质上的满足是截然不同的。尊重是他人对自己的积极评价和承认，自我实现的本质则是自尊，即自己对自己的积极评价。自我所收获的积极评价，不管是别人给予的还是自己给予的，都是一种精神现象、精神满足。

第四章　正论二：自我的成长

第四，自我是独特的"我"。要得到别人乃至自己的积极评价，一个人就要有独特的人生。一个普通的人，一个与社会大众差异不大的人，是很难得到他人的积极评价的。人总是依靠某种独特性引起他人关注和尊重，同时引起自己的自豪。在本我阶段，人很难体现出太多的独特性，生理需要、秩序需要、爱的需要，不管是内容还是形式，都体现出更多的普遍性。只有到了自我的阶段，才有可能体现出更多独特性。这正好说明自我在人格中的重要地位，也说明人格通常被称为个性的原因。

第五，自我的独特性需要自己去创造。本我完全可以依靠外在的力量、外在的资源得到满足，而且往往正是依靠外在力量得以满足，所以它是摄取的；自我却正好相反，它必须更多地依靠自己的内在的力量得到满足，它是一种创造活动，是内在力量的释放。尽管自我也不能脱离外部力量，但是它却更多地依赖自己的内在力量。实际上，自我正是要证明自己的内在力量，它的全部目的就在于证明自己的内在力量的优越性，并以此为荣、以此为乐。自我已经不屑于那种纯粹依靠外部力量的满足，所以它是超越本我的。因此，自我推动社会创新，推动社会发展，推动社会进步。一个缺少自我的社会，必然是缺少创新的社会。这一点，弗洛姆关于创发性的论述已经讨论得很多。他说："尽管肉体的成长，只要给予一定的适宜条件，就能自动地进行，但精神方面的成长过程却与此不同，它不能自动进行。它要求人们通过创发性的活动，把自己的情感和智力方面的潜力赋予生命，把他的自我赋予生命。"（［德］埃里希·弗罗姆著，《寻找自我》，陈学明译，工人出版社，1988年，第108页）也就是说，具有精神特点的创发性活动，正是自我的活动。我们在前面曾经谈到，创发性的特征是自主、理性，这些也正是自我的特征。

第六，自我并不能脱离外部力量。我们说自我更多地依赖于自己的内在力量，但这并不是说，自我要脱离外部力量、拒绝外部力量。实际上，内在力量总是通过外在的力量起作用。自我是人生的这样一种状态，它通过自己内在的力量——自己的情感和智力，更有效地整合、调动、利用外在力量，从而实现自己的目标、自己的人生。这种外部力量包括自然的、社会的力量，包括物质的和精神的力量。自我固然有很大的精神成分，但要是看作纯粹的精神活动则是错误的。即便是爱——这是一种最基本的创发性活动，也不能脱离物质而存在。这一点，弗洛姆的观点则对此存在误区。在弗洛姆看来，创发性活动是一种纯精神的活动，不会与他人产生博弈关系，因此自我的、创发性活动是合理的自利行为。这种把合理性归结于纯精神性的逻辑，显然是不成立的。这个问题我们将在下一章做重点讨论。弗洛伊德说，自我协调现实，这是对的；但是，自我协调现实所要达到的目的，并不是实现本我。自我有自己的目的——一个更为高级的精神的满足——获得他人或者自己的积极评价。

第七，自我的需要更具有弹性。我们虽然把自我定位为人生的高级状态，但自我却不像本我的需要那么迫切。相对于本我的需要，自我显得有点可有可无。同时，由于自我的实现需要高度地调动内在和外在的力量，使内在力量和外在力量融合为和谐的整体，因此这是一个非常艰难、需要付出艰苦努力的过程。它完全不像本我那样容易得到实现和满足。这两个因素，使得人在自我面前容易妥协。很多人宁可生活在本我层面，也不愿意生活在自我层面。当然，这并不是意味着人自然地、必然地拒绝自我。自我毕竟是人生的高级状态，是幸福的高级状态，只要有可能，人是向往自我的、愿意去实现自我的。成功的教育就是要提供这种可能性，使人们勇敢地奔向自我。

第八，自我更多地依靠理性的力量。自我建立在对自己、对环境整体认知的基础上，更多依赖于理性的力量。本我则停留在感性层面。自我的成长总是伴随着反复的评估和选择，在评估、纠结、选择的过程中确定自己的人生目标并努力实现这个目标。

我们所说的自我，既包含目标，又包含实现目标的动力。所谓自我的成长，简单地讲，就是努力依靠自己的力量，去寻找并实现自己独特的人生目标。它应该包括这样几层意思：寻找自己的目标；依靠自己的力量实现这个目标；对这个目标承担后果；争取他人和自己的积极评价。

自我的成长不是为了满足生理需要，不是为了满足秩序的需要，甚至也不是为了满足爱的需要。自我超越了这些需要，它是尊重和自尊的需要，它是生命的高级状态。这种状态，主观上是自我的满足感、幸福感、信任感，甚至产生马斯洛说的巅峰体验；客观上则是形成创新、创造并推动社会进步与发展。自我实现的状态，是内在与外在高度融合统一和谐的状态，因此也是马斯洛指出的利己与利他融合为一的状态。这就解释了历史上那些非常伟大的人，同时又是非常"自我"的人。

唤醒自我、发展自我是教育的核心任务。怀特海说："教育的目的是为了激发和引导他们的自我发展之路。"（[英]怀特海著，《教育的目的》，庄莲平、王立中译注，文汇出版社，2012年，见前言）离开自我这个核心点，教育只能是苍白的、低级的，以致是原始的。自我成长之路、自我发展之路就是寻找未来快乐、实现未来快乐和幸福之路。前面我们曾经谈到现实的快乐与未来的快乐的关系问题，如果说现实的适度不满足是人生的一个推力，那么自我的成长就是人生的一个拉力。推力和拉力共同作用，才会有更加圆满成功的人生。拥有自我的人生才是更加幸福的人生，人的终极目标——幸福——才能得以真正实现。

第二节 自 立

自我的成长需要面对的首要问题是自立——确立自己的人生目标。

人生目标问题就是追求未来快乐问题。它就是寻求未来世界的定位，它对人生是一种召唤、一种引领、一种拉动。人要是缺乏对未来的想象中的世界，就只能生活在当下的现实之中。动物只有现在没有未来；人则既要有现在，更要有未来。因此，自立也就意味着向往诗和远方、仰望星空，意味着理想的召唤。

阿德勒说，人生目标是人格的核心问题。人生目标凝结着人对世界的信念和态度。一个人如果没有自己的生活目标，他的人生就失去了着力点。相反，一个人如果确立了自己的人生目标，他就有了努力的方向，他就会调动一切力量去实现这个目标，这就是人格的统一性。

毫无疑问，一个人一生是成功还是失败，首要问题是自立。没有自立的人生，只能是混沌的人生，既谈不上成功，也谈不上失败。

我曾经有意识地问一些高考生的家长，他们的孩子以后想从事什么职业。有意思的是，对这个看似简单的问题，多数家长都回答"不知道"——不是家长不知道孩子想从事什么职业，而是孩子自己也不知道自己想干什么。

我们还经常在媒体上看见，很多大学生，甚至研究生，都不知道以后自己想干什么。

曾经一个电视节目中，清华大学的一位学生梁某，拥有法律本科、金融硕士、新闻传播学博士三项清华学历，但现在却为毕业以后做什么工作而困惑，希望三位导师给些建议。据说这位梁某是目前清华最优秀的在校生之一，但是他居然不知道自己应该从事什么工作！节目嘉宾高晓松对梁某重话抨击："一个名校生走到这里来，一没有胸怀天下，二没有改造国家的欲望，在这问我们你该找什么工作。你觉得你愧不愧对清华十多年的教育？"

可见，对我们广大学子来说，人生目标的缺失是一个非常普遍的问题。这些学子，空有大量知识，却不知道自己要干什么。大量的资源、时间、生命，就在这种彷徨、混沌之中浪费掉。这也恰恰是我们教育缺陷的集中反映：我们的教育没有帮助学子们找到人生的目标。我们教给孩子们很多知识，孩子们却不知道把这些知识用到哪里。

当然，很多学子还是有目标的，最常见的是一个泛泛的目标，比如找一份稳定的工作，最好是政府部门或国有企业，有比较好的工资福利，至于干什么具体工作则无所谓。这样的人还不少。他们就是通常所说的"精致的利己主义者"，斤斤计较于一点一滴的利益得失，满足于衣食住行。这种人基本上就生活在本我的层面。

那种真正听从内心的召唤、出于自己强烈的兴趣、全身心地投入一项事业之中的人，才是真正拥有自我的人，才是自我真正成长起来的人。这样的人才是创造性的人，才是真正丰满的人，才是这个时代特别需要的人。可惜，在我们目前的现实环境下，这样的人太少了。像清华学生梁某，只能称为"考虫"：考了很多学历、证书，却没有真正成人。

因此，自我的成长就要从自立开始，从寻找、确立自己的人生目标开始。

（一）目标源于兴趣

人生目标不会从天上掉下来、不是生来就有的，它是人在生活过程中慢慢生长出来的。

人生目标很难从外部给予。如果人生目标可以从外部给予，可以从外部植入，这个问题就非常简单了，自我成长的问题也就非常简单了。父母、家长、老师以他们的经历和过来人的身份，大可以给孩子确定人生目标，让孩子接受。我们现在很

第四章　正论二：自我的成长

多时候恰是这样做的。但是，这样做是必定要失败的。一个人的人生目标，只能从自己的生活经历、从自己的内心里生长出来，也只有从自己内心里生长出来的目标才是有意义的。

那么，人生目标究竟是如何从内心生长出来的呢？

这里的关键环节就是兴趣。目标源于兴趣。只有从兴趣中生长出来的目标，才能成为人生真正的目标，才能使人生走向成功。"兴趣不会像空洞的感情一样自我了断，它总是包含着它所隶属的客体、目标或者目的。"（[美]杜威著，《我的教育信条》，罗德红、杨小微编译，华东师范大学出版社，2015年，第13页）这说明，兴趣自然而然会导向目标。兴趣是内在的冲动，它自然而然产生快乐的动机，从而使学习和成长变得快乐。兴趣与成功的关系，已经被中外教育家们反复论述而毋庸置疑了。实际上，兴趣是教育心理的核心问题。

杜威说："兴趣是生长中的能力的信号和象征。我相信，兴趣显示着最初出现的能力，因此，经常而细心地观察儿童的兴趣，对于教育者是最重要的。我认为这些兴趣必须作为显示儿童已发展到什么状态的标志来加以观察。它们预示着儿童将进入哪个阶段。我认为成年人只有通过对儿童的兴趣不断地予以同情的观察，才能够进入儿童的生活里面，才能知道他要做什么，用什么教材才能使他工作得起劲、最有效果。"（[美]杜威著，《我的教育信条》，罗德红、杨小微编译，华东师范大学出版社，2015年，第101页）

"兴趣是生长中的能力的信号和象征""我认为成年人只有通过对儿童的兴趣不断地予以同情的观察，才能够进入儿童的生活里面，才能知道他要做什么""经常而细心地观察儿童的兴趣，对于教育者是最重要的"，这些话已经清楚地表明，儿童的兴趣产生了其目标和能力；教育者最重要的职责就是细心观察和发现儿童的兴趣。

为此，杜威进一步提出优秀教师的标准："这种对于兴趣和习惯的利用，使兴趣更丰满、更广泛、更精致和控制得更好。它可以看作是教师的全部职责……如何使用兴趣来确保知识的增长和效率的提高，就是优秀教师的定义。"（[美]杜威著，《我的教育信条》，罗德红、杨小微编译，华东师范大学出版社，2015年，第101页）

弗洛姆说："如果人们没有一定的兴趣（这种兴趣对于完成艰难的任务来说是

至关重要、最强大的推动力），那他们怎么能够透过事物的表面现象探求其本源和关系呢？排斥了个人的兴趣，人们怎么能制订出所要探究的目标呢？"（［德］埃里希·弗罗姆著，《寻找自我》，陈学明译，工人出版社，1988年，第136页）

弗罗姆在这里表达得非常清楚：没有兴趣就没有探究的目标。

弗罗姆还说："几乎找不到一项重大的发现或见解不是由思维者的兴趣所促成的……一切具有创发性的思维都是由思维者的兴趣所激发起的。"

可见，杜威和弗罗姆对于兴趣的认知是高度一致的。

教育思想家怀特海对兴趣的论述也至为深刻。他说："没有兴趣就没有智力的发展。兴趣是注意和理解的先决条件。你可以用体罚来引起兴趣，或用一些愉快的活动来诱发兴趣。没有兴趣就没有进步。"（［英］怀特海著，《教育的目的》，庄莲平、王立中译注，文汇出版社，2012年，第44页）

凌志军的《成长比成功更重要》一书，是在研究了微软亚洲研究院约30个尖子人才的基础上写成的，他们都做出了世界级研究成果。书中讲述了大量成功人士的故事。此书一版再版，广受欢迎。在这本书中，他专门用一章来讨论"我到底要什么"的问题。"我到底要什么"既是兴趣问题，也是人生目标问题。

他说："大多数学生从来没有尽善尽美地表现自己的能力，是因为他们从来没有想清楚自己到底要什么，从来没有产生过一种想要抓住什么东西的冲动。只有很少的人能够意识到自己真正想要的东西，感觉到它正在前边召唤，不顾一切地去抓住它。强烈的渴望不但产生了勤奋，还创造了天分，激励着他们超越一切障碍，与众不同。"（凌志军著，《成长比成功更重要》，湖南人民出版社，2013年，第65页）

有了兴趣，就有了目标。"不管有意还是无意，人总是向着自己内心渴望的那个方向走。"（凌志军著，《成长比成功更重要》，湖南人民出版社，2013年，第92页）

"我们的研究对象有个共性，值得一提。那就是，几乎每个人在学习期间都有一个发现自己的过程。这过程包含两项内容：1. 先是发现了自己到底想要什么；2. 然后才是发现了自己的能力所在。"（凌志军著，《成长比成功更重要》，湖南人民出版社，2013年，第70页）这两项内容，前一项是讲目标，后一项是讲能力。前面曾经提到，杜威认为，兴趣既决定目标，又是能力的信号和象征。凌志军这两点实证研究结论与杜威观点完全一致。

凌志军通过对微软亚洲研究院一大批成功人士的研究，总结出十大共同点，其中就有两点与兴趣有关："6. 他们用在背课本和做习题上的时间，大大低于同学中的平均值。其中80%的人在中学和大学时期拥有广泛的兴趣，而不只是满足于符合教学大纲的要求。7. 他们不仅关心哪些事情是必须要做好的，还更关心哪些事情是自己真正想做的，哪些事情是真正适合自己的，哪些事情是绝对不能做的。他们无一例外地在自己想要做和适合自己做的事情上投入了更多精力。"（凌志军著，《成长比成功更重要》，湖南人民出版社，2013年，第5页）这就是说，他们把自己真正想做的事情当作主攻目标，从而使投入精力更加集中、高效。

（二）直接兴趣源于自由自在的生活

既然目标源于兴趣，我们接着自然要追问，兴趣又是如何来的呢？

在回答这个问题以前，我们要先谈一下直接兴趣和间接兴趣。杜威对此做了精细的分析。

我们知道，任何兴趣实际上都有目的，同时任何兴趣都是一种活动。当兴趣的目的和活动合二为一时，这种兴趣就是直接兴趣；当兴趣的目的和活动相分离时，这种兴趣就是间接兴趣。小孩子喜欢玩耍就是直接兴趣，这个时候，小孩子不但在活动，而且在活动中直接体验到活动带来的快乐，即目的。欣赏音乐也是直接兴趣。你在欣赏音乐，这是活动；同时你也感受到了音乐带来的快乐，这是目的，活动与目的合二为一。

但是很多时候，我们发现，活动与目的是相分离的。有一个男孩，很不喜欢学英语，但是他非常喜欢航模。后来这个男孩发现，航模的说明书大多是英文，为了玩好航模，这个男孩于是转而学习他原本不喜欢的英语。这种对英语的兴趣就是间接兴趣。这个兴趣中，学英语是活动，玩好航模是目的，活动和目的是分离的。当他活动的时候，还体验不到目的带来的快乐。父母们经常对自己的孩子说，你要好好学习，以后考个好大学、找份好工作。这时，父母们就是在唤起孩子的间接兴趣。这里的活动是学习，目的是将来考个好大学、找份好工作，目的和活动是分离的。

从以上的分析中，我们可以得出四点结论：

第一，直接兴趣比间接兴趣出现得更早。直接兴趣依赖于对生活的直接体验。

刚出生的孩子就像一张白纸，他最初和早期的生活体验，产生了大量的直接兴趣。间接兴趣则依赖于对事物之间某种关系的理解，因此它需要理性能力的发展。而人的理性能力是慢慢培育出来的，直到成年，人的理性能力仍然参差不齐。

第二，直接兴趣比间接兴趣有更大的推动力。直接兴趣产生直接的自我满足，因为它的目的是直接实现的；间接兴趣是未来目标实现的一个前奏，它不产生当下的满足感。这就决定了直接兴趣能够引起更大的冲动，推动某种行为的发生。为什么父母劝告孩子"好好学习，以后考个好大学"，却往往效果不大？因为这是一种间接兴趣，孩子对于"以后考个好大学"没有亲身体验，所以不能引起孩子更大的学习冲动。

第三，直接兴趣很大程度上决定人生走向。这是第一点、第二点结论的合理推论。在间接兴趣产生以前，孩子已经有了大量的直接兴趣，而直接兴趣又具有更大的行为推动力，并成为孩子早期习惯的一部分。那么，这些早期产生的直接兴趣，自然而然地、非常强烈地影响并决定着孩子的行为特征和人生走向。直接兴趣是人生的最初始力量，人生的目标很可能就在这些直接兴趣中生发出来并茁壮成长起来。"教师必须注意儿童是如何使用直接兴趣的，他最近用到的兴趣是什么？这样的话，他就可能沿着他所追求的职业和方向进步。现在就必须利用他涂鸦的兴趣，不是为了十年以后他能写非常优美的信，或者做很出色的账，而是他现在就可以从中获得好处。它可能使他在另一个领域提前起步，使他日渐成熟。"（[美]杜威著，《我的教育信条》，罗德红、杨小微编译，华东师范大学出版社，2015年，第101页）所以不要小看孩提时期看似微不足道的、类似涂鸦这样的直接兴趣，正是它们决定着孩子未来的命运。

第四，直接兴趣源于自由自在的生活。兴趣是发自内心的冲动，它本质上就是自由的，一切外在的强迫和压制都与兴趣无缘；直接兴趣依赖于直接的生活体验。因此，直接兴趣源于自由自在的生活。"对某物产生巨大的兴趣，并因兴趣而长久地投入其中，这具有极大的偶然性，所以儿童必须拥有自由，因为这样的状态是成人无法把握的。"（孙瑞雪著，《完整的成长——儿童生命的自我创造》，中国妇女出版社，2015年，第189页）

孩子一出生，就开始各种各样的生活体验。这种生活体验包括孩子生活的方方面面，如吃奶、与爸爸妈妈嬉戏、与小朋友玩耍、在野外捉蚂蚁、看天上的星星、

第四章 正论二：自我的成长

被蜜蜂蜇咬、在小溪边玩石子、在雪地里堆雪人、爬树掏鸟窝等。孩子的每一分钟、每一天、每一年都处在这种体验之中，都在不断地产生直接兴趣。从这个角度，我们可以更加深刻地理解杜威所谓"教育即生活"的含义。在孩子上学以前，孩子已经进行着长期的生活体验，已经接受了长期的教育，即家庭教育、生活教育。其后的学校教育只是家庭教育的继续，只是生活教育的插曲，只是孩子成长过程中的一小部分。

教育并不只是我讲你听，更重要的教育是创造一种生活情境，让孩子生活在这种情境之中，经历生活体验，产生直接兴趣。那种把教育理解为学校教育的观念是很肤浅的。

为了使教育符合生活原则，杜威要求学校不能成为一个封闭的房子，形成呆板的、死气沉沉的局面，而是要还原丰富多彩的生活。他说："我认为学校必须呈现现在的生活——即对于儿童说来是真实而生气勃勃的生活。像他们在家庭里、在邻里间、在运动场上经历的生活那样。"（[美]杜威著，《我的教育信条》，罗德红、杨小微编译，华东师范大学出版社，2015年，第94页）"我认为既然学校生活是如此简化的社会生活，那么它应当从家庭生活里逐渐发展出来；它应当采取和继续儿童在家庭里已经熟悉的活动。"（[美]杜威著，《我的教育信条》，罗德红、杨小微编译，华东师范大学出版社，2015年，第95页）在此，杜威说得非常清楚，学校教育是家庭教育的延伸。杜威还进一步说："初等教育阶段要求儿童主要从事直接的、外在的和积极的活动。儿童在这种活动中，可以充分地实现他的冲动，从而可以使他们意识到自觉的价值。"（[美]杜威著，《我的教育信条》，罗德红、杨小微编译，华东师范大学出版社，2015年，第38页）这样，杜威实际上要求孩子在中学以前的整个年龄段，大约是13岁以前，不管是在学校还是在家庭，其主要的教育方式就是让孩子经受丰富多彩、自由自在的生活体验，激发多种多样的直接兴趣。

这样的"在家庭里、在邻里间、在运动场上经历的生活"，正是自由自在的生活，它不是外部强加的、某种刻意的训练。

怀特海干脆把十三四岁以前的阶段称为孩子教育的浪漫阶段。怀特海认为，孩子教育可以分为三个阶段，即浪漫阶段，大约0~13岁；精确阶段，大约13~18岁；综合运用阶段，大约18~22岁。生命具有周期性，学习也有周期性。不同的阶段完成不同的任务，构成了学习的周期。这个周期不能随意打乱。"缺乏对智力发展的节奏和特征的认识是我们的教育呆板无效的主要原因。"（[英]怀特海著，《教育的目的》，庄莲平、王立中译注，文汇出版社，2012年，第26页）

我愿意极力向广大家长和老师推荐怀特海的《教育的目的》这本书，它非常深刻地阐述了教育的目的以及相应的方法。我认为，整个西方教育体系，迄今为止都没有超越怀特海的三阶段教育理论。中国教育存在的问题，也可以从三阶段教育理论中清晰地观照出来。有些问题我们后面还会谈到，但是在这里，我仅就他说的浪漫阶段做一点分析。我们会看到，怀特海所谓的浪漫阶段，就是自由自在的生活阶段。

"浪漫阶段是开始有所领悟的阶段。在这一阶段，各种题材对于孩子来说，新奇而生动，其本身亦包含着种种未经探索的可能联系，孩子们好像懵懂地面对着若隐若现的大量内容，不知所措，却又兴奋异常。在这一阶段，知识不受系统程序的支配，这里所说的系统是为了特定的目的而建立起来的系统（可以理解为没有目的性——引者注）。这时，孩子们出于对事物的直接认知中，只是偶尔对认识的事物进行系统化分析。浪漫的情感，主要表现为一种兴奋，这种兴奋是从我们所接触的单纯事实——由到开始认识事实间未经探索的关系的重要意义而带来的。"（[英]怀特海著，《教育的目的》，庄莲平、王立中译注，文汇出版社，2012年，第27页）

在这段话中，怀特海用了这样一些词汇：有所领悟、新奇而生动、若隐若现、兴奋异常、不受系统程序的支配、直接认知、单纯事实等。仔细分析这些词汇，我们可以了解，怀特海所描述的浪漫阶段，正是一种目的性不是非常明确的、直接体验性的、快乐的、自由自在的生活。

怀特海接着继续阐述浪漫阶段的特征："在一个新的陌生的环境中，人的心智的第一个过程是在一堆概念和经验中从事一种有点儿散漫的活动。这是一个发现的过程，一个习惯于奇特想法的过程，一个提出问题、寻求答案的过程，一个设计新体验的过程，一个注意到新的探险活动会引起什么后果的过程。这个普通的过程既自然又十分有趣，我们经常注意到：八岁到十三岁之间的儿童专注于这样的令人激动的过程。在这里，好奇心占据了主导地位——那些摧毁这种好奇心的蠢人都应该受到诅咒。"（[英]怀特海著，《教育的目的》，庄莲平、王立中译注，文汇出版社，2012年，第45页）浪漫阶段"有点儿散漫""既自然又十分有趣""好奇心占据了主导地位"；它是"发现的过程""习惯于奇特想法的过程""提出问题、寻求

第四章 正论二：自我的成长

答案的过程""设计新体验的过程"。说到底，这就是一种自由自在的生活状态，是一个形成兴趣的过程。

怀特海进一步说："但是在浪漫阶段，重点必须放在自由方面，允许儿童自己观察，自己行动。"（[英]怀特海著，《教育的目的》，庄莲平、王立中译注，文汇出版社，2012年，第46页）

怀特海对浪漫阶段给予高度重视，认为它是一切教育成功的基础。"更为重要的是浪漫阶段，只有它才能如不可阻挡的洪流，把孩子推向精神世界的生活。"（[英]怀特海著，《教育的目的》，庄莲平、王立中译注，文汇出版社，2012年，第33页）"我的观点是，对于正在成长的儿童来说，如果在其浪漫阶段的自然发展尚未结束时就对其进行精确训练，必然会妨碍他对概念的理解和吸收。撇开了浪漫，就无所谓理解力了。我始终认为，过去的教育是那么的失败，其原因就是对浪漫应有的地位没有进行仔细的研究。"（[英]怀特海著，《教育的目的》，庄莲平、王立中译注，文汇出版社，2012年，第46页）在这里，怀特海把过去教育的失败，归咎于对浪漫阶段的忽视。

"但是，当这个浪漫阶段得到了很好的引导之后，就会出现另一种渴望。"（[英]怀特海著，《教育的目的》，庄莲平、王立中译注，文汇出版社，2012年，第46页）这种渴望是什么呢？就是对精确知识的渴望。"现在是向前推进、正确认识科学、铭记其显著特征的时候了。这就是精确阶段。"（[英]怀特海著，《教育的目的》，庄莲平、王立中译注，文汇出版社，2012年，第47页）

"我确信，如果浪漫阶段得到了适当的安排，那么第二阶段的训练问题就不会那么明显。孩子们知道如何学习，渴望把事情做好，我们对他们所做的一切大可放心。"（[英]怀特海著，《教育的目的》，庄莲平、王立中译注，文汇出版社，2012年，第48页）

过早的知识灌输毁掉了孩子成长的浪漫阶段，怀特海对此一再提出警告。西方世界甚至把这种浪漫教育称为"童年革命"，可惜这样的"童年革命"从来没有在中国发生，这是中国教育应该认真反思的。（见附录四：《我国教育特别需要一场"童年革命"!》，本书第288页）

陈志武教授在谈到美国初级教育的时候曾经说：

从幼儿园一直到小学四年级前，没有家庭作业，下午放学就放学了，周末就是周末，不用担心学习。有作业，家长就会抱怨说："怎么布置这么多作业，孩子们还过不过日子了？他们一生的幸福是我们更关心的，你不要让他们回家后每分钟都花到作业上，最后他们变成了人还是机器？"

所以，学校与家长谈判后往往是这样一个结局：美国的幼儿园及小学四年级以前都不布置作业。有没有考试呢？初一之前没有考试。

而这一点，中国的老师和家长可能觉得奇怪，不考试学什么东西？你放心好了，美国学生学的东西很有意思，比如，从小学一年级到四年级，他们的课程安排往往比较广泛。

在幼儿园的时候，女儿他们每年都会有科学、一般人文社会、语言方面的内容，一共有三四门课程，每门课程完全由老师决定用什么教材，教什么内容。

比如，在人文社会课程方面，可能是今年重点了解一下亚洲历史，明年了解非洲、拉美等等。从幼儿园到小学，知识深度慢慢上升，但差不多每年或者每两年会绕着五大洲兜一圈，这是一种非常广泛的了解。（见附录六：《什么才是真正有远见的教育》，本书第296页）

从这段文字可以看出，美国的初级教育不就是贯彻"童年革命"的教育思想吗？不正是浪漫阶段的教育形式吗？

怀特海对没有兴趣支撑的、脱离人生目标的、强制灌输的、碎片化的知识，抱着极其谨慎和深深的怀疑态度。"就教育而言，填鸭式灌输的知识、呆滞的思想不仅没有什么意义，往往极其有害——最大的悲哀莫过于最美好的东西遭到了侵蚀。"（［英］怀特海著，《教育的目的》，庄莲平、王立中译注，文汇出版社，2012年，第2页）这个遭到侵蚀的、最美好的东西是什么呢？应该正是兴趣。

"如果只是一味地通过被动记忆一些支离破碎的知识来塑造自己的精神生活的话，简直不可想象，人性不是这样，生活更不应该这样，或许某些报纸杂志的编辑需要这样。"（［英］怀特海著，《教育的目的》，庄莲平、王立中译注，文汇出版社，2012年，第6页）

"如果一本书籍和一些讲座的目的，是要使学生能够记住所有在下次考试中可能会出现的问题，那么这本书或是这些演讲就代表了这条邪恶之路。"（［英］怀特海著,《教育的目的》,庄莲平、王立中译注,文汇出版社,2012年,第8页)怀特海在将近100年前说的这句话,不正是对当前中国式教育的严厉批评吗?

"令人悲哀的是,在这个黄金时期孩子们却不幸落在填鸭式教育的教师的阴影之下。"([英]怀特海著,《教育的目的》,庄莲平、王立中译注,文汇出版社,2012年,第32页)这里的黄金时代就是指浪漫阶段。

"特别是当我们把智力教育仅仅看作是大脑机械化获取知识的能力,或者是对实用性原理的系统化的阐述,那么教育就不会有任何进步。"([英]怀特海著,《教育的目的》,庄莲平、王立中译注,文汇出版社,2012年,第42页)

"我希望你们铭记于心的是:虽然智力教育的一个主要目的是传授知识,但是智力教育还有另一个要素,模糊而伟大,而且更重要——古人称之为'智慧'。没有一些基础的知识,你不可能变得聪明;你轻而易举地获取了知识,但未必习得智慧。"([英]怀特海著,《教育的目的》,庄莲平、王立中译注,文汇出版社,2012年,第42页)

中国教育的现实,正是"轻而易举地获取了知识",却忽视了智慧。

我们真的搞清楚比知识更重要的智慧是什么了吗?我们什么时候能够认识到浪漫阶段在孩子成长中的奠基作用?我们什么时候能够还给儿童自由自在的生活?家长、幼儿园和小学老师们什么时候能够认识到自己可能背离了儿童成长的规律?现实给我们的答案,似乎还任重而道远。我们引用了钱颖一教授的观点:中国学生缺乏好奇心、想象力和批判性思维能力;杰出人才不是"培养"出来的,而是在一种有利的环境中"冒"出来的。(见附录二:《中国教育的首要问题是如何培养真正的人》,本书第281页)杰出人才为什么是"冒"出来的?中国学生为什么缺乏好奇心、想象力和批判性思维能力?我们认为,这与教育的浪漫阶段密切相关。我们的教育没有让孩子明白"我到底要什么"。

(三) 兴趣的扩散

人在出生的时候,不管是身体上、智力上还是意志上都是不成熟的。人的成长过程就是身体、智力和意志的发育、成熟的过程。它是一个漫长的过程,其中有自身发展的内在规律。教育不能脱离这个规律。

怀特海所说的浪漫阶段,一直延续到13岁左右。接着而来的精确阶段和综合运用阶段都只有四至五年。由此可见，浪漫阶段在整个孩子教育周期中是何等重要。

13岁是一个非常有意思的年龄，它是人生的一个很重要的分界线，非常值得我们关注。

从心理学上说，13岁左右，青春期反叛达到高峰。在中国，孔子说"吾十有五而志于学"，也就是说，15岁的时候，孔子基本确立了学习的志向。罗马人把15岁以前视为童年期，15岁开始进入青年期。希腊人把14岁以前看作幻想和想象的阶段。综合以上各种看法，我们把14、15岁定义为初步立志期——这一阶段人对自己的人生目标有了一个大致的定位。在此以前，孩子更多地表现为直接感觉倾向，在此以后，孩子更多地表现为精密理解倾向；在此以前，孩子更多处在散漫状态，在此以后，孩子有了一定的方向感。到了精确阶段，孩子会对浪漫阶段大量的生活体验和直接兴趣进行比对、筛选，尝试着寻找自己内心真正想要的东西。这时候孩子并没有真正确立目标，他会产生多个备选目标，进行反复的对比权衡，然后做出理性选择。

确定"我到底要什么"，从来不是一件容易的事，它是一个漫长的过程。这个漫长过程的第一步就是浪漫阶段。在13年左右浪漫阶段的自由自在的生活中，孩子形成大量的直接兴趣，它们是人生的基座，是借以对比、筛选的素材。假如这个素材是丰富多彩的，对比、筛选的余地就大；假如这个素材是贫乏孤寂的，对比的可能性、筛选的余地就小。要使孩子找到自己真正的人生目标，家长也好，老师也好，就要在整个浪漫阶段努力扩大孩子的生活体验，增加生活阅历，建立广泛的直接兴趣。在浪漫阶段，建立广泛的直接兴趣是主要目标，接受知识要服从于建立广泛兴趣这个主要目标。真正懂得教育的人，这个时期都不要求孩子有高分，甚至不希望孩子考高分，高分可能会使孩子的注意力引向分数、满足于这个高分，从而抑制对于丰富生活的体验。这对成长是极为不利的。美国的学校干脆不让公开学生的考试分数。

著名教育实业家俞敏洪曾经说过，对待自己的孩子，一是不那么注重孩子的成绩，保持中游就可以；二是相比于成绩，孩子的业余爱好更加重要。俞敏洪坦言，一到寒暑假，他就会带着孩子去各地度假，而不是让孩子沉迷在作业和补习班当中。这样不仅可以享受和孩子在一起的时光，还能和孩子做一些深度的交流，帮助孩子更好地成长。

第四章 正论二：自我的成长

在浪漫阶段，家长和老师应该引导孩子走向田野、走向山川、走向人群，让他们去看天空、看星星、看河流小溪、看各种动物植物、看矿石沙土、看文物古迹、看名人故居、看工人农民的劳作，让他们接触自然、接触他人、服务社会。总之，要让他们近距离地体验、感受未来生活的完整舞台。这个时候，如果让孩子的注意力集中在一两件事情上，是非常危险和不幸的，他们将失去选择未来生活的能力和可能性。现在大部分家长，对此没有清晰理性的认知，他们甚至为了让孩子考高分，严格限制孩子的生活范围，把孩子的生活限制在几门功课上，与功课无关的事一律不让干。我们不能不说，这是对生活的无知，更是对教育的无知。可悲的是，这种无知在中国却是一种常态。

家长要尽可能抽出时间陪伴孩子。在整个浪漫阶段，孩子还比较小，他们要单独走向自然、走向社会几乎是不可能的，孩子的浪漫体验需要与家长一起完成。如果家长不能抽出足够时间来陪伴孩子，孩子势必失去浪漫阶段广泛而自由自在的生活体验，也就失去了孩子成长的最重要阶段。正是从这个意义上说，陪伴是最好的教育。

生活中也有这样的人，他兴趣很少，一辈子只干一件事，最后他成功了。但是这样的人一定很乏味，他自己很乏味，与他一起生活的人也很乏味。这样的人很难说是幸福的。我们要的是幸福而成功的人生，因为我们不是为了成功来到这个世界，而是为了幸福来到这个世界的。

实际上，真正幸福而成功的人生，一定有广泛的兴趣。凌志军说，那些卓越的"微软小子"们，"80%的人在中学和大学时期拥有广泛的兴趣，而不只是满足于符合教学大纲的要求"（凌志军著，《成长比成功更重要》，湖南人民出版社，2013年，第5页）。

因此，那些眼里只有分数的人，是不是很肤浅呢？

成都女孩赵珈钰，2017年托福考试得满分，收到美国9所常青藤名校的入学通知书。她的一个重要特点就是兴趣广泛。她喜欢演讲，喜欢参与社会活动，喜欢做实验，喜欢推理小说，好奇各种科技上的突破，喜欢看书、看电影，钢琴十级、国画八级、素描八级。这个学生是在怎样的家庭环境中长大的？

"家庭对我的影响特别大，我父母不过问我的学习成绩，但是过问我的心理状态。从小他们就坚信我是一个自觉的孩子。""记得每次考得不太好的时候，爸爸妈妈不仅没有责备我，反而对我特别好，还想尽办法安慰我。"（见附录五：《成都学霸收到美国9所大学录取通知书》，标题为引者所加，本书第291页）。孩子的自觉性难道是天生的吗？当然不是，自觉性来源于兴趣的推动。成功的教育，就在于利用兴趣这个杠杆，调动孩子内在的动力，即他的自觉性。

那么，建立广泛的直接兴趣究竟要如何广泛呢？我们认为，最起码应该从如下几个方面去建立兴趣，我们暂且称之为基本兴趣。我们认为，这些基本兴趣是健全人格不可或缺的，它们应该包括以下五个方面：对自然的兴趣、对社会的兴趣、对读书的兴趣、对艺术的兴趣、对运动的兴趣。

第一是对自然的兴趣。自然是人类的母亲，人类生活每时每刻都离不开自然。一个无限的、生机勃勃的自然世界的存在，正是人类生存、繁衍的基础。与自然打交道，是人类文明的基本主题，古代如此，现代仍然如此。对自然的不同态度，锻造了不同文明。西方文明把自然当作认识的对象、改造的对象，从而产生了科学；中国文明把自然当作审美的对象、欣赏的对象，从而产生了山水诗、山水画。现代文明对于自然的态度，应该既是改造的对象，又是审美的对象。通过改造，人类从自然中获取物质资源；通过审美，人类与自然实现和谐。改造与审美的统一，达成可持续的发展。每一个人都应该参与到人与自然的改造与审美的统一进程中来，这既是每一个人的责任，也是每一个人的收获。因此，作为人类的一员，每一个人都应该热爱自然、拥抱自然，从中寻找生活的希望和力量。任何对自然漠视的态度，都将使自己变得更加孤独和无助。

第二是对社会的兴趣。人是社会动物，离开社会寸步难行。但是我们人类不断地重复着自身的分裂与错误：我们通过社会获取自己的生存资源——物质和安全感，没有人可以例外，但是我们又经常反过来亲手破坏这个社会。人类的很多不幸都源于这种分裂与错误。人类要生存繁衍下去，每个人要获取幸福，我们就要去关注这个社会、维护这个社会、融入这个社会。对社会的兴趣是个人幸福的重要源泉。那种总想逃离社会的人，内心是孤独的。在阿德勒那里，对社会的兴趣叫作社会感情。我们可以把社会感情分解为两个部分，一部分是我们处理个人与社会关系的原则，这部分称为道德；另一部分是我们处理个人与社会关系的方法，这部分称为情商。对社会的兴趣或社会感情是人格的重要组成部分，而且是非常特殊的一部分，下一章我们要专门讨论这个问题。

第四章 正论二：自我的成长

第三是对读书的兴趣。书是人类文明的主要载体。人类整个进化史已经有几百万年，稍近的智人也有十万年左右的历史，但是文字的历史却只有短短的几千年，这就使得大量的人类文明进化史没有得到记录和保存，被淹没在历史的尘埃中。所以，被书籍记录下来的人类文明，我们必须倍加珍惜。假如没有书，我们就无法继承人类先辈的文明成果，就得像我们的原始智人祖先那样，从头开始进化，重走一遍几万年、十几万年的进化路径，可我们的生命只有几十年。因为有了书，我们很快就站在祖先的肩膀上，进入现代文明。书是人类祖先留给我们最重要的财富，漠视这个财富既是对祖先的不敬，又是自身的无知。我们固然强调直接体验，强调行万里路，以获取直接知识，因为这是必不可少的；但是人生更多的知识只能来自间接知识，只能来自读书，我们不可能把人类文明重新体验一遍。所以，读书是人成长的捷径，是聪明人的作为。对读书的兴趣，应该成为人的基本兴趣。很难想象，不读书的人可以成长为完整的人。美国国家儿童健康与人类发展研究所的研究表明，阅读是幸福、充实、有成就感的人生所必需的唯一且最为重要的技能；拥有良好阅读习惯的孩子，会是一个自信的孩子，并且具有高度的自尊心。

第四是对艺术的兴趣。艺术是审美的活动，而审美活动体现了人的最本质的属性。北京大学张世英教授把人生分为四个层次，依次为欲求境界、求知境界、道德境界、审美境界，审美处于人生最高层境界。在审美活动中，人的价值得到最完整的体现，从中真正理解价值的含义，而价值是人格的底色。"我们的审美情趣使我们对价值有生动的理解。如果你伤害了这种理解，你就会削弱整个精神领悟系统的力量。"（［英］怀特海著，《教育的目的》，庄莲平、王立中译注，文汇出版社，2012年，第55页）审美活动还让我们体会到什么是真正的幸福。在现实生活中，幸福往往是未来进行时，幸福与我们似乎总是在捉迷藏，有一种"无缘对面不相逢"的感觉。在审美活动中，我们感受到的幸福是现在进行时的、直接的、即时的，因此在审美活动中我们能够收获幸福、希望和信心。最后，审美是最自由的、最具有创造性的。现实生活中人们总是受到各种各样因素的制约，人的创造力难以有效发挥，审美活动受到的外在制约最少，每一次审美活动都是一次完整的创造。因此，连孔子那样注重道德说教的老夫子，在谈到《诗》三百篇时都说"思无邪"，就是说，《诗》三百篇是纯正人性的体现，没有邪恶的东西。艺术是人性的完美语言，审美是人性的完美预演，完整的人格、完美的人生不应缺少艺术这个元素。

第五是对运动的兴趣。常言道，生命在于运动。不管是肉体上的生命，还是精神上的生命，都离不开运动。对肉体上的生命来说，运动的意义不用多讲。对于精神上的生命，运动的意义经常被忽视。任何自由都以物质为基础，身体是这种基础的核心部分。尽管有很多残障人士像霍金那样为人类文明做出了巨大贡献，在一定意义上他们也收获了某些幸福，但是他们真的有正常人应该有的完整幸福吗？事实上，没有健全的身体，会严重影响精神的发育。人们会用巨大的力量去克服身体缺陷带来的弱点而无暇他顾；更严重的是，身体缺陷甚至会导致价值观的扭曲，使人们无法像常人那样观察世界。按照马斯洛的理论，自我实现建立在低层次基本需要相对满足的基础之上，而身体缺陷会严重削弱低层次基本需要的满足。因此，运动不但应该作为基本兴趣，而且应该成为人一辈子的基本使命。

我们提出这五种基本兴趣，只是想强调这些兴趣的重要性，并不是说孩子的兴趣只局限于这五种。实际上，在长达13年左右的浪漫阶段，孩子应该形成几十种、上百种兴趣，这对于他后期的成长是极为有利的。在浪漫阶段，要让孩子玩出眼界、玩出格局、玩出想象力，如果这样，孩子的人生将会有很好的基础。

（四）兴趣的集中——明白"我到底要什么"

孩子不可能一开始就知道"我到底要什么"，因此他需要有广泛的兴趣作为他选择的基础。孩子在漫长的浪漫阶段形成了广泛的兴趣，但孩子并没有真正明白"我到底要什么"。这个时期，孩子什么都想尝试一下。当孩子通过对广泛兴趣的对比选择，找到自己最想做的事时，他才明白"我到底要什么"，此时他就找到了自己的人生目标，完成了人生的一个重大步骤——自立。我们把这个过程称为兴趣的集中。

那么，这个过程是如何实现的呢？

13年左右的浪漫阶段结束以后，孩子有了大量的直接兴趣。此时的孩子在这些直接兴趣驱动下，对这个世界产生了强烈的、希望进一步深入了解的冲动和渴望。但是，由于这个世界极其复杂，孩子现在的认知能力还达不到深入了解这个世界的水平。从横向来说，这个世界存在着形形色色的万事万物；从纵向来说，每一个事物都有其特有的现象和背后的本质；从立体的角度来说，这些事物存在着或明或暗、或远或近的普遍联系。所以，要深入了解这个世界，需要系统的思维方法的支撑。

第四章　正论二：自我的成长

于是，教育进入了第二个阶段，即精确阶段。

怀特海说："精确阶段，也代表了一种知识的积累。在这个发展阶段，知识之间的广泛关系居于次要地位，从属于系统阐述的准确性。这是文法和规则的阶段，包括语言的文法和科学的原理。在这个阶段，要使学生一点一点地接受一些特定的分析事实的方法。新的事实增加了，但是增加的是适合于分析的事实。"（［英］怀特海著，《教育的目的》，庄莲平、王立中译注，文汇出版社，2012年，第28页）

在浪漫阶段形成的直接兴趣是散漫的、孤立的、表面的；精确阶段要学会对这些事物进行分析加工，发现其中的联系和规律（科学原理），并做出准确的阐述。知识增加了，新的事实增加了，但是知识不是目的，学会分析事实才是目的；分析的结果（科学原理）能够得到准确表达（文法问题）才是目的。这里有四个关键词，即知识、分析、科学原理、文法。毫无疑问，分析是核心，知识是分析的素材，科学原理是分析的结果，文法是分析结果的表达工具，所有这些都围绕分析展开。所以，精确阶段教育的实质是思维方法的训练，是理性能力的训练和完善。

怀特海继续说："在科学教育的过程中，应该传授思维的艺术，即形成清晰概念并适用于直接经验的艺术，凭直觉领悟一般真理的艺术，检验各种推测的艺术，以及通过推理将一般真理应用于某些具有特殊意义的特殊情况的艺术。"（［英］怀特海著，《教育的目的》，庄莲平、王立中译注，文汇出版社，2012年，第70页）

可见，怀特海所说的科学教育，主要是传授"思维的艺术"。

怀特海在谈到中学教育时还说："我们的任务是，如何利用中学阶段的五年时间。在这段时间里，要尽可能地让古典文化比其他科目更快地丰富学生的智力品性，将古典文化教育和其他科目一起出现在这个时期的课程表上；只有这样，古典文化教育才能从根本上得到保护。在古典文化学习中，我们通过对语言全面而透彻的学习，来发展我们在逻辑、哲学、历史和文学的审美情趣等方面的心智。"（［英］怀特海著，《教育的目的》，庄莲平、王立中译注，文汇出版社，2012年，第85页）怀特海强调的"古典文化"，主要是指逻辑和哲学，归根到底都是关于思维的艺术。

通过13~18岁的精确阶段的教育，孩子学会了更加高级的思维方法——形式逻辑与哲学，掌握了分析事物的工具，同时也学到了更多的基础知识和语言能力。现在，他们可以运用学到的思维方法对他们感兴趣的事物进行更系统、更深刻的认知，以便全面地了解和掌握事物的全貌。整个精确阶段实际上就是孩子掌握思维工具的阶段。思维训练实质上就是研究能力的训练，这正是美国中学教育的重大特色。

在精确阶段，孩子在学习思维工具的过程中，固然同时进行着思维的实践活动——实际上思维教育最好的方法就是思维实践，他们会尝试着运用刚学到的思维技巧分析自己感兴趣的事物。但是这种运用毕竟带有尝试的性质，因此总的来说，孩子还无法在这个阶段真正、明确地决定"我到底要什么"，他们还不能把兴趣集中在最后的目标上。

那么，在什么时候孩子才能真正明白"我到底要什么"呢？

到了19岁左右，孩子进入大学学习，同时也开始了教育的第三个阶段：综合运用阶段。

怀特海是这样定位综合运用阶段的："最后的综合运用阶段就是黑格尔所说的理论综合。这是在增加了分类概念和有关的技能之后重又回归浪漫。这是精确训练的目的。这是最后的成功。"（[英]怀特海著，《教育的目的》，庄莲平、王立中译注，文汇出版社，2012年，第29页）有了浪漫阶段形成的大量的直接兴趣，有了精确阶段掌握的思维工具，到了综合运用阶段，就可以运用思维工具，对前期形成的直接兴趣进行系统的分析和处理。通过这个分析和处理过程，浪漫阶段和精确阶段终于达到它们各自的目的，这是"最后的成功"，它将迎来人生一个重要节点，明确"我到底要什么"。怀特海虽然没有明确提出确立人生目标的具体时间，但基本给出了一个时间段。

研究表明，在多数情况下，孩子的这个决定是在大学二、三年级形成的，就是在20岁左右。

根据埃里克森的人格同一性理论，在12~20岁，孩子会仔细思考他们自身积累的全部生活经验，确定一个明确的人生策略，这就是同一性。同一性中包括了人生目标。获得同一性就意味着长大成人了。有了这种同一性，青年人就会形成忠诚的美德——发誓永远忠于目标。从埃里克森的理论中可以看出，人生目标应该是20岁左右时形成的。

凌志军通过对"微软小子"们的广泛研究，从实证角度给我们提供了生动的案例。他说："他们都经历过一个'开窍时期'。在此之前，他们全都没有承受过多的来自外部的压力（这正是浪漫的特征——引者注）；在此之后，他们全都在内心增加对自己的压力（有了目标以后产生内在动力——引者注）。所谓'开窍时期'，是从混沌到自觉、从不成熟到成熟的飞跃性转变。他们的'开窍时期'几乎全都发生在大学二年级到三年级，而不像人们通常所期望的发生在初中阶段。"（凌志军著，《成长比成功更重要》，湖南人民出版社，2013年，第5页）这里所说的"开窍时期"，正是人生目标的确定期，"是从混沌到自觉、从不成熟到成熟的飞跃性转变"。而这个"开窍时期""几乎全都发生在大学二年级到三年级"，即大概20~21岁。这与埃里克森的同一性形成期基本一致。

凌志军以李开复为例阐明这个"开窍时期"。读中学时，李开复希望能成为一个律师。到了上大学的时候，他首先选择了政治专业。但是第一年的大学课程他提不起精神，成绩也不好，感觉不到自己的热情。然后又改学数学。在学习数学时，他碰到了计算机。他突然感到自己真正喜欢的是计算机，于是就去上计算机课。他去听了一个月的计算机课，就发现比老师懂得还要多了。李开复说："我终于找到了能让自己心花怒放、精神振奋的东西了。那一天我对自己说，大学的后三年再也不拿A以下的成绩了。这是我做了那么多愚蠢的决定，经过了许多尝试之后的一个新决定。当我投入到计算机课程中去的时候，我感觉周围的一切都安静下来，只有我的内心在说话。"（凌志军著，《成长比成功更重要》，湖南人民出版社，2013年，第72页）

如果说16岁可以看作是生理生命和认知生命的成年期，18岁可以看作是法律和社会生命上的成年期，那么以人生目标的确立为标志，20岁则是心理生命的成年期。人们通常认为，围绕一个目标努力奋斗15~20年，必有所成，这时就到了40岁左右。40岁是人生第二成年期，也叫第二青春期。这时可以对人生目标做一次调整，再经过15~20年的努力，还会取得成功。此后就进入老年期了。

按照浪漫—精确—综合运用这样一个节奏，能够最大限度地立足于人的内在需要上，调动人的内在力量，这样的学习是快乐的学习，这样的教育是快乐的教育，这样的人生是幸福的人生。

通过这样从感性到理性淬炼出来的人生目标，一定是发自内心的需要，是一种精神层面的需要。如果说精神收获是这种需要的主产品，物质收获则只能是其副产品。这种人生目标的实现，可能会同时达成物质层面与精神层面的快乐——正如很多成功人士展现的那样，但精神层面的快乐无疑是主要的，因此他收获的幸福将是真正精神的幸福，是高级的幸福。

这种从自己独特的人生经历中淬炼出来的人生目标，一定是创造性的、纯粹自我的、独一无二的。它调动了、展现了并最终实现了人的最大潜能——教育的目标正是调动人的潜能，使人最终成为他自己。他将必定会向社会贡献财富与价值，而不是一味向社会摄取。当人生的需要上升到精神层面的时候，相对来说，向外摄取的反而少了。

这样经历漫长的人生淬炼出来的人生目标，必定会得到自己的珍视和忠诚，让自己"发誓永远忠于目标"，投注自己生命的全部力量去实现它。他将调动一切资源——内在的和外在的、主观的和客观的各种资源，确保这个目标的实现。这个目标成为他人生的"锚"，围绕这个"锚"，他的人生获得了埃里克森所说的一种同一性。拥有同一性的人，他同时就拥有了忠诚的美德——永远忠于自己的目标和理想。他不再左顾右盼、彷徨徘徊，于是拥有了人们经常梦寐以求的坚定、安静的品格。这种安静不是无欲无求的、无我的安静，而是明确目标以后的安静，是拥有信念以后的安静。这种安静必然伴随着坚定，它是一种对待目标的"痴"。"痴"是伟大人物、成功人士的共同品质，重大的创造、伟大的事业、天才的人生由此诞生。

大名鼎鼎的蓝军旅是中国陆军的磨刀石，"'踏平朱日和，活捉满广志！'稍微关注军事新闻的人都知道：内蒙古有个朱日和，朱日和有个蓝军旅，蓝军旅现任旅长满广志。不用说，上述口号是前来朱日和与蓝军旅捉对厮杀的红军部队喊出来的。然而非常遗憾，从2015年至今，先后有20多个红军旅与蓝军旅过招五六十场，但至今鲜尝胜果，更不要说活捉满广志了。"（见附录七：《蓝军旅长》，本书第302页）。看完旅长满广志的传奇经历，用一个字来形容就是"痴"，"痴"于带兵打仗。他曾经有很多机会留在北京、留在部队机关，但是他都放弃了。作为一个硕士研究生，为了能够带兵打仗，他宁可下部队从排长干起，先后历经参谋、排长、连长、营长、师作训科副科长、团参谋长、师作训科科长、团长等岗位。他一门心思要下基层，就是为了带兵打仗。满广志是一个典型的具备人格同一性、知道自己"到底要什么"的人，他对某些机会的主动放弃和对自己目标百折不挠的追求，正是人格同一性的忠诚特征的反映，他的一切选择都是为了带兵打仗。

找不到自己的人生目标，不明白"我到底要什么"，是人生的巨大悲哀。这样的人生就像一叶浮萍，随波逐流。如果一个孩子的家庭条件尚好，不必过多为物质生活发愁，而他又不知道"到底要什么"，他就会得过且过，甚至醉生梦死，整天沉迷于电子游戏、惊悚电影以打发日子，或者大学毕业宁可待在家里而不愿意出去工作，或者三天两头换工作，总觉得什么工作都不适合。这种人就是徐凯文教授所说的患有"空心病"的人。（见附录八：《为什么教师家庭孩子心理健康问题高发》，本书第311页），也正是埃里克森所说的角色混乱的人。如果一个孩子的家庭条件比较差，又不知道"我到底要什么"，那他就会停留在本我的需要层面——本我需要的刚性特征就会凸显出来，一切以赚钱为目的。这就是钱理群教授讲的"精致的利己主义者"，也正是埃里克森所说的消极同一性的人。中国教育培养出很多"空心病"人和"精致的利己主义者"，这是中国教育面临的严峻问题。这些人的病根都在于找不到自我。在此，推荐一篇文章——《"中国状元"在美国读大学后对中国教育的感悟》，也许会给读者带来更多启发。（见附录九：《"中国状元"在美国读大学后对中国教育的感悟》，本书第317页）。

第三节 自　　强

　　自立完成了人生目标的探寻并最终得以确立，但是自我的成长并不能就此止步。人生目标的实现依赖于人的主观内在的力量和客观外在的力量的结合。而这两种力量的结合，主观内在的力量是积极的、主动的一方，客观外在的力量是被动的一方，没有主观内在的力量的积极作为，客观外在的力量不会发生作用。我们把依靠自己主观内在的力量推动人生目标实现的现象称之为自强。自强意味着人要依靠自身力量，主动作为、积极作为，以达成自己的目标；自强也意味着人要有强大的内在力量去面对成长道路上的一切曲折和困难。

　　生命的独特性告诉我们，每一个生命过程都是独特的、不可替代的、不可复制的，他人无法代劳。生命是一个唯一的过程，可以由他人代劳的就不是生命。人生目标不会自动实现，它必定是一个探索—实践—再探索—再实践的过程，同时也是一个失败—成功—再失败—再成功的过程。失败与成功是一对孪生兄弟，他们始终互相伴随。

那么，推动这个曲折过程的内在力量究竟是什么？它来自哪里呢？如何理解自强的内涵呢？

我们认为，自强的内涵主要有两点：自信心、意志力。

一、自信心是成功的起跑线

自信心就是相信自己能够达成既定目标，它的本质是对自身价值、潜力的清醒判断。自信心体现了个体对自己的态度，因此它是人格的重要因素。

人是有思维的动物、是理性的动物。如果说一般动物的行为是盲目的、随机的、本能的，人的行为却完全是有计划、有目标、有价值引领的。因此，人的行为从一开始就建立在自己确信自己通过努力能够达成目标。在他的计划中，蕴含着达成目标所需要的措施、路径和过程。更重要的是，计划中蕴含着对事物发展规律的把握以及整合相关资源的能力。简单地说，计划中蕴含着人对于达成目标的信心。

假如某个人对所要做的事情不是胸有成竹，而是懵里懵懂，心中充满不确定性，他既不知道事物发展的规律，也不知道达成目标需要什么条件，那么他根本就不会知道自己能不能够达成目标——他对这件事情完全没有自信。在这种情况下，他一定会对自己的行为产生怀疑和退缩，他找不到理由去做这件事——因为他不知道结果是什么。

自信心是自强的首要问题。人要是没有自信，就不会有任何积极的行为，就会离成功越来越远。成功人士往往有这种体验：给孩子自信心比给他一大堆知识更重要！

在《成长比成功更重要》一书中，凌志军用一章的篇幅来谈自信心的问题，用很多典型事例深刻揭示了自信心的本质、来源和重要意义。他写道："在'你是否自信'这个问题上，我们的所有研究对象都做出了肯定的回答，这同他们对'你是否聪明过人'这个问题的100%的否定形成鲜明对照。"（凌志军著，《成长比成功更重要》，湖南人民出版社，2013年，第62页）这些事业成功的"微软小子"们，100%否定自己聪明过人，却100%承认自己拥有自信心，这再清楚不过地表明，在成功的道路上，自信心比聪明远远更为重要！

第四章　正论二：自我的成长

自信心既然如此重要，那么我们如何能够得到它？它是从哪里产生的？这才是教育要解决的问题。

自信肯定不是与生俱来的，要不然所有人都不会缺乏自信；自信也肯定不是简单的灌输可以获得。由于自信是对自身价值和潜力的清醒判断，所以自信只能来自个体自身的生活实践，是生活实践告诉他，他的价值是什么、他的潜力在哪里。

《成长比成功更重要》一书中是如此描述张宏江获得自信的过程的：

有一天自习课，他不肯做作业，却埋头画画，被老师发现，当场一顿训斥，揪出教室。这是那时候学校里面最严厉的体罚，对孩子来说更是前所未有的屈辱。走回教室的时候，他哭了。那感觉直到30年以后还能记得："那是我这辈子唯一被人逼过的一次，我还从来没有被当众揪出去过呢。"

"等着瞧吧。"他一边哭一边对老师说。

……

几周之后，宏江迎来他期待的时刻。这是学校复课以后第一次正规考试，老师和同学都认定意义重大。而宏江心里还有一个更加强烈的愿望。结果他如愿以偿，在360个学生中得了第一名。老师开始用另一种眼光打量这个平时不起眼的学生。可是宏江却发现原来那个让老师"等着瞧"的念头一点也不重要了，他拥有了更重要的东西："第一次意识到自己的潜力，而且是突然意识到的。"

……

那一瞬间，他看到了自己的长处、能量和潜力。他对自己的看法，从此发生改变。(凌志军著，《成长比成功更重要》，湖南人民出版社，2013年，第36、37页)

分析这个例子，我们可以看到，张宏江产生自信的过程有两个关键因素：一是一次成功的生活体验，二是通过这个体验发觉自己的潜力。前者是一个实践问题，后者是一个认知问题。所以，信心的产生离不开实践因素，也离不开理性因素。

周明产生自信心更富有戏剧性，当时他只有10岁。

好多年来，这孩子就是生活在一种自卑的感觉中，似乎永远直不起腰。但是他的内心深处总有一个声音，要冲破压抑涌到表面上来："我什么时候才能比别人强一点呢?"

这一天是"学工劳动日",老师带着周明和全班同学来到食品厂,就是现在的孩子们都知道的那个生产"露露"杏仁露的工厂。不过那时候这里不做这个,只做一种水果罐头,而且设备简陋,每天依靠人的双手刷洗成千上万个罐头瓶子。这些孩子来了,也是做这件事。瓶子都是回收来的,很脏,一不小心就会把手划破。但老师认定这是让孩子们学习工人阶级高尚品质的机会,于是宣布开展竞赛,看谁刷得最多。

周明站在孩子中间,听到老师的号召,心里一阵激动。他还从来没有得过"第一",此刻下定决心,一定要得到它。

……

他很快学会了所有刷瓶程序,刷得非常认真,一个又一个,一整天都没有停下来,一双小手被水泡得泛起一层白皮,结果他刷了108个,在所有小孩里面,是最多的。

现在这件事情过去整整30年了。周明记忆犹新:我原来一直是没有自信心的,但是这件事给了我自信。就是从那天起,我知道无论什么事情,只要我肯干,就一定可以干好。我发现了天才的全部秘密,其实只有六个字:"不要小看自己"。那一瞬间,值得我一辈子记忆。我知道我的生活完全不同了。这是我一生中最快乐的经验,散发着一种迷人的力量,一直持续到今天。(凌志军著,《成长比成功更重要》,湖南人民出版社,2013年,第41页)

在人生经历中很不起眼的一件小事——刷瓶子,居然收获了影响一生的宝贝——自信心,听起来真是有点神奇。

这两个例子告诉我们,自信心的获得不能依靠计划,它往往来得很突然;自信心的获得也并不需要通过翻天覆地的大事,有时只需一件小事而已。这个启示对我们实施正确的教育非常重要,我们据此提出建议,让孩子"自己的事情自己做",终有一天他会收获这份宝贵的自信。2岁的孩子已经可以很稳健地走路,可以让孩子把垃圾丢到垃圾桶里;3岁的孩子可以做更多的事情了,比如自己吃饭、自己穿鞋、自己穿衣服、自己刷牙,让孩子浇花、刷马桶,等等;4岁的孩子可以自己铺床、准备餐具、饭后把餐具放回厨房、自己叠衣被、自己准备第二天要穿的衣服等等；再大一些，随着孩子活动范围的扩大，孩子自己可以做的事情也越来越多。这些事情，凡是自己能做的，都要尽量让孩子自己做，大人和老师尽量不要代替孩子做。

这是一条重要原则。违背这条原则，你就剥夺了孩子获得自信的机会。

这里顺便说一下做家务问题。由于孩子在小时候和基础教育期，他们能做的事，一个是学习上的，一个是生活上的。生活上的事主要与家务有关。所以，"自己的事情自己做"就意味着孩子从小就要做家务。这在西方是一个非常普通的教育方法，在美国、德国等国家，孩子从小做家务是一堂必修课，但在中国却很大程度上被扭曲了。中国的很多家长习惯于把家务揽在自己身上，让孩子专心学习。这实际上是对教育的无知，这些家长剥夺了孩子成长的宝贵机会。在这些家长眼里，教育就是接受知识，却不理解比知识更加重要的是人格的成长。在做家务这件事情上，最能够体现不同的教育思想和教育逻辑。以知识为目标的教育思想，会自然而然地把做家务看成负担；以人格为目标的教育思想，则把家务活动作为人格成长的重要机会。

对于做家务问题，哈佛大学曾经做过一项长达20年的研究，得出一个惊人的结论：爱干家务的孩子和不爱干家务的孩子，成年之后的就业率为15∶1，犯罪率是1∶10；爱干家务的孩子，离婚率低，心理疾病患病率也低。中国教育科学研究院调查了全国2万个小学生家庭，结果表明，做家务的孩子比不做家务的孩子，其成绩优秀的人数高出27倍。

为什么干家务这样一件看似不起眼的事情，居然有如此重要的作用？这使我们再一次想起杜威"教育即生活"的观点。在儿童时期，假如剔除家务劳动，儿童的生活还剩下什么？可以设想，儿童将成为读书的机器，而不是一个活生生的人。一个生活被阉割了的人，当然不可能形成健全的人格，孩子未来生活的兴趣和自信心就成了空中楼阁。所以我们极力提倡，从做家务开始，让孩子"自己的事情自己做"。

自信心是建立在生活体验基础上的对自身价值与潜力的清醒判断，所以对于自身的准确认知对形成自信心具有重要作用。然而认知自己是一件非常困难的事情，从古到今，有很多哲人都为之癫狂；对理性能力还不够完善的孩子来说，要准确地认知自己，就更加困难了。无论是失败或成功，都可能使孩子对自己的认知产生扭曲。在这种时候，作为家长和老师，在认知上给予孩子适当及时的引导也是非常必要的。为了使孩子既不妄自菲薄,又不狂妄自大,有三种方法可供选择。

一是鼓励。鼓励用于事前。孩子准备做某件事,但对自己信心不足而有所犹豫,此时可以给予孩子适当的鼓励。鼓励可以帮助孩子看到自己的潜力和优势,展现有可能成功的前景,促使孩子下决心采取行动。

二是表扬。表扬用于事后。孩子做某件事取得预期效果,及时给予肯定,可以极大地增强孩子的自信心。但是,表扬切忌过度,否则可能适得其反。所谓过度,就是表扬过多或者评价过高,这都可能使孩子对自己的认知产生扭曲,从而产生其他副作用。为了避免表扬过度,表扬最好是点穴式地针对具体事物,功过瑕瑜不要混淆。

三是提醒。提醒也是用于事后。一方面,孩子做事情失败了,这种挫败感会严重损害其自信心。实际上,成年人都知道,我们做成功一件事,需要很多方面都做好做到位;相反,如果一件事做失败了,可能只是某一个环节出问题而已。所以孩子做一件事情没有成功,并不意味着他做的事情毫无价值,可能他很多方面都做得很好,只是某一点没有做好。这时给孩子提个醒,告诉他,这件事其实他很多环节都做得很好,甚至已经快要成功了,这对保护孩子的自信心很有帮助。另一方面,当孩子取得巨大成功后,往往各种荣誉纷至沓来,这时候孩子容易忘乎所以,自信心过度膨胀,反而有碍后期成长。这时候,明智的老师和家长都会给孩子提个醒,告诉他你只是一时一事的成功,并不能保证以后都成功。在凌志军《成长比成功更重要》一书中,这样的例子很多。

二、意志力是成功时的临门一脚

自强的另一个重要表现是意志力。事实上,人生中可以一蹴而就的事情是极少的。我们遇到的绝大部分事情,总是要经历很多艰难困苦,历经千回百折,才能玉汝于成。真正的成功往往发生在人们突破边界和障碍的时候。尤其是人生的重大目标,如果不能 10 年、20 年地坚持做下去,很难取得成功。所以,意志力乃是内心强大的重要标志,是实现自我的临门一脚。

意志力与坚韧、坚毅、坚强、勤奋、努力等有相近的含义,都是指认定目标、百折不回、一往无前的意思。

意志力与注意力有很大的关联性。我们可以把注意力理解为初级的意志力，当注意力达到极端专注的程度时，就是意志力了。

意志力是如何产生的？在很多时候，人们似乎认为，意志力是一种独立的心理素质，可以专门地加以培养。意志力培养出来以后，孩子将来去做任何事情，都能够坚持下去，直到取得成功。

实际上，这种逻辑是错误的。意志力不是一种独立的心理素质，它从属于兴趣和目标，是目标和使命的派生物。本质上讲，意志力是对长期目标的持续激情。目标不在了，激情就不在了，意志力也就没有了。没有一种"独立"存在的意志力，可以用于任何时候、任何事情。一个孩子，可能学钢琴很有意志力，但是要是让他去练体操，可能就一点意志力都没有了。很多孩子，看上去意志薄弱，实际上是没有发现真正的兴趣，没有找到"我到底要什么"的那个人生目标。因此，意志力问题本质上是兴趣和目标的问题。

网络作者"大J小D"在一篇名为《比天赋智商更重要，美国人最希望自己孩子拥有的品质》中写道：

我第一次知道grit，是在宾夕法尼亚大学副教授Angela Duckworth 2013年的TED演讲中。她当时的原话是，"向着长期的目标，坚持自己的激情，即便历经失败，依然能够坚持不懈地努力下去，这种品质就叫grit，坚毅"。从2005年开始，她对数以千计的高中生进行了调研，并跟随西点军校学生、全国拼字比赛冠军、美国一流大学学生等进行观察和分析，她发现：无论在何种情况下，比起智力、学习成绩或者长相，坚毅是最为可靠的预示成功的指标。这个发现深深影响了美国教育界，很多学校都引进了grit教育，引进了新课程，不再只是单纯地要求孩子学会什么知识、掌握什么技能，而是提供环境让孩子培养grit的品质。看完了关于grit的定义，相信很多朋友和我当时有一模一样的感受，这不就是我们东方教育里很常见的吗？从古代的"悬梁刺股"到现代的"虎爸虎妈"，其本质都是在于培养坚毅品质。但Angela却对这点有了新的补充，坚毅品质培养的基础是要对这件事有热情。的确，中国父母对于孩子毅力的培养不遗余力，但我们常常会忽略孩子的兴趣。没有兴趣作为前提，这样强压下的坚毅品质培养是"假的"，孩子只不过是暂时屈服于外力，并没有真正地提高自己的grit指数。一旦这个外力没了，反而会出现更大的反弹。

(豆瓣网，大J小D：《比天赋智商更重要，美国人最希望自己孩子拥有的品质》，https：//www.douban.com/note/598836639/，有删改）

"坚毅品质培养的基础是要对这件事有热情"，这就是意志力培养的关键点了。

对兴趣和注意力及意志力的关系，杜威早已有过非常精彩而深刻的论述。杜威说："由于兴趣与注意即使谈不上是同一的话，关系也非常密切，故而兴趣与理智生活也有着紧密的关系。"（[美]杜威著，《我的教育信条》，罗德红、杨小微编译，华东师范大学出版社，2015年，第3页）杜威的意思非常明显，兴趣与注意力几乎是同一个问题。我们在日常生活中也可以体会到，任何我们感兴趣的事物必定会引起我们注意，而任何引起我们注意的事物，也必定是我们感兴趣的。所以兴趣和注意几乎是"同一"的。

固然，在现实生活中，我们可以在孩子不感兴趣的情况下强迫孩子注意某一事物，我们现在的教育也正是普遍地、经常地这样做。但杜威认为这样的注意是虚假的、不可持续的。对此，杜威说："孩子的自然力量，以及对实现自我冲动的要求，是无论如何都不可能压制得了的。如果外部的条件使得孩子不能把他的自然力量投入到他要做的工作中，如果他发现在工作中不能表达自己的意思，他就学会了一种很神奇的办法，即集中他的注意去处理所给的外部材料以满足老师的要求，用余下的心智力量追随对他有吸引力的意象。"（[美]杜威著，《我的教育信条》，罗德红、杨小微编译，华东师范大学出版社，2015年，第10页）也就是说，在外部压力下，孩子会"注意"某些事物，但是一旦这种压力消失，孩子还是要去追求自己真正感兴趣的东西。因此这种在外在压力下的"注意"并非真正的注意，而恰恰导致了孩子注意力的分散和内在的分裂。

兴趣不只是产生注意力，因为单纯的注意是静止的，而兴趣是动态的，它还产生行动力和意志力。杜威说："对任何事物感兴趣，就是积极地关注和投入其中。"（[美]杜威著，《我的教育信条》，罗德红、杨小微编译，华东师范大学出版社，2015年，第13页）"投入其中"意味着采取行动。兴趣引起注意，这只是第一步；兴趣接着还会产生一种力量，这种力量让你采取行动并"投入其中"。因此，杜威又说："努力通常产生于这些力量充分发挥作用的尝试中，因而，这些力量得到生长和完成。充分地作用于这些冲动就涉及严肃的、专注的和明确的目的，以及在完成有价值的活动中形成的稳定和坚持不懈的习惯。"（［美］杜威著，《我的教育信条》，罗德红、杨小微编译，华东师范大学出版社，2015年，第13页）正是兴趣的力量在"充分发挥作用的尝试"中，"形成的稳定和坚持不懈的习惯"。这种"稳定和坚持不懈的习惯"，不正是意志力吗？

杜威继续总结道："兴趣的本质意义似乎就是：由于主体认可了某种活动的价值而参与、专注于或者完全从事于该活动。"（［美］杜威著，《我的教育信条》，罗德红、杨小微编译，华东师范大学出版社，2015年，第14页）正是兴趣中蕴含的价值，产生了注意力和意志力。假如这种价值最后上升为人生的目标和理想，那么意志力也必将得到强化："每当理想确实是自我表现的投射或者转换时，他一定奋力地表现自己。他一定坚忍地克服障碍，把障碍转换为自我实现的手段。"（［美］杜威著，《我的教育信条》，罗德红、杨小微编译，华东师范大学出版社，2015年，第29页）

杜威这段关于理想与意志的话，与埃里克森的观点几乎一致。埃里克森认为，拥有同一性的人，同时就拥有了忠诚于自己理想的意志。

这样分析的结果，意志力问题又回到了兴趣与人生目标的问题。意志归根到底是个自律问题。凡是回答了"我到底要什么"这个问题、实现了同一性的人，他必定会拥有坚强的意志力；凡是没有回答"我到底要什么"这个问题的人，就是角色混乱的人，他的注意力是分散的，他的意志力是薄弱的，最后发觉什么都不想干。就算是学霸，也往往是心猿意马、意志力薄弱，因为他不知道"我到底要什么"。（见附录十：《学霸为何不成功》，本书第324页）

第四节　自我担当

自我担当就是为自己的行为承担后果。

在本章中，"自立"一节讨论的是一个人如何寻找他的人生目标，"自强"一节讨论的是如何达成他的人生目标。本节要讨论的是，一个人必须为自己的行为承担最后的结果。

人是一种非常复杂的动物。人既有理性、自信、坚强、进取、勤奋、宽容、合作的一面，也有无知、自卑、懦弱、退缩、懒惰、狭隘、嫉妒的一面。在每一个人身上，这些特征都交错地存在着，只是多少、强弱的不同。这就是人的复合性特征。

所以，我们无法保证，一个人所有的行为都是有益的，都有利于实现自己的人生目标。实际上，我们会犯错误，我们会迁就自己，我们会逃避现实，我们会依赖他人。如果我们犯错误，我们会设法给自己寻找解脱甚至逃避的方法。

但是，人的独特性表明，每个人既是独特的，又是完整的；社会是以个人为基本单位来确定权利、义务和责任的。这意味着每个人最终必须为自己的行为承担责任。你的朋友再好，你的父母再疼你，他们都无法代替你承担责任。

"必须为自己的行为承担后果。"对个体来说，明白这一点十分重要。一个人为自己的行为承担后果，意味着假如他犯错，就一定会遭受损失。而为了避免损失，他对自己的行为必将慎之又慎，努力预防失误。这种"慎之又慎"的态度，就是对自己行为的敬畏心和自制力。在这种敬畏心和自制力的作用下，久而久之，他犯错的概率会越来越小，从而成为一个出类拔萃的人。所以，自我担当可以使一个人变得成熟和强大，并赢得他人的信任。

相反，假如一个人不必为自己的行为承担后果，它将会对自己放松警惕，久而久之就会忘乎所以、失去自制，人性中无知、自卑、懦弱、退缩、懒惰、狭隘、嫉妒等弱点不但得不到克服，还可能不断膨胀和蔓延，错误一犯再犯，最终葬送自己的人生。

一杆秤必须要有秤砣，没有这个秤砣，多少重物都秤不出来。自我担当就是人生的"秤砣"，失去这个"秤砣"，人生的一切作为都将失去意义，最后化为乌有。

那么，如何养成孩子自我担当的精神呢？这就要求父母、老师，从小就对孩子做到是非分明、赏罚有道，从小事开始，让孩子承担自己行为的后果。要把孩子生活中的每一项责任，都放到孩子身上，让他自己去承担。不能因为心疼孩子就迁就孩子而免于惩罚，或者让孩子轻易转嫁责任，久而久之，孩子就会形成"必须为自己的行为承担后果"的思维惯性。

在我上中学的时候，我的一个化学老师，当时他的儿子只有三四岁。记得有一次，小孩子玩耍的时候，不小心一头撞到墙上，孩子疼得号啕大哭。这时只见老师走过去，把孩子拉到身边，问孩子："你撞到墙了，是吗？"孩子点点头，继续哭。老师又问："那你觉得是墙硬，还是你的头硬？"孩子愣了一下，哭着说"墙硬"。于是老师启发他说："既然是墙比较硬，那你就撞不过墙，以后就不要再去撞墙了，要不然你还要吃亏，好吗？"孩子似懂非懂地点点头，居然不哭了。

这件事过去几十年了，我却至今记忆犹新。我当时对老师的处理方法感到很新奇、很艺术、很智慧。现在想起来，老师非常巧妙地让孩子承担了自己行为的结果，并让他吸取了教训。

在现实生活中，类似情况其实经常碰到，但多数人处理方法却正好相反。比如，孩子撞到桌子，疼得大哭，很多家长为了哄孩子开心，都会一边拍打桌子一边说："打你打你，谁让你撞宝宝的。"殊不知这么一个小小的动作，正好说明这个家长对于教育的无知，他这是是非不分、赏罚不明。明明是自己不小心撞到桌子，却让桌子承担责任，久而久之，会让孩子养成推卸责任的习惯。这样的孩子，其人格怎么能够尽快成熟起来呢？

《哈佛家训》中有这样一个故事：

有一次，一位外国太太带着自己7岁的小女儿到中国一户家庭做客。

女主人对外国友人的到来非常重视，特别学习了西餐的做法。她对客人说："今天我做西餐给你们吃，你们尝尝中国人做的西餐味道好不好。"

7岁的女孩听女主人说要给他们做西餐，心想：中国人做西餐肯定不好吃。于是，当女主人问她吃不吃的时候，小女孩坚定地回答："我不吃。"

等女主人把西餐端上来的时候，小女孩一眼就看到了漂亮的冰激凌。这么好看的冰激凌味道肯定很好！小女孩有点迫不及待地对母亲说："妈妈，我要吃冰激凌。"

女主人很高兴小女孩能够喜欢自己做的冰激凌，她把冰激凌端到小女孩面前，说："来，吃吧！"

谁知，小女孩的母亲严肃地对女主人说："不行，我女儿说过她不吃西餐，她得为自己说过的话负责，今天她不能吃冰激凌！"

小女孩着急地哭起来："妈妈，我就想吃冰激凌！"但是，母亲根本不为所动，只是对女儿淡淡地说:"你得为自己负责。"

女主人看着,觉得小女孩的母亲也太认真了,就说:"给她吃吧,孩子总是这样的。"

小女孩的母亲正色地对女主人说:"亲爱的,我们要培养孩子的责任心。"

结果,无论小女孩怎么哭闹,母亲就是不同意让她吃冰激凌。(斗南主编,《哈佛家训》,北京联合出版社,2015年,第178~179页)

对于吃冰激凌这样一件小事,对于孩子随意的一句话,很多家长多半不会太过认真,孩子一哭闹也就妥协了,就像故事中那位中国女主人。但这位母亲却把这件事看得很重,坚决不妥协。我们可以想象,这件事对孩子肯定会留下深刻记忆,让她明白:自己说过的话就要负责。

画云在《我把美国教育方法带回国》一书中讲过这样一个故事。有一次,她女儿把历史作业忘在家里了。在美国,平时的学业成绩会影响大学录取,而晚交作业又会影响学业成绩。女儿打电话给她,近乎哀求地请求她能够把作业送到学校去。我们来看看画云是如何处理这个问题的,以及产生了什么后果:

经过一段时间的反思,我明白我做的事是救急,不是育人。为女儿送作业解决了她的成绩问题,可是同时也在推迟她为自己行为负责的进程。我曾下定决心并保证不再给女儿救急了,可是每一次有这样的事情,考虑到成绩的"生死攸关",我就是狠不下心,结果总是"救急"。

记得那天接到女儿电话时,我心情不错,也很理智。我猜到她可能忘记了带什么东西,就告诫自己:"要想杜绝此类事情的发生,就要拒绝她的要求,迟早都要这样做,就从今天开始。"有了这样的思想准备,我就没了要责怪她的想法,更不会发脾气。

我装作十分理解又遗憾地抱歉道:"这可怎么办啊?我现在赶着去开会,这个会由我来主持,而且我今天一天都会很忙,实在是没有时间给你送作业!你爸一个来回在路上就要两个多小时,也指望不上啊!"

我当时很好奇女儿的反应,电话那头愣了一下:"那你能不能跟你老板说把今天的会推迟一下?"瞧,她还挺会替妈妈想辙!

第四章 正论二：自我的成长

"可是我今天是和别的部门的人开会，我不知道人家的电话，没法联系上。哦，我到公司啦。对不起，不能多讲了，要去开会。"我只能撒谎快点结束对话，真担心时间一长，心一软，让她给说服了。

女儿意识到我的决意已定，仍是不肯罢休："妈妈，你们两个都不能送，你是知道后果的啊！我的成绩会受到很大的影响，你不想让我历史课成绩受影响吧？"她拐弯抹角不肯放弃。

"女儿，实在对不起，我现在不能和你继续讲话了，得去开会。"我"Bye"了一声，挂断了电话。

我根本就没有会，我完全有时间！第一次这样拒绝女儿，太不习惯了，无法尽心做事。

……

好不容易熬到下班。

女儿不像我想象的那样失望伤心。和她谈过后，才明白她打电话前已经猜到妈妈很可能不会送作业，可是她还是要试试。

女儿跟我说话的时候很平静，让我有点惊讶。我想知道其中的奥妙，她的回答让我更为惊讶："你拒绝我后，我似乎有了一种轻松感！"女儿就事论事地直白。

"为什么？"我原以为她会让我有负罪感。

"你拒绝我，证明了我的预测是对的，就是妈妈不会送作业。"她停了一下，然后很郑重地告诉我："你没有送作业让我第一次彻底地明白，带作业上学是我的责任。你给我送是因为你爱我，怕我成绩受影响。你没给我送，不等于你不爱我，有时你也身不由己，关键是我要对自己负责。我绝对不该怨你不给我送作业。其实明白这些后，我才知道这些年我给你添了多少麻烦。你因为我对自己不负责费了多少心！"
(画云博士著，《我把美国教育方法带回国》，作家出版社，2015年，第33~34页)

学习成绩和自己负责究竟哪个更重要？画云的理性选择已经给出了明确答案：宁可牺牲学习成绩，也要让孩子自己负责。

担当会产生一种良好的自我激励，不管成功还是失败，孩子都会从自身找原因。孩子干了一件事，他成功了，那么这"成功"就是对孩子最好的奖赏，而且他知道为什么成功。假如这件事做失败了，这"失败"就是最好的惩罚，而且他知道为什么失败。担当的实质就是用自然的合乎逻辑的结果来代替他人的惩罚和奖励。我们发现，这也正是社会生活中的常态。我们在社会生活中不可能总是依靠别人的表扬，更多的是依靠自我激励。

第五节 自我的成长

经过 20 年左右的自我探索，孩子真正长大成人——不仅在思维上，而且在心理上。他有了自己的人生目标，并准备为之奋斗一辈子。在此时，他获得了人格的高度同一性———种人的内在精神的一致性和持续性。获得自我同一性的人，准确认知到自己的独特性，并确定自己在社会中应该承担的角色。

从前面的讨论中，我们还看到，这种内在精神的一致性和持续性，既包括了自立，也包括了自信心、意志力和自我担当。实际上，人生目标的孕育、成长的过程，恰恰也是自信心、意志力和担当意识成长的过程，他们是相互协作、共同进步的。我们认为，这一点非常重要：自信心、意志力和担当意识不是什么独立存在的，而是与目标相辅相成的。人一旦失去目标，所有这些精神力量，都将失去依托。皮之不存，毛将焉附？没有找到人生目标从而导致角色混乱的"空心病"患者，它们是不会有自信心、意志力和担当意识的；人生目标停留在本我层面的"精致的利己主义者"，他们一生都将生活在一个"小我"之中。这些都是我们的教育要努力避免的。

获得了自我同一性的人，接下来将努力在同一性的前提下，展开自己的生命历程。他将在很长时间内忠于自己的目标，他将调动自己能够调动的一切力量——内在的和外在的、主观的和客观的，以利于实现自己的人生目标；他不会允许自己的人生目标遭受干扰和破坏，因为这个目标是自己经历 20 年人生反复实践、体验、评估、纠结的结晶；它是他自己生活中熔炼出来的晶体；他格外珍惜这个目标，他的生命的全部意义都寄托在这个目标上；他的生命只剩一条路——全力实现这个目标，除了忠诚于自己确定的这条道路，已经别无选择。事实上，正是他自己用20年左右的时间在选择这个目标的同时，也亲手封死了其他道路。

他已经有了比较完善的内在力量：理性、自信心、意志力、自我担当等。他还需要一定的外部资源：经济基础、社会关系、专业知识等。他最终能达到自我实现的目标，有赖于他如何成功地整合各方面的资源。但是幸运的是，他的内在的条件已经基本到位，他的自我实现的人生从此进入实施阶段。最终所有这些资源都将在同一性的前提下协调起来，统一起来，发挥各自的作用，形成一个和谐整体。在这个统一整体中也包括他人——一种特殊的外在资源，这是下一章我们要讨论的问题。

这种专注于一件事情、一个目标的状态，是一种心灵没有杂念、纠结、焦虑的安静而充实状态，是一种内在秩序的和谐状态，因此这种状态本身就是一种很高的幸福境界。但这种状态绝不是"淡泊"，真实的人生、健康的人生，从一开始就没有"淡泊"这回事。这种状态可以用一个字来形容——痴，他们将会痴迷于这个目标。而缺乏自我同一性的人，内心是矛盾的、纠结的、混乱的，因而也是痛苦的，他们可能一辈子都在挣扎，内心没有安宁和幸福。

自我的成长过程是一个自身目标的探寻过程，更是一个自我的创造过程和发展过程。这个过程是始终在被教育者自身的内在力量牵引下完成的。这是自我成长过程的本质特征。自我成长要求我们始终要唤醒、促进人的内在力量。教育只不过是创造一个环境、提供一点帮助，使人的内在力量有所依托、有所着力并得以发展，而绝不能背离这个内在力量、压制这个内在力量。教育无非就是激活这种内在力量，让孩子用自己的眼光发现自身的价值，引导其走上自我发展之路。一切与人的内在力量相对立、相对抗的"教育"，最终都会以压制人的成长、扭曲人的心理而告终。

第五章
正论三：超我的诞生

前面曾经提到，我们借用了弗洛伊德提出的概念，把人格视作由本我、自我和超我三部分组成。我们引用这个概念，并非完全基于弗洛伊德所赋予的内涵，我们已经在其内涵上有所调整，这种调整主要基于马斯洛、弗洛姆、埃里克森等人对于人格理论的贡献。在"人格成长的规律"和"自我的成长"这两章中，已经非常鲜明地表达了这一点。尽管我们赋予本我、自我和超我的概念以新的内涵，但是我们也合理继承了弗洛伊德原有的部分内涵。我们始终认为，弗洛伊德把人格划分为本我、自我和超我这样三部分，有积极而鲜明的意义。

本我与自我都是直接的"我"的表达，是"我"的组成部分，是直接满足"我"的需要的，它们要表达的是一种利己的倾向。超我却不是直接满足"我"的需要，它看上去与"我"的直接需要相对立，它约束、压制"我"的需要，它表达了一种利他的倾向。但是，我们所定义的超我与弗洛伊德所定义的超我，也有所区别。在弗洛伊德那里，超我是从小养成的、基于规则的利他行为；而我们所说的超我，内涵要更宽泛一些，是指基于规则和理性选择在内的一切利他行为。

超我与"我"似乎是矛盾的，但它们又恰恰都是整体人格的非常重要的组成部分。人正是这种矛盾的统一体。超我与本我、自我是如何统一于整体人格之中的？超我是如何诞生的？这是人类文明中最复杂的一类问题，宗教、哲学、伦理学和心理学都想解决这类问题，但迄今为止似乎都没能合理地、圆满地回答这类问题。我们看到，弗洛伊德、马斯洛、弗洛姆都对此做过不同程度的探索，但都没能清晰准确地或者令人满意地回答这类问题。

尽管十分困难，但是我们显然无法回避对这类问题的探索。本章我们将尝试解答这类问题，以便进一步揭示人格成长的内在逻辑，达到人格理论的完整统一，开辟一条合理有效的道德建设的康庄大道。

第五章 正论三：超我的诞生

第一节 人是有目的的存在

目的性的存在，是人不同于一切其他事物的重要特征。动物、植物、无机物等除了人以外的一切事物，都没有自身的目的性。目的性问题是伦理问题的原点，没有目的性就没有伦理问题，西方伦理学正是从讨论目的性开始的。

前面我们曾经谈到，人因为有了思维能力和认知能力，使他自己生活在客观现实和想象现实的双重现实之中。这是尤瓦尔·赫拉利的观点。人的目的性正是那个想象的未来现实的体现。思维赋予人一种能力，使人在行动以前就有一个想象中的、符合其意愿的结果。这个结果正是人的目的，而这个目的反过来成为行为的动力。假如想象中的结果不符合自己的意愿，人就不会采取相应的行动。因此，人的目的性是其思维性的必然结果。

第一个发现目的性特征并加以研究的是古希腊哲学家苏格拉底。他认为，世界上一切事物都是神有目的创造出来的，比如眼睑、睫毛、眉毛都是为保护娇嫩的眼睛，以免眼睛受到伤害。苏格拉底虽然把这个目的归于神，但毫无疑问它是人的目的的曲折反映。苏格拉底明确提出，善与快乐同一，恶与痛苦同一，这样就把善、恶与人的目的性联系在一起。这应该是人本主义思想的最早萌芽。

亚里士多德在人的目的性基础上建立了他的伦理学。在《尼各马科伦理学》中，亚里士多德开宗明义地指出："一切技术，一切规划以及一切实践和抉择，都以某种善为目标。"（［古希腊］亚里士多德著，《尼各马科伦理学》，苗力田译，中国人民大学出版社，2003年，第1页）这句话猛一看似乎难以理解，为什么人的一切活动都以善为目标呢？实际上，亚里士多德要表达的是，善就是目的性；由于人的一切活动都有目的性，所以人的一切活动都以善为目标。亚里士多德接着说："既然在全部行为中都存在某种目的，那么这目的就是所为的善。"（［古希腊］亚里士多德著，《尼各马科伦理学》，苗力田译，中国人民大学出版社，2003年，第10页）

所以，在亚里士多德看来，善与目的是同一的，这与苏格拉底的"善与快乐同一"很相近。

亚里士多德又说："如若在实践中确有某种为其自身而期求的目的，而一切其他事情都要为着它，而且并非全部抉择都是因他物而做出的（这样就要陷入无穷的后退，一切欲求就变成无意的空忙），那么，不言而喻，这一为自身的目的也就是善自身，是最高的善。"（［古希腊］亚里士多德著，《尼各马科伦理学》，苗力田译，中国人民大学出版社，2003年，第2页）在这段话中，亚里士多德明确了两个问题。一是明确回答了什么是善，"自身的目的也就是善自身"，即善就是目的性。二是回答了什么是最高的善，"一切其他事情都要为着它"的那个最终目的，就是最高的善。

那么人的最高的善是什么呢？毫无疑问，人所要追求的最高目的就是最高的善，而这个最高目的在亚里士多德看来正是幸福："我们现在主张自足就是无待而有，它使生活变得愉快，不感匮乏。也就是我们所说的幸福。它是一切事物中的最高选择，我们不能将它与其他的善事相混同。……幸福是终极的和自足的，它是行为的目的。"（［古希腊］亚里士多德著，《尼各马科伦理学》，苗力田译，中国人民大学出版社，2003年，第11页）

在明确了善的基础上，亚里士多德提出了什么是德性（美德）。他说："显而易见，即或幸福不是神的赠礼，而是通过德性，通过学习和培养得到的，那么，它也是最神圣的东西之一。因为德性的嘉奖和至善的目的，人所共知，乃是神圣的东西，是至福。"（［古希腊］亚里士多德著，《尼各马科伦理学》，苗力田译，中国人民大学出版社，2003年，第16页）在这里，我们可以明白，德性（美德）是实现自身目的或善的手段，善则是对德性（美德）的嘉奖。

所以，在亚里士多德的伦理学中，我们得出如下结论：人自身的目的性就是善；人的最高目的是幸福，幸福即是最高的善；实现自身目的的能力就是德性（美德）。因此，在亚里士多德看来，智慧、勇敢、坚强、精明强干等都是美德，它们都有利于自身目的的实现。

由亚里士多德开创的、建立在个人目的基础上的伦理学，从此成为西方伦理学的传统。西方伦理学的最大特征就是关注个人目的的实现。

斯宾诺莎是西方承前启后的伦理学家，他在很大程度上继承了亚里士多德的思

第五章 正论三：超我的诞生

想。他关于善的定义是："所谓善是指我们确知对我们有用的东西。"（［荷兰］斯宾诺莎著，《伦理学》，贺麟译，商务印书馆，1983年，第170页）他进一步解释："所谓善是指一切的快乐，和一切足以增进快乐的东西而言，特别是指能够满足愿望的任何东西而言。"（［荷兰］斯宾诺莎著，《伦理学》，贺麟译，商务印书馆，1983年，第129页）。在这里，与善有关的这些特征——有用的、快乐的、满足愿望的，实际上都指向一个核心概念，即目的性。而德性（美德）则是实现人的目的的品质和力量："德性与力量我理解为同一的东西。换言之，就人的德性而言，就是指人的本质或本性，或人所具有的可以产生一些只有根据他的本性的法则才可理解的行为的力量。"（［荷兰］斯宾诺莎著，《伦理学》，贺麟译，商务印书馆，1983年，第171页）

这种人本主义的伦理思想，在西方启蒙运动以后逐步发展成为自由主义思想。在自由主义思想体系中，有三项权利被誉为是天赋的、不可动摇的。它们是生命权、私有财产权和自由权。实际上，这三项权利恰恰是任何人自身目的得以实现的前提，如果没有这三项权利，任何人的目的都将化为泡影。因此，也可以认为，自由主义思想体系发展和深化了前期人本主义伦理学。正是自由主义极大地调动了人的内在动力，使西方走上工业化和现代化的发展道路。

西方心理学从总体上延续了人本主义伦理学。弗洛伊德、阿德勒、马斯洛、埃里克森、弗洛姆、罗杰斯等人，尽管他们理论的侧重点各异，但是有一点却是一致的，即人格是在人的内在力量的发挥、人的目的的实现中成长的。当人自身的力量得不到发挥、自身目的被压制时，人就会产生精神畸变，从而产生各种精神疾病。

正如弗洛姆所说：

儿童在反对不合理的权威的斗争中，因遭受失败而给自己留下的伤痕，可见之于任何一种精神病的病因中。这些伤痕构成了一种综合病症，它的重要特征就是使自己的创造性和自发性日益削弱和瘫痪，自我日渐孱弱，代之以一个虚假的自我，在这个过程中，"我是"这种感觉，已被把自我当作是迎合他人欲望的工具这一心理体验所冲淡并代替。（［德］埃里希·弗罗姆著，《寻找自我》，陈学明译，工人出版社，1988年，第204页）

这说明，因迎合他人欲望而导致自身目的的失落是一切精神疾病的根源。

马斯洛也说：

现在，让我简要地阐述心理健康的人这个新近发展起来的概念的实质，开始时或许有些教条。第一，最重要的是这样一个强烈的信念：人类有自己的基本天性，即某种心理结构的框架，可以像对待人体结构那样来研究和讨论，人类有由遗传决定的需要、能力和倾向性，其中一些跨越了文化的界限，体现了全人类的特性，另一些为具体的个人所独有。一般看来，这些需要是好的或者中性的，它们不是罪恶的。第二，我们的新概念涉及这样一个概念：全面的健康状态以及正常和有益的发展在于实现人类的这种基本天性，在于充分发挥这些潜力，在于沿着由这个隐藏而模糊不清的基本天性所控制的轨道，逐渐发展成熟。这是内在的发展，而不是被外界所塑造的过程。第三，现在可以清楚地看到一般的心理疾病学现象是人类的基本天性遭到否定、挫折或者扭曲的结果。（［美］亚伯拉罕·马斯洛著，《动机与人格》，许金声等译，中国人民大学出版社，2012年，第144页）

马斯洛在这里非常清楚地表达，需要、能力和倾向性是人的基本天性，而马斯洛自己又曾经说过"基本需要显然本身就是唯一的目的"（［美］亚伯拉罕·马斯洛著，《动机与人格》，许金声等译，中国人民大学出版社，2012年，第30页）。在马斯洛看来，需要正是人的目的性的表现，所以目的性也正是人的基本天性；这个基本天性得到尊重和满足，人就能够健康成长；这个基本天性遭到"否定、挫折或者扭曲"，人就会得各种心理疾病。

所以，正是建立在尊崇自身目的基础上的人本主义伦理学传统，使西方文明确立了人的主体性地位，也使西方教育注重自我、自由、人格与个性。这是西方教育真正的精髓所在。"成为你自己"是西方教育的普遍接受的目标和宗旨。读者可以参阅李稻葵教授《哈佛教育最大特点——敢问敢说敢"忽悠"》一文（见附录十一：《哈佛教育最大特点——敢问敢说敢"忽悠"》，本书第327页），看看"自我"是如何体现在西方教育思想和实践之中的。

人的目的性说到底就是人的需要和人的欲望；对自身需要和欲望的关注就是自爱。对此，卢梭曾经说过：

第五章 正论三：超我的诞生

我们的欲念是维持生存的主要手段。因此，要想消灭他们，实在是一件既徒劳又可笑的事情。这等于是要战胜自然，要更改上帝的作品。所以，我认为所有这些想阻止欲念产生的人，与企图消灭欲念的人差不多是一样的愚蠢。要是有人认为这就是到目前为止我要达到的目标，那简直是大大地误解了我的意思。我们的种种欲念的源头，所有一切欲念的根源，唯一天生且终身不离的欲念，是自爱。（［法］让-雅克·卢梭著，《爱弥儿》，檀传宝等译，中国轻工业出版社，2016年，第108页）

所以，需要和欲望正是人成长的内在力量。所谓"成为你自己"，实质就是找到自己真正的需要所在。而人的需要是千差万别的，寻找自己独特需要的过程，自然而然地是一个创新创造的过程，自然而然地成就了独一无二的自我。因此，只有尊重每个人的需要，才能成就每个人的自我。

而我们中国的教育，迄今为止仍然以求同为主，我们忽视每个人独特的需要，忽视自我与个性，忽视人格的独特性，忽视独立思考能力。

"教育就是传承文明"，中国这种教育状况同样源于中华文明自身的特征。中华文明的总体基调是求同求稳，以同促稳；实在不能"同"，就求同存异、和而不同，这与西方天生求异的旨趣截然相反。而中华文明中对"求同"的过度追求，意味着天然具有较强的"排异"的倾向。"排异"意味着压制人的独特性，意味着拒斥人的创新性，意味着削弱人的主体性地位。这种倾向也是儒、释、道三家的共同特征，只是程度不同而已。

我们在儒家那里找不到人自身的目的性。儒家谈仁，强调"仁者爱人"，克己复礼为仁，强调温、良、恭、俭、让；儒家谈君子强调不争、成人之美、修己以敬，崇尚食无求饱、居无求安，给君子确立的标准形象是"君子怀德，小人怀土；君子怀刑，小人怀惠"。儒家的核心价值是约束自己、成就他人。在儒家那里，个人自身的目的性是被忽视的，它消融于社会整体之中。

在道家那里更找不到人自身的目的性。道家追求弃知、寡欲、不争、无我，要"塞其兑，闭其门；挫其锐，解其纷"，讲究顺应自然、不敢为天下先；道家的理想人格犹如赤子那样不识不知、无心无欲的小肉团——"含德之厚，比于赤子"；道家追求的社会是回到"使民复结绳而用之""民至老死不相往来"的原始社会。所以，道家比儒家更进一步，儒家只是忽视个人价值，道家则不但要放弃个体的自身价值，还要放弃整个人类的目的和价值，回归到粗朴的自然状态，把人自身的目的性消融于自然之中。目的性是人之所以成为人、文明之所以成为文明的根本标志。

佛家则比儒家和道家更加极端，它认为包括人在内的自然宇宙都是虚无的，无常、无我、无所，五蕴皆空，要破除一切我见、我爱、我慢，最后逃离尘世，实现解脱。所谓佛学，就是觉悟一切皆空的学问。因此，在佛家那里，人的目的性完全失去了现实的立足点和可能性。

我们在前面曾经谈到，在"我"的需要中，本我的需要是刚性的，自我的需要则是弹性的。中国传统文化这种共同的"抑我"的特点，首先被抑制的是具有精神特征和创造性特征的"自我"，而那个"本我"只是受到部分抑制。一个和尚，他再怎么"去我"，也还是需要简单的衣食住宿，需要一个安静的寺庙，而真正被抑制而死灭掉的是那个创造性的"自我"。这又反过来导致我们只能从"本我"的角度和层次上来理解"我"，难以理解"自我"的真正含义。

中华文明对"我"的层次性和不同层次的"我"的伦理价值是缺乏认知的，这使我们不加区别地否定"我"、抑制"我"，视"我"为洪水猛兽，最终导致中华文明没有产生人的主体性地位、失去了"我"的主动性和进取性。为什么中国没有产生科学和工业革命（"李约瑟之谜"）？为什么中国社会缺乏创新（中国社会普遍存在的疑问）？为什么中国培养不出大师（"钱学森之问"）？可能答案都在这里——一个无"我"的社会失去了进步与发展的动力。

儒、释、道文化这种"抑我"的特征，使传统中国社会失去了创新力和进步的动力，使中国社会长期在农业文明中徘徊，导致中国社会整体停滞并衰落。有学者认为，中华文明的创造发明绝大多数产生于秦汉以前，此后中华文明就每况愈下。到了近代，无奈被西方列强欺辱，以致到了民族危亡的境地。

在民族救亡图存的过程中，我们经历了洋务运动、戊戌变法、新文化运动及五四运动，这个过程正是人的目的性、主体性回归的过程，也是中华文明开始脱胎换骨的过程。北京大学哲学教授张世英对此有过精到分析：

五四运动是中国历史上一次最伟大的个性解放的运动，其所提出的民主与科学两口号是明清以来特别是鸦片战争以来长期酝酿的突出个体性自我的思想运动之总结与概括，颇相当于西方文艺复兴时期人的发现和自然的发现，堪称中国式的文艺复兴。只不过中国式的文艺复兴比西方的文艺复兴晚了几百年，中国人的独立自我观在几千年封建文化的桎梏下，发展得太缓慢了，一直到19世纪末，才出现上述一批先进思想家，从西方几百年前的文艺复兴运动中和"主体性哲学"中，召唤一点西方先进的个体性自我观。回顾历史，我们不免叹息中国式的文艺复兴来得太晚！中国人的独立自我的意识，过长地被压抑和湮没在封建的社会关系之中！（张世英著，《中西文化与自我》，人民出版社，2011年，第78页）

儒、释、道的去目的性，使中华文明对于人的认知是严重不完整的。我们所追求的仁慈（这是儒、释、道三家共同追求的价值）固然是人的重要属性，但它绝不是人的全部本质，甚至也不是主要本质。正如李泽厚曾经指出的，到理学成为正宗以后的明清时代，一味追求"内圣"的知识精英，"平时袖手谈心性，临危一死报君王""愧无半策匡时难，唯余一死报君恩"（李泽厚著，《中国古代思想史论》，生活·读书·新知三联书店，2017年，第249页）。国之栋梁几乎成了一群废物，以致中华民族一步步走向危机。

令人遗憾的是，中国传统文化并没有能够提出除了仁慈以外人还有什么本质特征。中国传统文化所了解的人是一个被肢解了的人，是一个片面的人。我们甚至从来没有提出过"我是谁？我从哪里来？我要到哪里去？"这样严肃的关于人的哲学问题。我们并不知道人的真正的、完整的本质是什么，更不知道如何去实现人的本质。反映在教育中，就是没有把自我、人格、个性（这些概念具有相似的含义）作为教育的根本目标，我们甚至有意无意地在忽视、压制、排斥它们。与其说这是当今中国教育的最大病根，毋宁说也是中华文明的最大弊端。我们的文明无法想象每一个人都要"成为你自己"。我们现在谈"立德树人"，我们可曾认真思考过，"立德"真能"树人"吗？脱离人自身的目的性又何以立德呢？当我们脱离"自我"、脱离个体的目的性来谈论教育的时候，我们离真正的教育是不是越来越远了呢？

当我们把教育目标从忽视、压制、排斥人格与个性转向崇尚、追求人格与个性时，我们的教育体制、方法和手段自然会发生整体调整。脱离人格这一教育的根本目标，教育再怎么改革，都只能是隔靴搔痒。我们现在对教育问题的众说纷纭的议论，多半停留在表象层面，没有弄清楚什么是人、如何培养人这个核心问题。从这个意义上说，解决中国教育存在的问题，需要中国文化的一次整体进化。

现代化的发展、创新社会的追求、民族复兴的梦想、全球化的竞争已经把我们推到了这样一个门槛前：必须全面地理解人的本质，从而实现人自身的全面发展，促进中华民族屹立于人类文明的高地。中国教育改革的紧迫感正是来自全球化竞争，全球化竞争让我们无法再回避我们教育思想的缺陷。钱颖一教授一针见血地指出：

> 人工智能就是通过机器进行深度学习来工作，而这种学习过程就是大量地识别和记忆已有的知识积累。这样的话，它可以替代甚至超越那些通过死记硬背、大量做题而掌握知识的人脑。而死记硬背、大量做题正是我们目前培养学生的通常做法。所以，一个很可能发生的情况是，未来的人工智能会让我们的教育制度下培养学生的优势荡然无存。（钱颖一：《人工智能将使中国教育优势荡然无存》，摘自"解放周末"微信公众号）

第二节　目的性的实现需要物质基础

人既然一定有他自身存在的目的，那么，这个目的就不是摆设，不是光用来想一想、看一看，不是通过思考这个目的来一番自我欣赏、自我安慰。目的存在的最大意义就是要付诸行动，促使人努力去实现它。因此，目的的直接后果就是产生行动。

行动固然有很多特征，其他诸多特征不是我们今天要讨论的主题，然而有一个特征却是我们今天要加以讨论的，即行动的物质基础。

一切行动都需要物质基础作为支撑和手段。我们要强调的是一切行动，没有任何例外。走路是一个很简单的行动，它需要很多物质支撑：需要吃饱肚子、需要喝水、需要穿戴衣服鞋帽、需要有路等等。如果是驴友徒步，那需要的物质支撑手段就更难更多了。人所从事的任何一项工作都被称为劳动，劳动也是行动，而一切劳

第五章 正论三：超我的诞生

动都需要生产资料：车工需要厂房、车床、钢材；会计需要桌椅板凳、纸张笔墨、算盘计算器等；从事脑力劳动的管理人员、科研人员等，所需要的物质支撑手段甚至更多，如总经理需要配备专职秘书，科研人员需要昂贵的科研仪器设备等。也许作家需要的物质支撑手段是最少的，因为他们似乎只要一张桌、一支笔，但是且慢，作家如果真正要写出好作品，离不开丰富的生活阅历，所以他们往往需要到处采风，他们需要的物质支撑手段可能不是最少，而是更多。

总之，我们现在无法找到任何一项人的活动是可以不要物质支撑的，包括最简单的思想活动。从物理的角度来说，的确没有比思想更简单的行为了。一个人在那里坐着，一动不动——他在思想。可是这个思想者就不需要物质支撑吗？实际上，他坐着就需要椅子或凳子；他的椅子摆在屋里，这就需要房子；他为了思考，还要不断补充食物、水、空气……

从根本上说，物质与精神不可分离、不能分离、难以分离，一切精神均以物质为载体、为依托，离开了物质这个载体，精神就不存在了。人具有物质与精神的两种属性、两重生命特征，这两种属性、两重生命特征是不能分割的。离开了精神属性，人就不称其为人了，他也许就变成了类似猴子、马、牛等一般动物了；而离开了物质属性，精神将不复存在。人的物质与精神犹如一枚硬币的两面。

我们讨论"目的的实现需要物质基础"这个问题，一方面，是因为人类面临的物质基础是有限的。整个人类也好、一个国家也好、一个地区也好、一个家庭也好、一个人也好，总是感到自己的生活受到物质基础的限制，迄今为止，还没有人觉得自己的生活没有受到来自物质基础的威胁，即便是古代的王公贵族，即便是现代社会的富豪巨贾，他们一样会感觉到来自物质基础的威胁——因为尽管他们很有钱，他们占有的物质财富比一般人多很多，但是由于整个人类的物质基础总是处于匮乏状态，因此他们还是会担心自己的财富有朝一日会突然失去。

另一方面，人的目的是无穷无尽的，一个目的的实现总是又产生新的目的，所以，人对于物质基础的需要似乎也趋向于无穷。这样就使人以及人类面临一个亘古不变的宿命：人的目的的无限性与物质基础的有限性之间的矛盾。正是这个矛盾构成了伦理学、经济学和心理学甚至一切社会科学的基本问题。宗教、哲学、伦理学、政治学、经济学和心理学等从不同层面提出这个问题并寻求解决这个问题。处理这个矛盾成为人类永恒的主题。

人的目的的无限性与物质基础的有限性之间的矛盾，使人与人之间为了满足自身需要而产生博弈关系。这种博弈关系的实质就是，你占有的物质基础越多，他人占有的物质基础就越少。这种博弈导致了人与人之间产生无穷无尽的矛盾、争吵甚至战争。纵观人类历史，人类为了土地、森林、草原、牛羊、水等奔波劳累以致发生战争。没有这种博弈关系，人类就没有道德问题，道德无非是处理这种博弈关系的一种手段。

在考察人类的物质博弈关系的时候，我们需要调动尽可能多的人类智慧，包括宗教、哲学、伦理学、政治学、经济学和心理学等知识。我们发现，这种博弈关系并不是一成不变的，在不同的社会历史条件下，这种博弈关系会表现出不同的形态和特点。这是我们在此要重点加以讨论的，以便我们可以有针对性地处理好这个博弈关系。

我们发现，人与人之间的物质博弈关系，最终取决于两大因素：一是人的主观因素，它是指人对于物质需求的强烈程度；二是物质的客观因素，它是指物质基础的充裕程度。从主观的角度来说，人们对物质需求越是强烈，物质博弈就越是激烈；人们对物质需求越是淡漠，物质博弈就越趋降低。从客观的角度来说，物质基础越是充裕，物质博弈就越趋降低；物质基础越是匮乏，物质博弈就越是激烈。

物质博弈中这两大因素，在不同的经济社会文化环境下，它们的具体情况并不是完全一样的，而是表现出不同的博弈特征。西方文明由于崇尚、肯定人的目的性，所以它具有从主观方面强化物质博弈的趋势，在这种文化背景下，西方只有通过创造更多物质财富，促使社会物质基础更加充裕，以此来缓解全社会物质博弈的激烈程度，这种外扩性的文化特征最终使西方走上了工业化、现代化的道路，推动人类文明达到一个新的高点。中华文明则采取了相反的思维，我们采取抑制个人目的性、同时也抑制个人物质需求的方法，来降低物质博弈的激烈程度，这种内敛性的文化特征使我们失去了提升物质充裕度的迫切性，从而也失去了摆脱农业自然经济的内在动力。

从个人的角度来说，处在不同基本需要层次的人，对于物质需要的强度也是不一样的。越是处于低层次基本需要的人，对于物质需求就越是具有刚性特征。处于本我需要层次的人比处于自我需要层次的人物质需求强度更高。从生理需要到秩序需要再到爱的需要，其物质需求的强度是逐渐降低的。当人的基本需要达到自我实

第五章 正论三：超我的诞生

现的层次时，他对于物质需求反而并不是非常强烈。马斯洛说："高级需要的满足能引起更合意的主观效果，即更深刻的幸福感、宁静感以及内心生活的丰富感。……他们愿为高级需要的满足牺牲更多的东西，而且更容易忍受低级需要满足的丧失。"（［美］亚伯拉罕·马斯洛著，《动机与人格》，许金声等译，中国人民大学出版社，2012年，第75页）古希腊的那些智者毫无疑问是生活在精神层面的人，他们普遍非常强调精神生活的重要性，最典型的如苏格拉底，他一生追求智慧，崇尚精神生活，提出"未经审查的生活是不值一过的"，甚至最终因自己的信念而死。然而他在物质上却要求不高。"他经常穿着粗布衣服，赤着脚，在雅典的街头、市场或殿堂的走廊上，同人们讨论什么是善、美、正义等伦理道德问题。他周围聚集着一批青年，不少还是名门子弟，著名的如柏拉图、克里底亚、克赛诺封等。"（谢庆绵、谭钧荣、卓林等主编，《西方一百个哲学家》（上册），江西人民出版社，1986年，第47页）马斯洛的结论只是对此现象做了更为广泛的考察。

从物质的客观角度来说，物质基础越是充裕，物质博弈就越趋降低，这似乎是一个不言自明的道理。如果需要，我们可以随手举出很多例子。在此，我们只举一两个例子。当人类还处于生产力水平极其低下的蒙昧时代和野蛮时代时，杀死一个人与杀死一只牲畜没有太大区别。摩尔根说："有理由相信吃人的风气在整个蒙昧阶段是普遍流行的，平时吃被俘获的敌人，遇到饥荒的时候，就连自己的朋友和亲族也会被吃掉。"（［美］路易斯·亨利·摩尔根著，《古代社会》，杨东莼、马雍、马巨译，商务印书馆，2012年，第26页）斯塔夫里阿诺斯说："在旧石器时代，不但不遵守部落传统的人会被杀掉，而且在食物短缺时，婴儿和身体虚弱的人也会被杀掉。食物采集者被迫不断迁移，因为其驻地附近的食物来源迟早都会被耗尽。这种不可避免的迁移迫使他们狠心地削减自己的物质财产，也迫使他们在某些时候狠心地削减其团体的成员，如婴儿、老人和身体虚弱的人。"（［美］斯塔夫里阿诺斯著，《全球通史：从史前史到21世纪》（上），吴象婴、梁赤民、董书慧等译，北京大学出版社，2012年，第15页）可见，在物质极端匮乏的环境下，人与人之间的博弈是何等激烈！人吃人的现象并不只存在于史前社会，在文明社会遇到灾荒年景也时有所闻，电影《一九四二》所描述的正是天灾人祸来临时人与人之间的残酷的博弈关系。在当代中国，"发展才是硬道理"是一句妇孺皆知的话。从哲学上讲，这句话正是说明，通过发展经济提高物质基础的充裕度，才能降低全社会的物质博弈程度，使人民更加幸福、社会更加和谐。所以，一个积极的健康的社会，总是想方设法发展经济，提高社会整体的物质充裕度。

第三节　寻求利己与利他的共存

我们在前面已经讨论过，人是有目的性的存在，目的性是人的本质属性，它是由人的思维性特征决定的。如果条件允许，人可以大胆地、全力以赴地追求自身目的的实现，这样人就能够实现他预期的幸福。假如每一个人都这样追求自身目的的实现和幸福，那么每一个都是自由的人，人类就是一个自由人的联合体了。

可惜，这只是一种理想的状态。自古以来，这种允许每一个人都可以实现其自身目的的条件从来没有具备过，而且在未来相当长的时间内估计也很难具备。

这个支撑每一个人可以去实现其自身目的的条件是什么呢？就是物质基础。物质基础最终决定了人们是否可以实现其自身的目的。

所谓利己，就是追求自身目的的实现，也可以说是追求自己需要的实现或者自己欲望的实现。根据前面的讨论，它应该包括本我层面的目的和需要，也包括自我层面的目的和需要。所谓利他，就是帮助他人目的的实现。

每一个人为了实现自身目的，都试图获得更多他所需要的物质条件，但由于物质基础总是有限，于是人与人之间不得不展开激烈的物质博弈，人们发现，利己与利他很难两全。尤其是在人类文明发展的早期，由于当时生产力水平还很低，社会总体物质基础非常薄弱，与此同时，人类的需要又总体上处在本我层面，人类的衣食住行等基本生理需要都难以满足。这样，前面谈到的物质博弈的两个因素都处于最坏的状态，即物质基础的极度匮乏与人类需要的极度刚性并存。这种环境决定，利己与利他的矛盾极其尖锐，甚至直接把利己与利他对立起来，认为利己就无法利他，利他就无法利己，利己与利他势不两立。迄今为止的、古今中外的、人类思想的绝大部分成果都在浓墨重彩地渲染这种观点，无论是要求人们屈从于虚幻存在的

第五章 正论三：超我的诞生

基督教、伊斯兰教，或者根本否定一切存在的佛教，还是强调人自身至高无上的存在主义哲学，以及强调"己所不欲，勿施于人"的儒家思想，在这一点上却是惊人的一致。他们都是从利己与利他势不两立的前提下提出应对之道。一直到20世纪下半叶才有少数人提出利他与利己可以共存（马斯洛、弗洛姆、兰德等人）。弗洛姆对此做了精彩总结："自私是最大的犯罪、爱自己与爱他人绝不相容，不仅神学和哲学鼓吹这些论调，而且在家庭、学校、电影及书刊中，也广泛传播这些观点。"（［德］埃里希·弗罗姆著，《寻找自我》，陈学明译，工人出版社，1988年，第163页）

在利己与利他势不两立的认知下，那么该如何处理利己与利他的关系呢？在思想领域，目前似乎只有两种处理方式。其中一种是压制、消解人的目的性和自利心，否定自我的合理性，提倡与人为善。这是一种最为普遍的处理方法，基督教，伊斯兰教，佛家、儒家和道家思想，都采取这一方式。

这一点其实也是可以想象的。在古代社会物质基础极度匮乏与人类基本需要极度刚性的环境下，要想缓解这一矛盾，要么迅速提高社会物质基础水平，要么强力约束人的需要，没有第三条路可走。而在当时的生产力水平下，要迅速提高社会物质基础水平是几乎不可能的，只有剩下强力约束人的需要这一条路可行，于是东西方文明几乎殊途同归地采取了相似的应对策略。然而，从历史的角度来看，这个选择却导致了包括基督教、伊斯兰教、佛家、儒家、道家等各个文化圈社会发展的整体停滞。

唯有古希腊是个例外。在如此艰难的物质博弈中，古希腊人居然高举人的目的性的旗帜，大谈人的最终目标在于追求自身的幸福，从而给人的主体性地位打开了一扇窗户。这也正是古希腊文明真正伟大之处（如果没有古希腊人这种出人意料的选择，我们真是不敢想象人类文明会是什么模样。同时，我也认为只有明白古希腊人为什么会如此奇葩，才能真正懂得西方文明的本质）。我们认为，古希腊人的思想总体上是合理的，遗憾的是这种思想在启蒙运动以后被滥用，从而产生另一种处理这个博弈关系的方式，即自由主义的方式。这种方式强调个人目的的绝对性，追求个人利益的最大化，只顾利己，漠视利他。其典型代表就是尼采的"超人"哲学。正如弗洛姆所指出的那样，在利己与利他的矛盾之中，尼采选择了绝对的利己。他说："尼采也把爱和利他主义谴责为是孱弱和自我否定的表现。对尼采来说，人们之所以去寻求爱，是由于没有能力通过斗争去获得他们想得到的东西，从而只好企图通过爱来得到它们。这样，利他主义和对人类的爱成了堕落的象征。尼采认为，为了自身的利益，毫不内疚地动辄牺牲无数人民的一切，是健康和美好的贵族阶级的本质。"（［德］埃里希·弗罗姆著，《寻找自我》，陈学明译，工人出版社，1988年，第160页）把自身目的绝对化，使得西方文明在自己与他人出现博弈时，往往表现出极端自利倾向，他们的一个口头禅就是"我优先"。第一次世界大战以后，危机中的西方世界，不是求同存异、同舟共济，而是纷纷喊出"我优先"的口号。美国喊出"美国优先"，英国喊出"英国优先"，法国、德国也都喊出了自己优先的口号。各自优先的结果可想而知，它导致西方世界利益共同体解体，最后以二次世界大战而告终。（［法］米歇尔·波德著，《资本主义的历史：从1500年至2010年》，郑方磊、任轶译，上海辞书出版社，2011年，第201~236页）在21世纪的当下，特朗普再一次喊出"美国优先"，这只不过是自由主义本性的再现，同时也暴露了西方文明不可避免的一个硬伤。

自由主义固然由于肯定人的目的性，为西方实现工业化和现代化提供了动力，但是它把人的目的性绝对化，这已经违背了理性主义传统，也为西方文明埋下了祸根，并由此导致西方走向衰落（西方因自由主义而崛起，同时也因自由主义而衰落，相关论述可以参阅本人所著《有限自由论》一书）。

利己与利他果真是势不两立的吗？有没有更好的处理这个问题的方式呢？

马斯洛发现，在自我实现者的身上，利己与利他高度协调，"在健康人身上，自私与无私的二分法消失了，因为他们每一个行动从根本上看既是利己又是利他"（［美］亚伯拉罕·马斯洛著，《动机与人格》，许金声等译，中国人民大学出版社，2012年，第186页）。马斯洛这个发现具有重大历史和现实意义！

马斯洛是这样解释这个发现的："既然自我实现者是由成长性动机而不是匮乏性动机推进的，那么，他们主要的满足就不依赖于现实世界、他人、文化或达到目的的手段，总之，是不依赖于外界来实现的。可以这样说，他们自己的发展和持续成长依赖于自己的潜力和潜在的资源。"（［美］亚伯拉罕·马斯洛著，《动机与人格》，许金声等译，中国人民大学出版社，2012年，第170页）自我实现者需要的满足只依赖于自己，而与外界无关，于是利己与利他之间的博弈关系消失了，利己与利他融为一体。

第五章　正论三：超我的诞生

弗洛姆在这个问题上的观点与马斯洛近似。弗洛姆认为，"人只有一项真正的利益，并且这项利益只能是他的潜能——作为一个人自身的全面发展"（［德］埃里希·弗罗姆著，《寻找自我》，陈学明译，工人出版社，1988年，第172页）。弗洛姆所谓潜能、全面发展，正是人的创发性力量，与马斯洛自我实现基本相当。"充裕的领域是创发性、人的内在活动的领域。"（［德］埃里希·弗罗姆著，《寻找自我》，陈学明译，工人出版社，1988年，第243页）"创发性的爱，是两个人之间关系的一种最亲近的形式，由这种爱所建立起来的相互关系双方都能维护其独立性，它是一种充裕现象。"（［德］埃里希·弗罗姆著，《寻找自我》，陈学明译，工人出版社，1988年，第245页）把弗洛姆这些话联系起来，就是如下意思：人的真正利益是创发性的潜能；创发性只是内在活动，它不依赖于外部世界；它是充裕的现象，因此能够保持自己与他人的独立，所以利己与利他并不矛盾。

坦率地说，我们虽然认同马斯洛和弗洛姆所提出的利己和利他可以共存的观点，但是我们对马斯洛和弗洛姆这种解释是不能同意的。

我们认为，即便是自我实现者和创发性的人，其自身目的的实现仍然不能完全脱离外部资源。正如前面讨论过的，"一切行动都需要物质基础作为支撑和手段"，实际上，爱并不纯粹只是内心活动，它也与物质有关。你爱一个优雅的人，这优雅并非天生，而是教育的结果，要不然为什么别人不优雅呢？而教育就离不开物质基础；你爱一个人，难道永远只是在心里想想而已吗？你会请她吃饭、唱歌、旅游，你们会因为爱而结婚生子。正如弗洛姆自己说的，爱是一种活动，而所有这些活动都与物质基础有关。任何其他创发性活动，也可以以此类推。科学研究毫无疑问是创发性的，它也需要物质基础，现在有些科研项目，需要国际合作才能实施。只要牵涉到物质基础，就存在博弈问题，所以自我实现者和创发性的人并不能完全避免博弈关系，利己与利他的矛盾仍然存在。

尽管如此，我们还是要感谢马斯洛与弗洛姆的发现，他们指出了一个重要事实：利己与利他未必是势不两立的，而是可以共存的。这个发现为我们建立科学的伦理原则奠定了现实基础。

实际上，在现实生活中，我们可以找到很多利己与利他共存的例子。

例如，我们发现，历史上为了争夺土地、森林、草原、猎物、牛羊、水等资源，不同的国家或部落之间经常会爆发战争。但是，我们从来没有发现人们为了每天都不可或缺的空气而爆发战争。为什么呢？原因就在于，相对于人们的需要，空气是极其充裕的，几乎唾手可得，人们不必为空气进行博弈。这说明，只要物质基础足够充裕，利己与利他就可以共存。即便物质基础只是相对充裕，利己与利他也可以在相对的程度上共存。

又如，市场经济的"看不见的手"告诉我们，可以做到既利己又利他。亚当·斯密说："在许多场合，因为受到一只看不见的手的指导，他达到了一个并非他本意达到的目的。其实，他追求自己的利益，往往能够比他在真正出于本意的情况下更有效地促进社会的利益。"（亚当·斯密著，《国富论》，朱丹译，时事出版社，2014 年，第 218 页）当代社会的支柱——市场经济，就是按照这个原理运行的。

这些例子说明，利己与利他并非势不两立，人类建立利益共同体是完全可能的。人类一旦成为利益共同体，人性就超越了狼性，并有可能战胜狼性。因此，只要我们拥有足够的智慧，每一个人都有可能达成他自身的需要和目的，每一个人都可以实现人生的幸福。正如罗杰斯所说："我们能够开放地推进我们自己的利益，也推进对他人的共情关心，并且让这些相互抵触的愿望找到一种对我们来说可以接受的平衡。"（卡尔·R. 罗杰斯著，《个人形成论：我的心理治疗观》，杨广学、尤娜、潘福勤译，中国人民大学出版社，2004 年，第 167 页）

第四节　超我的诞生：建立利益共同体

所谓超我，就是利他的我。首先，它是利他的，这一点不同于本我和自我；其次，它是自觉的，而不是外界强力压迫的结果。如果我们把追求个人自身目的的实现称为个体善，那么就可以把以利他为原则的善称为公共善；如果我们把以实现个人自身目的为原则的行为规则称为私德，那么就可以把以利他为原则的行为规则称为公德。现在我们经常所讲的伦理道德，就是这样一套以利他为原则的行为规则。所以，它通常所指就是公共善。

第五章 正论三：超我的诞生

拥有公德的超我究竟是如何产生的？这是本节要重点讨论的问题，只有搞清楚这个问题，我们才能有效地实施道德建设。

一个人总是首先要维护他自身的存在与发展，也就是要首先实现他自身的目的；如果不能实现他自身的目的，他也无法帮助或促进他人的利益。这是显而易见的。我们打一个很小的婴儿，他会愤怒地哭叫，这是一种本能反应，因为他被侵犯了；这时，如果旁边有另一个婴儿，他不会为了前面那个婴儿被打而哭叫。这个例子说明，人天生就会首先维护自己的利益，而不会操心他人利益。弗洛姆说："用大众化的术语，可以把全部生命的性质表述为维持和肯定其自身的存在。所有有机体都有着一种维护其自身存在的内在倾向。正是基于这一事实，心理学家提出存在着一种自我维护的本能。一个有机体的首要'任务'就是活下去。"（［德］埃里希·弗罗姆著，《寻找自我》，陈学明译，工人出版社，1988年，第24页）斯宾诺莎说："没有一个人努力保持他自己的存在，而其目的是为了别的东西。"（［荷兰］斯宾诺莎著，《伦理学》，贺麟译，商务印书馆，1983年，第188页）这就说明，作为生命体的个人，他自身的目的永远是第一位的。当他自身的目的遭受挫折时，就可能导致心理疾病，从而给自己也给社会带来灾难，当代心理学已经一再证明了这一点。

因此，人总是自觉地实践他自身的目的，把实践自身目的作为其行为的第一动力。人在自觉实践其自身目的时，可能非常顺利，比如呼吸，人从一生下来就开始呼吸，这个目的从来没有遭到阻碍。但是，由于物质基础的局限性，并非所有目的都能顺利实现，比如吃奶。由于妈妈营养不良，在古代，婴儿没有奶吃是非常常见的。这个时候就不得不向其他妈妈讨奶吃。于是产生了利己与利他的矛盾。而另一个妈妈当然可以不给这个婴儿奶吃，这样他自己的孩子就可以多吃一点。但是实际上，这个妈妈一般都会同意给那个婴儿奶吃，而宁可自己的孩子少吃一点，因为也许她自己下一个孩子就会碰到同样缺奶的问题。她帮助这个孩子，也指望着有朝一日能得到别人的帮助。

从这个例子我们看见，利他与利己之间，努力在寻找一个最大公约数，建立一个利益共同体。在利他与利己的博弈中，强势一方主动妥协、后退一步，以使弱势一方得到适度帮助。强势一方为什么必须妥协呢？因为人生是一个漫长的过程，在这个过程中充满各种变数，你无法保证总是处于强势，你总有一天同样需要他人提供帮助。一个人把眼光放得越长远，自己生活的不确定性也越高，需要他人帮助的可能性就越大，妥协的可能性也越大。人们认识到，在整个生命过程中，大家形成一个相互帮助的利益共同体，对每一个个体而言是最为有利的，道德规范就是这个利益共同体中每一个个体利益的最大公约数。

超我就这样诞生了。

因此，公德并不否定私德，而是私德的最大公约数。利他与利己可以共存，而且从相互关系上来说，利他源于利己并服务于利己。这就同时解释了阿德勒的发现，他曾经指出："社会感情和对优越感的欲望这两者都以人性做基础。这两者都是人的某种根本欲望的表达——这种欲望寻求获得肯定。"（［奥地利］阿尔弗雷德·阿德勒著，《儿童的人格形成及其培养》，韦启昌译，北京大学出版社，2014年，第74页）社会感情与追求自身优越感这两个看似互相矛盾的现象，"都是人的某种根本欲望的表达"，这个根本欲望就是自身的、利己的目的性。

超我是一个在理性选择基础上妥协的产物。不管是什么时候，这种妥协总是存在，只是在不同需要层次上，妥协的程度有所不同。而马斯洛与弗洛姆认为，在自我实现和创发性的领域，利己与利他不存在博弈，因此也不需要妥协。这是我们与马斯洛、弗洛姆的主要分歧点。

我国著名哲学家李泽厚说过："我以为，作为人类伦理行为的主要形式的'自由意志'，其主要特征在于：人意识到自己个体性的感性生存与群体社会性的理性要求处在尖锐的矛盾冲突之中，个体最终自觉牺牲一己的利益、权力、幸福以至生存和生命，以服从某种群体（家庭、氏族、国家、民族、阶级、集团、宗教、文化等等）的要求、义务、指令或利益。"（李泽厚著，《哲学纲要》，北京大学出版社，2011年，第41页）从这里可以看出，伦理行为具有妥协的特征。

李泽厚又说："从猿到人，人类一开始便是某种群居生物族类，其个体生存是与该群体生存紧密联系在一起的。个体为自己也就必须为群体（氏族、家庭、团体、民族、阶级、国家）的生存而奋斗。"（李泽厚著，《哲学纲要》，北京大学出版社，2011年，第17页）可见个体为了群体而牺牲的最终目的，还是为了个体自身的利益。普遍性存在于特殊性之中，道德这个最大公约数只能存在于个体利益这个特殊性之中。

可见，人类伦理道德的产生需要两个前提：一是对自身目的的追求，失去这种追求，人就不称其为人；二是对自身目的的某种程度的妥协。尼采似的极端利己主义，只能导致狼性般的弱肉强食，但是，狼虽然很凶，最后却总是输给组成利益共同体的人。

利益共同体并非否定自身利益，而是在肯定自身利益的前提下，适当关照他人利益。一味地否定自身利益（这是目前我们通常所理解的"道德"），或者一味地追求自身利益最大化，都是不道德的。鲁迅在《我的节烈观》一文中说过，"道德这事，必须普遍，人人应做，人人能行，又于自他两利，才有存在的价值"。道德并非只是利他，而是"自他两利"的。这是我们理解道德的一个关键点。

懂得妥协是人性的巨大优势和智慧。妥协意味着共赢。

人类要是失去自身目的性是一件非常可怕的事。我、自我、自由、自爱、需要、目的性、利己等词语具有相近的含义，人一旦失去自身的目的性、失去自身的需要、失去自我、失去利己，也就失去了自爱，这样的人不是选择自我毁灭，就是选择毁灭他人，不是自杀，就是干出惊天动地的反社会行为。这已经一再被社会实践所证明。有自我并不可怕，没有自我才真正可怕。如果说本我是"小我"，那么自我就是"大我"。没有自我会失去"我"与他人之间的界限，这正是恶行的起点。孟子说："民之为道也，有恒产者有恒心，无恒产者无恒心。苟无恒心，放辟邪侈，无不为己。"正是同一个道理。

一个可喜的变化是，自由已经列入社会主义核心价值观，这意味着我们正式承认自我、自爱、自利的合理性。这是中国历史上从来没有过的新气象。

著名艺术家卓别林，以他一生奋斗的阅历，在他70岁生日之时写下一首诗《当我真正开始爱自己》，深刻阐释了自我与他人是如何融合在一起的。这里面的智慧值得我们认真领悟。

当我真正开始爱自己

卓别林

当我真正开始爱自己
我才认识到
所有的痛苦和情感的折磨都只是提醒我
活着，不要违背自己的本心

成长的奥秘

今天我明白了
这叫作真实

当我真正开始爱自己
我才懂得
把自己的愿望强加于人是多么的无礼
就算我知道，时机并不成熟
那人也还没有做好准备，就算那个人就是我自己
今天我明白了
这叫作尊重

当我开始爱自己
我不再渴求不同的人生
我知道任何发生在我身边的事情
都是对我成长的邀请
如今
我称之为成熟

当我开始真正爱自己
我才明白
我其实一直都在正确的时间、正确的地方
发生的一切都恰如其分
由此我得以平静
今天我明白了
这叫作自信

当我真正开始爱自己
我不再牺牲自己的自由时间
不再去勾画什么宏伟的明天

第五章　正论三：超我的诞生

今天我只做有趣和快乐的事
做自己热爱、让心欢喜的事
用我的方式、我的韵律
今天我明白了
这叫作单纯

当我开始真正爱自己
我开始远离一切不健康的东西
不论是饮食和人物
还是事情和环境
我远离一切让我远离本真的东西
从前我把这叫作追求健康的自私自利
但今天我明白了
这是自爱

当我开始真正爱自己
我不再总想着要永远正确，不犯错误
我今天明白了
这叫作谦逊

当我开始真正爱自己
我不再继续沉溺于过去
也不再为明天而忧虑
现在我只活在一切正在发生的当下
今天，我活在此时此地
如此日复一日
这就叫完美

当我开始真正爱自己

> 我明白
>
> 我的思虑让我变得贫乏和病态
>
> 但当我唤起了心灵的力量
>
> 理智就变成了一个重要的伙伴
>
> 这种组合我称之为心的智慧
>
> 我们无须再害怕自己和他人的分歧、矛盾和问题
>
> 因为即使星星有时也会碰在一起形成新的世界
>
> 今天我明白
>
> 这就是生命

同时，没有妥协也是非常可怕的。像尼采那样追求绝对的利己，必然走向与社会、与人类为敌的境地。希特勒式的反人类行为正是尼采极端利己主义的范例。所以，我们所说的自我是有限的自我，利己是有限的利己，自由是有限的自由，目的是有限的目的。两种极端状态——否认个人利益或者把个人利益绝对化——都是不利于道德建设的。实际上，否认个人利益或者把个人利益绝对化，都无法形成利益共同体。个人利益与他人利益的妥协才是道德建设的核心环节。

在这里，妥协是真正的艺术和智慧。

人类社会的发展总是有一个渐进的过程。在人类发展的初期，毫无例外地都经历了一个物质极端匮乏的时代。在那个时代，人的需要只能处于本我的层面，人们主要是为满足衣食住行等生理需要而奔波。我们已经了解，在那个时期，一方面由于需要的刚性，另一方面由于物质的匮乏，物质博弈处于非常激烈的状态。这个时候，妥协是非常困难的。于是人们普遍把欲望看作洪水猛兽，加以强力压制。这是一种简单而有效的办法，但也是一种粗暴的、违背人性的办法。压制欲望的结果，导致人性的扭曲以及社会发展停滞或倒退，甚至永远失去了崛起的可能。我们把人类发展的这个阶段称为瓶颈期，它基本上相当于人类历史的新石器时代或者农业文明初期。这个时代的典型特征就是两极分化非常严重，物质博弈异常激烈，这一点尤瓦尔·赫拉利已经有过精彩论述。我们认为，人类很多文明都止步于这个阶段，中华文明也是其中之一。

正确的做法是适当地、合理地肯定人的欲望，并且努力将人的欲望超越本我阶

第五章 正论三：超我的诞生

段，提升到自我的层面。人的欲望一旦达到自我层面，物质博弈的程度将大大降低，妥协的可能性大大提高，利益共同体建设大大加快，全社会道德水平显著提高，人的创造力得到激发，人类发展就进入一个良性循环的阶段。欲望是社会前进的动力，道德是社会前进的刹车，动力和刹车都完备的车才是一辆好车。

当人的需要超越本我而上升到自我层面时，就产生了很多良性社会的特征：

一是自我实现的人所追求的主要目标是非物质性的，而是精神性的，他希望受到别人的尊重和自己的认可；如果说他也有经济目标的话，那么也已经下降为次要目标，他再不是精致的利己主义者。

二是自我实现的人是自我同一性的人，他有自己长远而明确的生活目标，他将会长期忠诚于他的目标，并调动一切内在和外在的力量来实现这个目标；他不会允许任何破坏性力量——包括他自己的自私与任性——来干扰这个目标；他会努力约束自己，小心翼翼地与他人保持良好的互动关系；他会坚守自己的"领地"，同时又会尊重别人的"领地"，妥协是达成此项目的唯一办法。自我是积极自律的前提。

三是自我实现的人是理性能力良好的人，他能够比较准确地理解宇宙运行的规则，把握自己与外界、自己与他人关系的内在逻辑，他是公允的、客观的、明智的，能够恰当地协调自身与外界环境——当然包括他人——之间的关系，从而建立一个利益共同体。

四是自我实现的人是创造性的人，他不是一味向社会索取，而是通过创造性劳动直接或间接地向社会贡献更多的物质财富，因此自我实现的人会把全社会"蛋糕"做得更大，降低全社会物质博弈的强度，进而推动社会向前发展。他创造财富，收获尊重。马云无疑是一个自我实现的人，他无疑也给社会创造了巨大财富。

这些特征正是道德进化的必要条件：自身的目的性、妥协能力、物质基础。所以，"自我"不是社会秩序的破坏者，它是更高层次的社会秩序的创造者。为什么私立学校在美国是荣誉的象征？为什么美国排名前十的大学全是私立的？为什么这些私立学校都是非营利性的？为什么比尔·盖茨和巴菲特可以把他们的全部财富捐作公益基金？只有真正理解自我，才能理解这些现象。自我创造了和谐。这也证明了马斯洛、弗洛姆所说的，在人的高级需要层面，利己与利他合二为一。这也揭示了"私"与"公"的一种深层逻辑：只有尊重"私"，才能成就"公"。

目前看来，只有以古希腊为基础的西方文明，在人类发展初期激烈的物质博弈中，没有采取压制欲望的通常路径，对人的本质保持理性认识，从而走出了一条进化、进步、发展的道路。所以，东方文明与西方文明其实在古希腊时期就已经"分流"了。没有古希腊人超常的睿智，人类可能就没有现代化的生活。

第五节　理性是道德之母

我们在本书中一再谈到理性，自我实现的人是理性的人，创发性的人是理性的人，获得自我同一性的人是理性的人，等等。

我们也曾谈到理性主义的三个标志：尊重客观存在；一套对于客观存在的严密的思维方法；服务于人的需要和目的。从人类文明的本质是认知这一观点来看，理性实质上就是文明的本质，所以一个健全的文明一定是理性主义的。理性主义涵盖了认知活动的三个要素：认知什么——客观存在；如何认知——一套严密的思维方法；为什么要认知——人的需要。这三者又正好构成了西方哲学的三大组成部分：本体论、认识论、生命论。中国哲学中没有本体论和认识论，只有一点生命论（不完整的生命论），对此，冯友兰先生在《中国哲学史》中已经有过论述。

中华文明中与理性主义最接近的一句话就是实事求是。实事就是客观存在的一切事物，相当于理性主义中的客观存在；求就是研究，相当于理性主义的如何认知；实事求是也好，理性主义也好，它们都服务于人，这一点应该是一致的。实事求是现在已经成为中国共产党的鲜明特质，中国共产党很大程度上把自己的成功归结于它。因此，中国共产党的成功一定程度上也可以归结于理性主义的成功。

但是，实事求是与理性主义还是存在距离，这个距离主要体现在"求"上。实事求是的"求"只是一个原则，究竟如何"求"，并没有告诉我们一套完整的方法论，几千年中华文明都没有发展出这套方法论。直到毛泽东"两论"（《矛盾论》《实践论》）的建立，中国的认识论才前进了一大步。"两论"尽管在中国的革命和建设实践中居功至伟，但是，它在认识论上仍然不是很完整。

第五章 正论三：超我的诞生

再放大一点说，实事求是的思想在中华文明中并不处于主流地位，是中国共产党挖掘了中国传统文化中的这个唯物主义闪光点，并把它发扬光大。中华文明的主流，包括儒、释、道三家在内，总体上是唯心主义的。所以，中华文明与理性主义的距离，比实事求是与理性主义的距离要大得多。任何一种文明都有理性的因素，中华文明亦如此，但中华文明却不是理性主义的文明。理性的因素在中华文明中更多地处于潜意识或者经验的状态。李泽厚称这种理性为实用理性，它实质上是一种粗浅的理性。

理性主义有一套完善的认识方法论作支撑，狭义的理性主义往往就是指这套认识论。我们认为，这套认识论主要包括如下四个部分。

一是辩证法。辩证法是对于事物发展变化的一般规律的思维方法。人类观察世界，往往更多更早地关注那些变的事物，因为变带来了不确定性，同时也带来了威胁，而对于那些不变的事物却往往熟视无睹。所以，辩证法也是人类最原始的、最粗糙的思维方法。辩证法的这种原始性和粗糙性，主要体现在它是对事物变化表象的认识，而并没有深入这种变化的内部去。比如四季轮换、生老病死、刮风下雨等等，我们的祖先看到了这些变化的现象及其一般特征，但是无法解释变化的原因。

通过人类长期观察总结，事物变化的一般规律即辩证法的规律，主要有对立统一规律、质量互变规律、否定之否定规律。中国人对于对立统一规律最为重视，《道德经》中充满了对立统一规律的描述，中国人也颇以此为荣。毛泽东的《矛盾论》进一步深化了对立统一规律，对中国当代社会实践产生了重要影响。质量互变规律在中华文明中也有一些萌芽，比如"水滴石穿""合抱之木，生于毫末；九层之台，起于累土"之类的成语或句子就隐约包含了质量互变的思想。至于否定之否定规律，在中华文明中基本没有看到过有这方面的论述。否定之否定规律说明，事物是发展的、前进的、进步的，所以它要求我们往前看，但是中华文明习惯于往后看、往回看。在中国的太极图中包含了对立统一规律、质量互变规律，却看不到否定之否定规律。这说明在最原始的认知体系中，中华文明就是不完整的，这或许预示着中华文明后来的长期停滞？

二是因果律。因果律揭示事物变化的原因。在辩证法中，我们只能预测事物变化的大致方向，却无法控制事物变化的过程，因为我们不知道事物因何而变化。因果律则前进一步，使我们知道事物变化的原因，也为我们控制事物变化创造了条件。

只有到了因果律被自觉运用时,科学研究才真正成为可能。现代科学的各种实验活动都是建立在因果律的基础上的。

西方在古希腊时期就开始探讨因果律,文艺复兴以后经过笛卡尔、休谟等人的继承和发展,其最终成为科学研究的主要工具。中华文明则缺乏对因果律的自觉把握。《道德经》和《论语》中的那些论述,往往显得散乱,很大程度上就是没有在因果律上加以组织。比如孔子尽管非常重视"仁",但他没有告诉我们"仁"来自何处。老子强调"实其腹,虚其心",可是如何才能做到呢?老子并没有告诉我们。类似的情况很多,只要我们用因果律加以检验,这些经典就显得支离破碎,缺乏可操作性。一直到佛教传入,佛教中蕴含的因果报应思想,使我们对因果律有了更加自觉的运用,但也终究没有上升为广泛普及的科学方法。儒家思想在因果律的规范下,产生了宋明理学,理学的一个重要结论是"存天理,灭人欲",这个结论实际上证明了儒家思想的虚幻特征——只有灭了人欲,仁才能存在。人当然是有人欲的,否则如何称其为人?于是合理的推论就是人与仁不可兼得。儒家思想就这样自我解构了,这个矛盾在儒家思想中始终未能解决。李泽厚说,理学是儒学走向没落的转折点,就是因为用因果律来规范,儒家的内在矛盾就暴露无遗了。

三是形式逻辑。形式逻辑在因果律基础上更进一步,它解决"事物是什么"的问题。因果律指出一事物是另一事物的因,但是它无法回答"事物是什么"。如果我们知道事物是什么,又知道事物之间的因果关系,那我们对于事物的控制和把握就完整了。

形式逻辑由概念、定义、判断、推理等一系列思维工具构成。

中华文明在形式逻辑面前完全停止了脚步。这套思维方式完全是西方发展起来的。因果律和形式逻辑后来成为科学研究的主要工具。中国之所以没有科学,与我们没有掌握这两种科学研究工具有关。对此,爱因斯坦曾经有过一针见血的评论,他在1953年给美国加利福尼亚州圣马托的斯威策的一封信中曾说,"西方科学的发展是以两个伟大的成就为基础,那就是:希腊哲学家发明形式逻辑体系(在欧几里得几何学中),以及发现通过系统的实验有可能找出因果关系(在文艺复兴时期)。在我看来,中国的贤哲没有走上这两步,那是用不着惊奇的。令人惊奇的倒是这些发现[在中国]全都做出来了"([美]爱因斯坦著,《爱因斯坦文集》第一卷,商务印书馆,1976年,第574页)。

第五章　正论三：超我的诞生

四是怀疑论。形式逻辑告诉我们事物是什么，它给事物下定义，明确事物的属性，揭示事物的本质；但是怀疑论却告诉我们，我们已经把握的事物并不是世界的本源，只是世界的表象而已，这样就使人类的认知活动无限引申、不断深入、永不停步，从而发现越来越多的真理。怀疑论在形式逻辑基础上又前进了一步。怀疑论就是"终极之问"，它是西方哲学的真正精髓。怀疑精神告诉我们，我们对于这个世界是无知的。这种怀疑精神体现在古希腊哲学家的思想中，苏格拉底曾说"我只知道一件事，就是我一无所知"，柏拉图曾说"不知道自己的无知，乃是双倍的无知"。这种承认自己无知的精神，正是科学精神的本质。如果我们学习哲学，学完以后失去了怀疑精神，那就彻底背叛了哲学。怀疑论使一种文明获得了再生和进化的力量。中国教育乃至中华文明造就不了大师，一个重要原因是我们缺乏哲学精神——缺乏怀疑精神，缺乏终极之问。怀疑精神告诉我们，一切事物都没有标准答案，这与应试教育总在寻求标准答案的思维相去甚远。

这种怀疑论又是纯粹西方文明的产物，它也是批判性思维的源泉。怀疑精神加上因果律和形式逻辑，构成了一套质疑—求证思维体系，这正是批判性思维的核心意涵。现在很多人提出中国教育中缺乏批判性思维，其原因正在于中华文明本身缺乏这样一个质疑—求证思维体系。

这一套理性主义思维方法，应该在小学和中学阶段得到锻炼，这也是西方教育的突出特点。道德进化的三个必要条件——自身的目的性、妥协能力、物质基础——都依赖于人的理性能力。孩子在20岁左右要形成自我同一性，确立自己的人生目标，需要理性能力；在多变的生活场景中，要能够对事物的本质、联系和变化有准确把握，从而达到利己与利他的恰当妥协与定位，需要理性能力；提升全社会的物质充裕度，需要创新与创造，更离不开理性能力。总之，自我的成长和道德的进化都是理性选择的结果。道德进化的三大要素全部建立在理性能力的基础上。我们讲"理性是道德之母"是毫不为过的。对此，李泽厚说："道德是个体内在的强制，即理性对各种个体欲求从饮食男女到各种'私利'的自觉的压倒或战胜，使行为自觉或不自觉地符合规范。理性对感性的这种自觉的、有意识的主宰、支配，构成了道德行为的个体心理特征，我曾称之为'理性的凝聚'。"（李泽厚著，《哲学纲要》，北京大学出版社，2011年，第14页）

心理学家罗杰斯曾经非常精彩地论述过："当人独特的意识能力自由而充分地

发挥机能时,我们就会发现,我们拥有的不是一个我们应当害怕的动物,不是一只必须得到控制的野兽,而是这样一个有机体,通过他的中枢神经系统非凡的综合功能,对于所有这些意识的要素进行整合,他就能够达到一种平衡的、现实的、利己又利人的行为。"(卡尔·R. 罗杰斯著,《个人形成论:我的心理治疗观》,杨广学、尤娜、潘福勤译,中国人民大学出版社,2004 年,第 97 页)可见,正是人的"意识能力"和"中枢神经系统非凡的综合功能",达成了一种"平衡的、现实的、利己又利人的行为"。

卢梭也曾经说过:"为了要在世界上生活,他必须知道怎样与人相处,怎样使用支配他人的工具,必须学会估计文明社会中个人利益的作用和反作用,必须学会准确预测事情的结果,他所做的事情才不致出错。"([法]让-雅克·卢梭著,《爱弥儿》,檀传宝等译,中国轻工业出版社,2016 年,第 124 页)

因此,显而易见,在一个理性发育不充分的社会,道德建设是异常艰难的。

亚里士多德说,德性可以分为伦理德性和理智德性。"理智德性大多由教导而生成、培养起来的,所以需要经验和时间。伦理德性则是由风俗习惯沿袭而来,因此把'习惯'(ethos)一词的拼写方法略加改动,就有了'伦理'(ethke)这个名称。"([古希腊]亚里士多德著,《尼各马科伦理学》,苗力田译,中国人民大学出版社,2003 年,第 25 页)李泽厚也把道德区分为宗教性道德和社会性道德。弗洛姆则把良心分为极权主义良心和人本主义良心。这种划分,虽然用语不同,但意义相近。

所谓伦理德性,是指具有普遍性意义的道德规范,比如诚实、孝慈、礼貌等。所以,在道德建设中,这些道德规范可以通过外部植入,具有遗传性,用亚里士多德的话说,是"由风俗习惯沿袭而来"。实际上,这部分道德正是我们前面讨论过的教养,它在孩子理性能力成长起来以前就要加以关注、培养,它通过形成习惯的方法来获得,某种意义上说,它也通过外部权威转化而来,正如弗洛姆所说的极权主义良心。

但是,我们稍加思考就会明白,这部分伦理德性,并不是天意或上帝赋予的,它仍然是理性选择的结果。只不过它不是一个人而是经受了一代人、两代人,甚至是历经全部历史过程人们理性选择的结果,因此它具有某种普遍性的意义。社会主义核心价值观正是经过几代人反复实践、大浪淘沙、理性选择的结果;中国人

第五章　正论三：超我的诞生

"孝"的伦理传统，经过了几千年的历史积淀才最终形成；诚信、感恩等道德规范也大约如此。

所谓理智德性或人本主义良心，是指依赖个人的理性能力做出选择的结果。人的生活场景频繁多变，个人的利益表现各异，在很多时候，人无法依据普遍性的道德规范作依据来指导行动，它需要做出个性化的选择；而且越是这样的时候，对他自己的人生越是具有重大的意义。

我们举一个例子来说明。

1971年，《纽约时报》得到"五角大楼文件"，收录了美国从艾森豪威尔时期直到尼克松政府参与越战几十年来的一些文件资料。1971年6月13日，《纽约时报》率先以六个版面刊登文件部分内容。时任美国总统尼克松通过法律手段，禁止《纽约时报》刊登越战文件，并让其等待听证。就在这种情况下，《华盛顿邮报》随后得到有关越战的4500页秘密文件，记者们在十几个小时内整理、筛选成文。难题到了最高决策者那里：文章发还是不发？如果发，可能面临报纸关停、自己坐牢的风险；如果不发，自己可以相安无事，但却剥夺了老百姓的知情权。这是最后决策者的对话：

执行主编本·布莱德利："我们不发这篇报道，没有什么损失的。"

发行人凯瑟琳·格雷厄姆："不，如果不发，我们就失去了一切。大家迟早会知道我们有了报告却不发，想想这会对《华盛顿邮报》的声誉造成什么样的后果……"

1971年6月18日，《华盛顿邮报》以《五角大楼文件披露美国在1954年企图推迟越南选举》通栏为标题，刊登了相关文件的报道。此后，《华盛顿邮报》又报道了水门事件。《华盛顿邮报》两次重大的报道，使其从地方性报纸一跃成为具有全国影响力的大报。

这个故事告诉我们的正是理智德性，它无法依靠惯性的教养来做出选择，它是一个极其个性化的事件，它是一个人生十字路口的重大决策，它只能依靠人自身的理性能力做出判断，在利己与利他博弈中做出妥协和最佳选择。凯瑟琳·格雷厄姆选择的结果既达到了自身利益的最大化——《华盛顿邮报》成为具有全国影响力的大报，又达到了公众利益的最大化，利己与利他合二为一，实现了最大公约数。如果《华盛顿邮报》不看重自己的长远利益，那么正如本·布莱德利说的"我们不发这篇报道，没有什么损失的"，这样公众的利益也就失去了。

人生光有伦理德性是不够的，有很多重要关口需要依靠理智德性选择自己的行为取向。小岗村的农民，当初签下生死状，秘密推行联产承包制；马云冒着坐牢的风险创办支付宝；电影《我不是药神》中主人公程勇走私药品……所有这些境况，伦理德性都无力面对和解决。

上面这个例子还告诉我们一个道理：道德是对于自己利益的护佑。它揭示了这样一个逻辑：你如何对待他人，他人也将如何对待你，两者是紧密联系的。对此，弗洛姆说：

你施于他人的任何行为，同时也都是针对你自己的。破坏任何人的求生力量，自己必然会遭报应。我们自己的成长、幸福、强大，都是建立在对他人求生力量尊重的基础上的，一个人不可能同时做到既伤害他人，又不使自己无损。尊重生命、包括他人和自己的生命，是生命过程本身的相随物，是心理健康的一个条件。在某种意义上说，破坏他人是一种可与自杀的冲动相比拟的病态现象。（［德］埃里希·弗罗姆著，《寻找自我》，陈学明译，工人出版社，1988年，第24页）

被称为"韩国首席妈妈"的全惠星博士，她的六个孩子自由、健康、出色地长大，他们都毕业于哈佛大学或耶鲁大学，后来成为美国马萨诸塞州卫生和公共服务部部长、耶鲁大学法学院院长、哥伦比亚大学法学院教授等等，故事震撼了世界；她曾获得韩国国务总理奖、KBS海外同胞奖、美国康涅狄格州总督奖等荣誉；2004年在韩国移民100周年筹委会上，与先生高光林博士和两个儿子高京柱博士、高洪柱博士一起当选为在过去100年里对美国贡献最大的100名人士之一。她用自己的切身经验写了一本书，书名为《有奉献精神的父母培养大人物》，书的前言就是"父母们，请跟我一起做个'奉献者'"。

为什么奉献者会成为大人物呢？从一定意义上说，正是道德护佑了自己的成长、护佑了自己的成功；越有道德的人越可能成功，越有道德的人越能实现利己与利他的统一。奥秘就在这里。实际上，历史上的伟大人物往往是利己与利他融为一体的

第五章 正论三：超我的诞生

人，而且他们的利己都是精神层面的利己，物质层面的利己绝不可能成就伟大。

菲律宾华商巨头郑少坚，被菲律宾人戏称为"比总统重要"的人。郑少坚的经营秘诀就是"让得人"。

"让得人"，是郑少坚让合作伙伴喜欢的秘诀。他在不少领域有合作伙伴，而且与他们是永远的利益伙伴、永远的朋友。比如丰田汽车在菲律宾的第一次是失败的，但与郑少坚建立合作后却非常成功。20多年他一直保持菲律宾第一，从来没有冲突。被追问原因，郑少坚一句话讲出核心：你要让得人一点。"我很想得开，有得赚，不差太多就好，不会和人去争为什么你拿六，我拿四。年轻时，我连董事长、总裁都给人当，让人让得习惯了。"郑少坚说，他喜欢玩，不喜欢什么事都抓在自己手里，"那样太辛苦了。所以我大度一些，经营由他们管，钱多给他们分，大方向没问题就让着人家去嘛"。有不少企业家在郑少坚和首都银行的扶持下成长起来，感谢他，而他，往往也是反过来感谢对方选择自己，支持首都银行。让得人的郑少坚，对追求成功的执着却到了令人叹服的程度。当大家一起做一件事，总是希望对方是个强势的人；如果分享，则期待对方好说话一些。这两头郑少坚都占了，这也是他招人喜欢的原因。（毕亚军，微信公众号"华商韬略"，2016年10月27日，有删改）

郑少坚对待财富的态度就是："我自己有一个算盘，我要怎么来处理我的财富呢？我跟我太太开玩笑，我挣到的钱花一块钱，捐一块钱，这个比例很好，控制我花钱，也鼓励我捐钱。"（毕亚军，微信公众号"华商韬略"，2016年10月27日）

郑少坚无疑是一个自我实现的人、创造性的人、成功的人。他的经营思想充分体现了妥协、共赢的哲学，他的秘诀正是让利己与利他融为一体。作为企业家，他的直接目的当然是挣钱；但是，为了挣钱，就必须"让得人"，"让"是为了"得"。

宗教在道德建设中发挥着不可替代的关键作用。宗教压制、消解人的目的性，否定自我的合理性，为什么还会在道德建设中起关键作用？这是因为，宗教并没有彻底否定人的目的性，它只是否定人的现实的目的性，却给人的来生留下一个虚幻的目的。宗教毫无例外地采取了胡萝卜加大棒的方法，逼迫人们对来生做出选择。基督教有天堂和地狱，伊斯兰教有天园和火狱，佛教有业报轮回。从这个意义上说，宗教又是深通人性的，它间接满足了人对目的性的追求。儒家在初期时没有回答"仁"的来源，发展到理学，把良心归结于天理，要"存天理，灭人欲"，倡导"人到无求品自高"，这就彻底远离了人自身的目的性，从而使儒学沦为空谈。中华文明虽然被称为伦理文明，但中国社会的道德水平却始终停留在社会组织的最小单元——家——的层面。

由于中国一方面缺乏宗教传统，同时宗教在文明社会中已经逐步边缘化，另一方面，儒家对道德建设又缺乏实效，那中国社会的道德建设如何进行？对此问题，近代以来中国学者可谓费尽心机。民国时期著名学者蔡元培先生曾经提出"以美育代替宗教"的主张。我们认为，美育有利于道德建设是毫无疑问的。前面我们已经谈到，审美应该成为孩子成长过程中的基本兴趣，因为审美过程是真正自由的，它完整地体现了人的价值。受过审美熏陶的人，更珍惜生命、更热爱生活、更明白自己存在的意义，同时也就自然而然地更理解他人的价值，利己与利他得到更好的协调。但是，我们认为，美育终究不能成为道德建设的主要手段，归根到底道德建设只能依靠人的理性。

目前我们社会道德建设的弊端在于，很多家庭对孩子基本教养不够重视，教育体制又很难使孩子们形成自我同一性，与此同时却试图通过大张旗鼓地灌输来建立道德观念。在此，我们对道德建设提出如下主张：

一是对于一些具有普遍意义的行为规范，要从小开始让孩子养成行为习惯，提高孩子基本教养。

二是强化孩子理性能力的培养。只有那些理性能力很强的人，才能在十分复杂的人类生活中准确辨别自己与他人的利益，寻求利己与利他的共存。

三是改进家庭和学校教育，实现孩子自我成长，努力让孩子形成人格同一性，彰显个人目的性。一个没有自我的孩子，注定是道德低能儿，这是道德建设的关键一环，也是目前我们教育理念最不适应的地方。我们的教育试图回避自我来构建道德感，这是不符合道德生成规律的。通过自我实现自律是道德建设的必由之路。

四是经常启发孩子——道德不是你对别人的施舍，而是对自己的护佑。明白了这一点，道德将会成为孩子的内在追求。

五是从全社会来说，道德水平的整体提升有赖于物质基础的改善，发展经济是道德建设的长远之策。

第六章
正论四：人格成长路线图

在前面几章，我们对人格成长的几个重要问题进行了讨论，包括人格成长的动力、机制、自我和超我等。这些毫无疑问是人格成长的关键问题。但是，我们仍然对人格成长缺乏一种总体把握，仍然有某种片段和零碎的感觉。实际上，人格的成长是一个连续不断的过程，我们唯有对这个过程做出整体描述，才能更好地把握人格成长。本章我们努力对从出生到成年这段时间的人格成长，做一个整体而简要的描述。

第一节 成长的本质

成长这个词几乎已经是人们日常的口头语，但人们未必对这个词有完整清晰的认识。市场上有很多以《成长比成功更重要》为名的书，这些书中对成长有一些直观的描述，对我们理解成长很有帮助，但是这些快餐式的书籍对成长也没有做出明确的定义。"成长"是本书的一个核心概念，所以，我们很有必要对"成长"这一重要概念做出明确的界定。实际上，我们试图提出一种教育模式，即人格型教育，人格即是成长出来的。

一个人在刚出生的时候，几乎就是一个"小肉团"。作为一个人，他的身体发育还远远没有完成，脑容量只有成人的四分之一到三分之一，骨骼与肌肉不足以支撑他自己的身体，他的活动能力很小，除了会啼哭和吮吸，他什么也做不了；在认知方面更是从零起步，他不知道外部世界，也不知道自己的存在；他也没有自己能做什么、想做什么的概念。这样一个"小肉团"是如何成长为一个20岁的身体健壮、智力发达、意志坚定的成年人的？搞清楚这个成长的规律，我们就能够影响这个过程——教育就是对成长的影响、帮助和促进。

根据我们对成长的理解，我们认为，成长具有如下重要特征：

一、成长是一个连续渐进的进化过程

成长不是某一天、某一年突然发生的，成长也不是一段时间停止然后又突然开始的，不是可以停停歇歇进行的。实际上，从人出生那一刻起，成长就再也停不下来，无论顺利与否，只能一往无前。在读书时、在吃饭时、在玩耍时、在睡觉时、在做家务时、在与人争吵打架时、在被老师父母批评时、在旅行时、在看星星时等等，孩子在生活中的每时每刻都在成长。成长是连续的、渐进的、有序的、不可逆

第六章 正论四：人格成长路线图

的进化过程，直到生命结束。就像一棵小树苗，它要长成一棵大树，这个成长过程不会停止、不会中断、不会倒退，停止、中断、倒退都意味着死亡。成长过程构成了生命周期，在这个生命周期中，每一个阶段的成长都有其特有的使命，每一个阶段的成长又以前一阶段的成长为条件，同时也为下一个阶段的成长创造条件，从而使整个生命周期构成一个独特的、不可复制的有机过程。

这给我们提供了许多非常重要的启示。

首先，它让我们意识到，好的教育一定要关注孩子生活的全过程。生活的过程就是成长的过程，就是教育的过程。杜威所说"教育即生活"，就是最好的概括。学校教育只是孩子生活的一部分，绝不是全部，也不是主要部分（当然是教育不可或缺的部分），因为学校教育无法还原孩子的全部生活、无法代替孩子的全部生活。实际上家庭教育是比学校教育重要得多的教育形式，因为孩子在家庭里生活的时间更长、更早。由于孩子在家庭生活的时间更长，所以受家庭因素影响更大；由于孩子受家庭影响更早，所以家庭教育对孩子成长起到关键作用，因为心理学家们普遍承认，孩子早期生活决定了孩子的主要人格特征。但是，我们中国人整体上过于关注学校教育，甚至只把学校教育当作教育；不少人甚至把学校教育与家庭生活对立起来，不是把学校变成生活的一部分，而是把家庭生活变成学校的一部分，还自认为这是重视教育。不能不说，这是我们教育思想的严重不足。对此，有人提出"中国的教育改革要以家庭教育为突破口"，这是很有针对性的。

其次，它让我们意识到，孩子随着生活场景的渐次展开而成长，是一个自然的、缓慢的、从量变到质变的过程，慢到自己都感觉不到，所以成长需要等待。我们中国人十分注重孩子、十分注重教育，但是我们又不怎么了解孩子成长的规律，我们总希望孩子快快成长，甚至指望快马加鞭、拔苗助长，破坏了孩子自然成长的过程。中国孩子面临的高压力、高负荷是一个普遍现象，它严重扭曲了孩子的自然成长过程。

最后，对孩子的教育问题，家庭应该在孩子出生前就要做好准备。由于孩子成长是一个不可逆的连续过程，这个过程无法试验、无法等待、无法逆转，如果家长没有足够的思想准备，孩子教育就只能随波逐流，遇事手忙脚乱，以至于南辕北辙。孩子前期家庭教育不成功，到了学校则可能就无可挽回了。孩子在学校不好好学习，家长还以为是学校的问题，却不知实际上是前期家庭教育失败的结果。有一个资深的中学老师,曾经与我说过一句非常经典的话,他说:"好学生不是我们培养出来的,差学生我们也无能为力。"我们把希望都寄托在学校身上,老师却觉得,在学生面前自己是完全被动的、无奈的。这句话足够让我们深思。在孩子成长的半途,再有能耐的老师也难以呼风唤雨。所以我们认为,培训家长、提高家长的教育能力对孩子成长至关重要,父母的教育理念才是孩子成长的真正起跑线。在孩子20多年的成长过程中,家长们应该有一种"马拉松意识",调整好呼吸、分配好体力、把握好教育的节奏,这是至关重要的。

二、成长是一个不断"分离—融入"的过程

成长不是一趟无目标的自由行程,它是有明确目标的。实际上,任何文明给人设定的成长目标都是不一样的。儒家有儒家的教育目标,基督教有基督教的教育目标,伊斯兰教有伊斯兰教的教育目标。它们理想中的人的目标,历史上都呈现过。我们所追求的人的目标,应该具有积淀了人类的先进文明、体现了社会的发展趋势、蕴含着创造力的特征。这个目标就是有独立人格的现代公民,它的核心是具有现代意义上的完整人格。现代中国社会及其今后的发展需要这样的人。这种具有完整人格的人,能够依靠自己的力量、以自己独特的面貌生活于自然与社会之中。也就是说,我们所追求的人是一个独特的人、完整的人。

这样一种符合现代化特征的人格的成长过程,是一个明显的"分离—融入"过程。

在任何一种文明下,随着孩子长大,都存在着从家庭中逐步分离的倾向,只是分离的程度各不相同。在中国传统文化背景下,由于我们注重家庭氛围,历史上曾经喜欢几代同堂,因此这种分离是很不彻底的。这种不彻底性,一方面表现在父母不愿意让子女分离,把子女看作家庭的附庸,肆意控制、支配、干预子女的生活;另一方面也表现在子女不愿意脱离对家庭的依赖,把父母看作自己的一部分,肆意啃老吃老。这两者相辅相成、相互依赖,有一必有二,有二必有一。应该说,这种现象是对现代教育的重大阻碍。我们现在的教育目标是培养出具有独立人格的人,他应该以自己的力量在社会中独立生存,创造自己的新生活。一个不能脱离家庭依赖、经常想着如何啃老吃老的人,怎么可能是一个创造性的人?人格型教育是有意

识、有计划地把孩子从家庭中分离出去,成为一个独立的人;人格型教育有清晰的分离意识,会非常关注每一个分离节点,比如出生、断奶、分床、入托、入学、升学、工作、结婚、育儿等等,努力做好分离中的过渡和衔接,使分离圆满成功。缺乏分离意识的家长则没有这种清晰的节奏感。

与分离相对应的是融入。一个人从家庭中逐渐分离,这不是一种抛弃,而是从一个小家中走出来,进入一个更大的家。这个家由大自然和社会构成。这个大家是一个更大的舞台,孩子进入这个大家,将有更大的空间、希望、作为和幸福。融入这个大家庭,是现代人的一个根本标志,是人生的一种发展和提升。我们要有计划地让孩子融入外部大家庭中去,这种融入应该首先关注广度问题,然后关注深度问题。广度就是尽可能宽泛地接触外部世界,了解外部世界的整体构成和面貌。这个任务应该在浪漫阶段完成。在此基础上对感性知识进行凝聚、熔炼,寻找自身的目标定位,这是精确阶段的主要任务。找准目标后进行深度耕耘,这是成年阶段的主要任务。

中国的家庭尤其应该强化"分离—融入"意识,帮助孩子顺利完成成长过程,使孩子以自己的独立人格立足于社会、立足于世界。家长应该明白,"孩子幼小时,父母的爱是悉心呵护;孩子再长大些,父母的爱是帮助他们行万里路;到了大学门口,能够做到'温柔一推',给孩子成长的空间,就是对孩子的爱"([美]陈麦克著,《论中美教育》,海南出版社,2016年,第191页)。

三、成长是一个内在需要实现—提升—再实现—再提升的过程

成长的推动力来自人的内部,而不是外部。这是西方教育学与心理学一致的观点。从卢梭、怀特海、杜威、蒙台梭利、雅斯贝尔斯等教育学家,到弗洛伊德、埃里克森、马斯洛、弗洛姆等心理学家,他们理论的一个共同点,就是从不同角度阐述人成长的内部推动力。

那么,这种内部推动力是什么呢?就是生命成长的动力,它是人的自身的内在需要。成长是在内在需要满足的基础上实现的。

人刚出生时,这个"小肉团"的需要极其单纯,他只有生理上的需要,他需要吃奶、需要睡觉、需要保暖等。孩子长大一点后,他有了一定的认知记忆能力,产

生了对外部世界的印象，于是他又有了对稳定的外部环境的需要，即秩序的需要。孩子再长大一点，知道了你、我、他的区别，"我"的意识逐渐形成，这时又会产生被爱的需要，他需要别人接受自己。再大一点，人的身体、智力和意志逐渐成熟，内在的生命潜力不断孕育，他又会产生尊重的需要，他希望别人肯定他，承认他独特的能力，产生自己的优越感。如此等等。人的成长过程就是在内在需要不断得到满足的基础上，从低到高渐次推进发展。最初简单的生理需要得到满足后，心理和生理都得到一定成长；心理和生理的成长又产生新的需要，随后又要去满足这种新的需要，这种满足又带来新的成长，如此一步步把人生推到更高的境界。

需要的实现—提升—再实现—再提升，明显具有从物质需要到精神需要转变的特征。人最初的需要主要是物质的，随着物质需要的基本满足，随后又产生新的需要；这些新的需要逐步超越物质（但并非纯粹超越物质），向精神需要转化，被爱、尊重、自尊是这种渐次转化的明显的表现形式。没有前面物质需要的基本满足，很难上升到后面的精神需要；只停留在前面的物质需要，不能上升到精神需要，则人的成长就不是完整的成长。我们可以用右下图来表示从物质到精神的成长过程。

整个成长的过程都是阶段性需要不断得到满足的过程。需要的满足当然是快乐的，因此成长一定是快乐的。需要从低级的物质和生理需要逐渐上升到精神需要，最终达到人生的最高境界，即精神快乐，这也是最终幸福的状态。所以成长的最终目的是幸福。服务于成长的教育，其最终目的也只能是幸福。

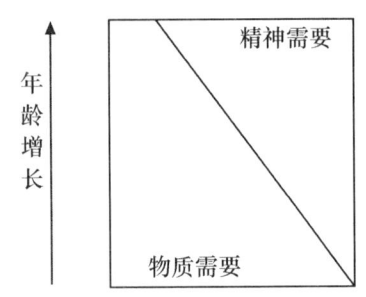

物质需要与精神需要变化示意图

由于人格型教育立足于个体内部的推动力，所以成长的主体只能是孩子，孩子处在教育的中心位置，家长和教师只能充当"助产婆"的角色，在旁边当个"啦啦队员"。超越这个角色就是过度教育，就会阻碍或干扰孩子成长。

关于教育的功利性问题，我们当前社会上议论颇多，几乎所有的观点都认为"中国教育太功利"。那么，我们要问，教育要如何才能不功利呢？不管是把孩子培养成为国家建设的有用人才（这是我们通常的说法），还是孩子最终实现自己的幸福，这不都是一种功利吗？教育是有明确目的性的活动，它本来就应该是功利的。

第六章 正论四：人格成长路线图

人格型教育看上去更是功利性的，每一步成长都建立在某种需要的满足基础上，这不是非常功利吗？人格型教育的最终目的是实现最高的精神层面的满足和快乐，这是一种高层次的幸福状态，这不是一种更大的功利吗？因此，不是我们的教育太功利了，而是我们的教育不够功利。事实是，我们只会计较一点小功利，我们只希望孩子考个名牌大学，毕业后找一份稳定的工作，有一份不错的薪酬，安安稳稳过日子。这可能是绝大部分中国孩子和家长的人生设想。他们不敢想也不曾想，人生还有更高的境界——那种创造性、自我实现的精神满足和更重要、更高级别的幸福状态。我们只满足于前面谈到过的"放羊娃"的生活逻辑，而不去理解"唯有心灵的痛苦才会让人感到绝望"的生活逻辑。但是，这显然不是我们的功利心太大了，而是我们的功利心太小了，因为生理需要的满足和精神需要的满足都是功利的，只是精神需要的功利心要更大一些。中国人满足于生存的小功利源于我们对生命的理解格局太小。

有人说，中华文明是一种极端实用主义的文明，同时又是一种自然经济形态的文明。我们追求稳稳当当地活着，甚至不敢也不愿有那些形而上的、"不着边际"的想象，因此我们总是特别看重"眼见为实"，可能特别注重眼前利益。因此我们一方面非常看重功利，另一方面又只会看重那些小功利。这与小农经济形态中的那种"三亩地一头牛，老婆孩子热炕头"的形态正好相称。现在我们突然发现，这种"见钱眼开"的小功利，已经严重制约创新社会的形成。创新社会其实需要那种"仰望星空"的人，只是我们没有明白，那些"仰望星空"的人并非不功利，而是有更大的功利心，他们的心胸格局更大，他们对生活的要求更高，他们理解的幸福绝不是小富即安，而是诗和远方。

我们需要大胆地肯定人的需要，大胆地承认人自身的目的性，然后不断提升我们的需要，逐步超越"本我"的小功利，最后达到自我实现的、同时也是创新创造的大功利，这才是教育的根本之道、人成长的根本之道、社会发展的根本之道。

我们必须遗憾地指出，这种从内部推动、突破、提升、成长的观念，又恰恰是中国传统教育理论最缺乏的。"师者，所以传道授业解惑也。"这基本上就是我们对"师"的定义，从中我们也基本上可以体会到"学"的含义。我们看到，"师"是掌握标准答案的那个人，"学"就是接受标准答案，我们现在的教育体系基本上就是这样一种格局。很明显，在这种教育体系里，"师"处于主动的、中心的位置，

"学"处于服从的位置。"师"压制"学"是我们教育体系的基本特征。尽管我们反复强调要"以学生为中心",实际上却只能以老师为中心,因为我们的教育思想就是建立在以老师为中心基础上的。然而西方教育正如蒙台梭利所说,"我们所倡导的新教育的根本目标就是认识并解放儿童"([意]玛丽亚·蒙台梭利著,《童年的秘密》,中国妇女出版社,2012年,第106页)。这是两种完全不同的取向。所以,中国教育改革必须从解放教育思想入手,否则我们只能原地打转。

四、成长是摄取—释放两类需要交替提升的过程

既然成长是在自身需要推动下实现的,那么这种自身需要究竟是什么呢?可供我们参考的理论已经很多。

马斯洛提出了需要层次理论,明确了五种基本需要,但是他的理论也出现一些明显缺点。比如他把爱与被爱混为一谈,很难让人信服,因为爱是一种"释放",而被爱明显具有"摄取"特征;尊重的需要明显具有"释放"的特征,马斯洛认为,被爱的需要得到满足以后,就会产生尊重的需要,这个台阶似乎过大了,从"摄取"一步跨入"释放",逻辑上不太可能。

蒙台梭利的教育理论非常注重孩子内在的需要和力量,她提出了著名的敏感期理论,我们仔细揣摩,实际上每个敏感期都是孩子内在需要的表达。她对很多需要做了排序,但我们感到,这些需要有的是对环境的要求,有的却是自己施加于环境的,明显具有性质上的差别。蒙台梭利对此差异也没有多加关注与鉴别。

在埃里克森的同一性理论中,我们发现,他关注的主要都是"释放"的需要,似乎又忽视了人还有"摄取"的需要。在埃里克森那里,马斯洛提出的某些基本需要,似乎又变得多此一举了,比如秩序和被爱的需要就显得无足轻重。

这些相互矛盾的现象启发我们,一定有某些理论环节没有打通。似乎马斯洛、蒙台梭利、埃里克森他们各自都发现了部分真理,但是他们的解释可能都不够全面。

这就引起了我们对人的需要问题的进一步思考。

人生是一个生命过程,生命过程就存在代谢与平衡。生命要成长,就必须吸收外部能量,这是一种"摄取"的活动;生命体吸收外部能量以后,就必然要以某种形式表达出来,这是一种"释放"的活动。"摄取"与"释放"是生命过程中一对

第六章 正论四：人格成长路线图

矛盾运动，正是这一对矛盾运动，使生命过程保持平衡。平衡是生命运动的一个普遍现象。因此，我们认为人的成长过程存在着两类需要，即"摄取"的需要和"释放"的需要，正是这两类需要同时出现，提升生命过程，推动生命成长。

我们说的"摄取"，是向环境摄取生存资源，相当于马斯洛说的匮乏性需要；我们说的"释放"，是向环境释放能量，相当于马斯洛说的成长性需要。我们认为，这两类需要总是同时存在的，只是在不同的生命成长阶段，人的身体、认知能力、意志力会呈现出不同的状态，"摄取"的需要和"释放"的需要也会表现出不同的形态和重点。

我们认为，"摄取"本身只是人的初级成长，而不是人的本质性的成长；"释放"才是人真正的成长，是人的本质力量的展现。一个人如果不能向社会和环境"释放"能量，不管"摄取"了什么，都不能说是成长。

用这样一种视角，再回过头来看马斯洛、蒙台梭利、埃里克森的理论，他们的矛盾和混乱之处就能够迎刃而解。我们用一个表格来表示这种需要的变化。

人生需要的演变

"摄取"类需要	年龄段	"释放"类需要
尊重需要（被承认）	成年期	自我实现的需要（自尊，最高的自我肯定形式）
		尊重需要（受优越感驱使）（奋斗并实现同一性）
尊重需要·被爱的需要（被承认·被接受）	12~20岁	尊重需要（受优越感驱使）（挣扎并过渡到同一性）
被爱的需要·尊重的需要	6~12岁	勤奋需要（受兴趣驱使）
被爱的需要	3~6岁	主动需要（受好奇心驱使）
秩序需要	1.5~3岁	自主需要（受好奇心驱使）
生理需要	0~1.5岁	信任需要（基本反射）

我们对这个表格做一个解读。表中所列的是各年龄段的优势需要。这个表虽然简单，却能够大致说明优势需要随着年龄变化的情况。

第一，这个表说明，人存在两类需要，即"摄取"类需要和"释放"类需要。更重要的是，这两类需要有各自发展的逻辑，沿着各自的路径发展变化，不能互相代替。这是我们与马斯洛、蒙台梭利、埃里克森等理论最大的不同。这个表也说明，马斯洛五个层次基本需要中，前三个层次的基本需要都是"摄取"需要，到第四个层次的需要却突然出现"释放"需要，这是不合理的。"释放"需要不会突然冒出来，它也有一个逐步增强的过程，这被马斯洛忽视了。

第二，我们认为，"摄取"类需要是保护生命的需要，原则上讲都是安全需要，只是在不同的生命状态，安全需要的表现形式有所区别。前期的安全需要更多体现在物质层面，后期的安全需要更多是精神层面。安全只是成长的条件，它本身并不代表成长。"释放"则是生命力展现的状态，是生命体的内在力量的表达，是创造性的、成长性的活动，它总体上是精神主导下的活动。

第三，我们看到，前期的"摄取"类需要和"释放"类需要，其表现形式是非常不同的。"摄取"由物质状态逐渐向精神状态转化，"释放"则从一开始就是精神的，因为人的行为总是受精神支配。这样就导致两类需要到尊重需要的时候实现合二为一。尊重的含义就是依靠自己的奋斗（这是"释放"的一面），赢得他人承认（这是"摄取"的一面），奋斗与承认都是精神价值的追求，奋斗是理性指导下的创造性的活动，承认是价值目标。"释放"的进一步上升就是自我实现，也可以称为自尊。只有极少数人能达到这个层面，这种人理性能力极高，充满了对历史、社会的洞察与透视，宇宙在他心里成了一个小棋盘。他已经不在乎别人的评价和承认，或者说他们知道别人已经无法对他进行评价了，他们只在乎自己的评价。他们极端自信又极端孤独，似乎进入人类文明的无人区了。

第四，"摄取"的需要是人成长的必要条件，却不是充分条件。马斯洛指出，在被爱的需要满足以后，接着就是尊重需要，这有对的一面，也有不足的一面。对的一面是，被爱的需要满足以后，确实会产生尊重中蕴含的"被承认"的需要；但是尊重的另一面是奋斗，而奋斗不会因为被爱的满足而产生，它只能在埃里克森说的勤奋的基础上产生。这正是被马斯洛忽视的问题。

第五，正如"摄取"的需要呈现逐渐升级的状态，"释放"的需要也是逐渐升级的，如果没有前期信任、自主、主动、勤奋等需要的满足，不会突然产生奋斗的需要。我们把逐渐发展的"释放"类需要，定义为成长力。教育如果抓住这个成长力，将变得事半功倍。只是在埃里克森归纳的"释放"类需要中，逻辑有一些混乱，我们要适当加以修正。他所说的"信任"和"同一性"，都在描述某种心理状态，而"自主感""主动感""勤奋感"则更适合描述某种行为状态；"信任""自主感""主动感""勤奋感"都是在描述某种阶段性过程特征，而"同一性"又是在描述某一过程的结果。为了统一范畴属性，根据我们自己的研究，在总体上尊重埃里克森原意的基础上，提出如下修正意见：0~1.5岁，基于基本反射而产生信任感；1.5~3岁，基于好奇心而产生自主感；3~6岁，基于好奇心而产生主动感；6~12岁，基于兴趣而产生勤奋感；12~20岁，主要基于优越感，在心理混乱挣扎中产生同一性。因此，我们所说的成长力可以表达为：0~1.5岁是信任感；1.5~3岁是好奇心——自主感；3~6岁是好奇心——主动感；6~12岁是兴趣——勤奋感；12~20岁是优越感——同一性。更简单地可以把成长力表述为：信任感、好奇心、兴趣、优越感、同一性。这也体现了人的心理成长的历程。

第六，埃里克森的心理学揭示了"释放"需要的逻辑，但是他却有意无意地忽视了"摄取"类需要，因此他的理论也不够完整。

第七，我们认为，同一性所代表的一致性和持续性是成人的标志，是人格内在秩序成熟的标志。而实现同一性是奋斗的最佳结果，因此我们把一致性和持续性两者并列在一起。

第八，这种划分优势需要的方式，只是为了便于说明问题而做的大致划分。实际上，每一种需要从萌芽到高潮，并不会像时钟一样准时到来；而且每一个年龄段的其他需要也会表现出多种多样的形式，比如在12~20岁这个年龄段，比较鲜明地同时存在被爱和尊重的需要，只是尊重的需要已经变得比前期更加重要。

第二节　人格型教育

目标起到一种引领作用，它引领整个教育行为。这也是一种统一性，所有的教育行为都统一于这个目标，服务于这个目标。

从教育目标出发，我们认为存在三种类型的教育，即知识型教育、智力型教育、人格型教育。我们提倡的教育是人格型教育。

第一种教育模式为知识型教育。这种教育以获得现有的事实性知识为目标，教育的主要方法是理解与记忆。可以说，这基本上是一种比较静态的教育形式，受教育者可以两耳不闻窗外事，在一个比较封闭的环境中接受教育。这种教育基本上是用于传承已有的知识。中国从古到今似乎都是这样一种教育。

第二种教育模式叫智力型教育。这种教育的主要目标不是记忆已有的知识，而是培养人的思考能力。我们认为，智力的表层是知识，核心则是思考能力，而能力离不开不断的训练，所以西方那些课堂讨论、质疑、开放式作业、发现式学习都是在培养思考能力。以色列国家的孩子放学回家，家长会问孩子"你今天提出了什么有趣的问题？"，这关注的就是思考力。

第三种教育模式就是人格型教育，这种教育的目标是培养健全的人格。人格是一个人对万事万物的稳定的价值观和态度，人格的核心部分就是自我同一性，即一个人对待人生目标的一致性和持续性的态度。人格型教育的教育方式是自身的生活体验，人格的形成依赖于自身全部的生活经验，所以人格型教育也可以称为生命教育或者生活教育。孩子一出生他就开始了持续不断的人格成长过程。如果这个生活过程是合理的、快乐的，人格就能接纳自身的全部生活经验或者大部分生活经验，这样的人格就可能比较健康。如果自身的生活经验中具有某些不堪回首的黑洞，他的人格就可能被扭曲，严重的还会产生心理疾病。心理治疗试图填补这个黑洞，但是往往事倍功半，因为生活本身不可逆。所以在心理学家罗杰斯那里，教育与心理治疗的目标统一起来了，教育的目标是塑造人格，心理治疗的目标是重构人格。人格型教育的方法就是构建完整而真实的生活。所以，创造性人才不是在教室里教育出来的，而是在生活中成长起来的，甚至可以说是从生活中"冒"出来的。

在这三种教育模式中，后一种教育模式包含了前面的教育模式，即智力型教育包含知识型教育，人格型教育包含智力型教育和知识型教育。但是反过来，智力型教育并不包含人格型教育，知识型教育并不包含智力型教育和人格型教育。知识型教育与智力型教育基本处在同一个跑道上，它们可以在某一个局部的教学场景中完成，也可以反复重复学习；但是人格型教育已经换到另一个跑道上去了，它涵盖了孩子的全部生活情境，这个情境具有唯一性、不可逆性和不可替代性。所以人的本质在于他的个体性。人格型教育就是关注每一个人独一无二的生活情境，它是最完整的、最高级的教育模式。知识型教育和智力型教育应该服务和服从于人格型教育，

第六章 正论四：人格成长路线图

教育最终都要走到人格型教育的轨道上来。教育只要抓住人格型教育这个"纲"，知识型教育和智力型教育自然而然就能"纲举目张"，收到事半功倍之效。

所以我们所有的教育都应该遵循人格型教育的方法，然后各有侧重。比如家庭教育，就要完整地实施人格型教育，因为家庭是孩子生活的主要舞台和场所。由于孩子的核心人格和基本人格在婴幼儿期已经形成，这使得学校教育存在一定的被动性。学校应该在前期家庭教育的基础上进一步强化人格型教育，并在此基础上突出智力型教育。从这个意义上说，家庭教育处于更加核心的地位，它应该为学校教育奠基。有了人格与智力这两个因素，人就有了终身学习的动力和方法，知识随手可得、随时可得。一种教育如果只瞄准知识，忽视人格与智力，这种教育其实是最粗浅的教育，难以更好地调动人的内在潜力。

特别需要指出的是，知识型教育的结果通过考试可以得到比较客观的评估，而智力型教育和人格型教育的结果却几乎难以进行量化评估。这可能是西方教育越来越不重视考试的原因。

中国目前教育体制的特点是，人格型教育基本处于随机状态，智力型教育严重缺失，主要的教育力量都投入知识型教育中去了，孩子、老师、家长都围绕着知识型教育团团转。这种教育的结果导致人失去了自己的本质。北京第十一中学新近探索的教育方式与人格型教育非常契合，他们注重营造一种自由的校园生活，提倡平等的师生关系，鼓励学生发展广泛的兴趣，在学生自我优越感的探求中形成自己热爱的职业方向。这种教学方式尊重学生成长的内在力量，比较容易让学生最后形成自我同一性。

完整的人格意味着创新、意味着个人幸福、意味着社会和谐、意味着文明的进步。没有健全的人格，人不可能掌握最高层次的生活技能，包括最高层次的知识创新和最高层次的与人相处的技能；即便一些人掌握了相当的工作技能，他也可能被社会共同体抛弃，无法享受自己的成就，而成为生活的失败者。所以最高层次的竞争是人格的竞争。教育以人格作为目标，是一种历史的必然。我再一次引用弗洛姆的话："人生的主要使命是促使自己成长，使自己成为他潜在地所是的那个样子。他终生奋斗的最主要成果，是有了他自己的人格。"

我们说的成长就是指人格的成长，所谓成长的奥秘就是人格成长的奥秘。知识只有增长而没有成长。成长是一个有机过程，增长则是一个随机过程。在西方，在罗杰斯以后，教育就整体转向了人格型教育（他前面的很多教育家都很注重人格，比如卢梭、蒙台梭利，但还谈不上整体转向）。

我们提倡的人格型教育，就是建立在孩子人格成长规律基础上的教育模式，在此我们简要归纳其主要特征：

第一，人格型教育的目的是让受教育者实现自身的幸福。人格型教育认为，幸福是人类生命活动的最终目的。

第二，人格型教育的目标是让受教育者形成健全的人格。人格型教育认为，人格是人的本质所在，教育的目标就是让被教育者形成健全的人格，也唯有健全人格能够带来幸福的生活。

第三，人格型教育是个性化教育。没有两个人的人格是完全一样的，也不应该是一样的。人格具有独特性，我们要尊重这种独特性、培养这种独特性、成就这种独特性，因此以人格为目标的教育，一定是个性化的教育。

第四，人格型教育承认和尊重个人的需要，并努力满足这种需要。成长力是内在需要的特殊形式。人格型教育认为，需要的满足带来成长，需要的压制造成病态。

第五，人格型教育十分注重家庭教育、早期教育。人格型教育认为，成长过程就是生命过程，教育即是生活，学校教育只是成长过程中一个晚到的片段，家庭教育是更基础、更重要的教育，家庭教育统领整个教育。

第六，人格型教育认为，成长应该是快乐的，教育也是快乐的，快乐才是生命的宗旨。

第七，人格型教育严格以孩子为中心，家长、老师只是"助产婆"和"啦啦队"，而绝不是"教练员"。

第八，人格型教育注重唤醒孩子内在的生命潜力，并让他们创造自己的生活。人格型教育认为，生活没有标准答案，老师和家长也给不了孩子未来生活的标准答案，每个人的生活都是独特的，每个人都是自己生活的主人，每个人的生活只能靠自己去探索和创造。人格型教育并不鼓励孩子与他人竞争，而是成就那个独一无二的自我。

第九，人格型教育极其关注孩子的好奇心和兴趣，认为好奇心和兴趣是孩子生命力的集中表达，是孩子成长力的早期形式。循着好奇心和兴趣之路，孩子将会发现自我，并达到创造力的顶峰。

第六章 正论四：人格成长路线图

第十，人格型教育不过分注重知识，但是非常重视创新知识的能力。人格型教育认为，知识只是生命力发展的自然而然的结果，僵化的知识不但无益，还会阻碍生命力的发挥，只有根据自身需要创新的知识才是真正有用的知识、才是有益于自己人生的知识。

第十一，人格型教育特别注重人的理性能力的提升，认为它是人的关键属性和核心潜力之所在。人格型教育认为，理性能力归根到底是独立思考能力和创新知识的能力，理性能力不健全的人不可能有独立健全的人格。

第十二，人格型教育特别强调一种正确的爱，这种爱就是接受另一个生命，接受另一个生命的独特生活方式和存在方式。正因为爱意味着接受，所以，爱一个人本质上就是给予他自由。

第十三，人格型教育特别强调自由，自由的本质是对个人自身目的性的尊重，只有给予自由，才能够保护孩子生命初期极其微弱的生命力和成长力，并使之茁壮成长。

第十四，人格型教育是终身教育。知识型教育可以断断续续，生命和成长却是一个连续不断的过程，人格型教育致力于实现这个完整的过程，因此终身学习是人格型教育的内在要求。

为了更好地理解人格型教育，建议阅读郝景芳的《中国教育还缺什么》一文。（见附录十二：《中国教育还缺什么》，本书第329页）

如果用一句话来表达人格型教育，那么这句话我们愿意这样说：人格型教育把每个人自身作为主体，着力于尊重、满足、提升孩子的内在目的、欲望和需要，最终达到生命的最佳状态。这也可以表述为教育是为了成就自我。

如果用两句话来表达人格型教育，那么我们愿意加上下面这句话：生活没有标准答案，也不需要标准答案，人格型教育与标准答案无缘，每一个人都是独特的生命体。这也可以表述为人的本质在于个体性。

如果用三句话来表达人格型教育，那么我们愿意再加上下面这句话：人格型教育着力于培养孩子的理性思维能力，让他们自己去创新知识，创造生活，找到自己的优越感和同一性。这也可以表述为理性成就自我。

人格型教育致力于把人最终培养成完整的人，即健康的人、幸福的人、创造的人。

心理学家们公认，6岁以前是人格形成的关键期，因此也是人格型教育的关键期。国际著名儿童教育家蒙台梭利用一个灯泡状图阐述孩子成长的各个阶段，为我们理解孩子成长的阶段性特征提供了帮助。

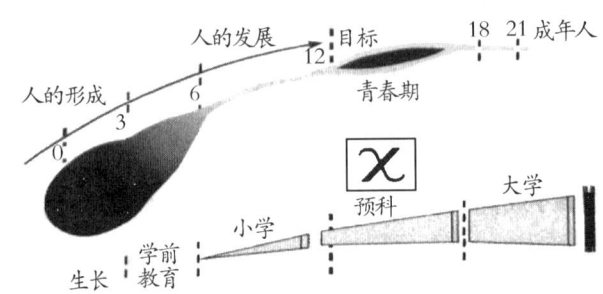

蒙台梭利的孩子四个成长阶段灯泡状图

（本图引自：[西班牙] 克里斯蒂娜·特巴尔著《蒙台梭利 vs 80 后父母：家中的育儿实战指南》，史少洁译，黑龙江出版集团黑龙江教育出版社，2017 年，第 19 页）

这个图告诉我们，幼儿期和青春期是孩子成长最关键的两个时期，而幼儿期尤其重要。孩子成年以后，成长趋于稳定。我们可以根据这个图来更好地把握教育孩子的节奏。

第三节 0~1.5 岁孩子的人格教育要点

一、生理及心理特征

这个阶段的孩子，无论是生理上还是心理上，都处于最薄弱的时期，但却是极其重要、极其迅速的成长期，它是人生的第一个阶梯。

从生理上讲，刚出生的"小肉团"，连翻身都不会，到 1 岁左右，也就刚刚学会走路。所以，这个阶段的孩子，基本没有行动能力，探索外部世界的方式非常简单。他们的主要活动就是哭和吮吸,这是他们天生就会的,也是维持生命的基本活动。然后慢慢会翻身、爬行、站立、行走。弗洛伊德称这个时期为口欲期。

从心理上讲,他们的认知和意志都是从零开始的,整体上处于无目的状态。然后他们逐步有所发展,但主要是感知能力的发展,通过感觉器官——耳、鼻、口、眼、皮肤等与外部世界发生联系,这种联系也是很肤浅的、表面的。他们心中的世界就是他们感觉到的世界。皮亚杰称这个时期为感觉运动期,孩子对世界的理解停留在非常浅表的层面。

二、优势需要

"摄取"需要:这个时期孩子的"摄取"需要主要是来自生理的需要,因此生理需要是优势需要。这种需要是非常强烈的,得不到满足,孩子就会哭闹。

"释放"需要:这个时期孩子的"释放"需要极其微弱,相对于强烈的"摄取"需要,"释放"需要几乎难以发觉。但是埃里克森提出,孩子在这个时期需要对世界和自己建立一种基本信任感,这种信任感是心理活力的"最基本先决条件"([美]埃里克·H.埃里克森著,《同一性:青少年与危机》,孙名之译,中央编译出版社,2017年,第66页)。正是这种信任感,奠定了孩子成长过程中不断融入外部世界的心理基础。这种信任是直接产生于"摄取"需要的满足,这也是唯一通过"摄取"需要的满足产生"释放"需要的过程,以后的成长中再也没有这样的情景发生了。母爱对于孩子信任感的建立极其重要,因为这个时期孩子绝大部分时间与母亲在一起。小时候孩子被剥夺、被遗弃、被虐待,会给孩子留下基本不信任的痕迹。

三、人格教育要点

这个时期的教育要点,是创造一个优越的环境,让孩子舒适地生活;正是这种舒适的生活,让孩子对环境、对自己产生信任感。

第一,迎接孩子出生。出生是孩子成长的重要关口,孩子从母体中分离出来,使孩子与母亲的联结突然断裂,也可能导致母子之间的联结永远缺失。作为一种弥补措施,心理学家们建议,在孩子出生的最初几个小时,应该让孩子和母亲保持肌肤接触,使孩子尽早接受温柔的触摸和安抚;出生后两个月内,都要尽量保持母亲与孩子的亲密接触。

第二,坚持母乳喂养。母乳喂养不但能够提高孩子的免疫力,更重要的是,母乳喂养能够增进母亲和孩子之间的情感交流。孩子躺在母亲温暖的怀抱里,与母亲肌肤相亲,嘴里吮吸着母乳,这是孩子最舒适的时刻,会增强孩子对世界的信任感。

第三,创造孩子生活的舒适环境。房子内的温度、光线、噪声都要加以控制,使孩子感觉舒适。孩子穿的衣服要柔软,宽松;睡眠要充足,但也不要过量;喂奶要有规律,不要让孩子过饱或过饥。

第四,尽量不要让孩子生病。生病总会让孩子留下不愉快的感觉,严重的生病经历会破坏孩子对外部世界和自身的信任感。

第五,解决好断奶问题。断奶是孩子与母亲的又一次分离,做好从断奶到辅食的过渡,不让孩子产生焦虑。

第六,创造一个有丰富刺激源的环境。这个时期的孩子处于大脑神经和感知器官的快速发展期,丰富的刺激有利于孩子大脑和感觉器官的发育。比如对孩子进行抚摸拥抱,让孩子看一些色彩丰富的图片,给孩子放一些音乐或者讲故事等。

第七,鼓励孩子探索周围的环境。不要让孩子在一个单调贫乏的环境里待太长时间,可以抱着孩子多到户外行走,让孩子在安全的地方到处爬行,让孩子触碰身边的小玩具或者小物件。这些活动应该尽可能随机化和丰富化,它是孩子融入外部世界的最初形式。需要提醒的是,不要对这个时期的孩子进行有明确目的性的教育,"因为研究显示,教育性的媒体不仅不能促进认知的发展,实际上还会损害其发展。例如,一个研究发现,相比那些不观看教育性视频和DVD的儿童来说,在7~16个月之间观看此类视频儿童的语言能力发展较差,知道的单词和短语更少"([美]罗伯特S.费尔德曼著,《儿童发展心理学》,苏彦捷等译,机械工业出版社,2016年,第127页)。需要特别指出的是,这个时期的孩子,生理和心理都非常柔弱,很容易对陌生的事物产生恐惧。因此,要让孩子逐步地、由远到近地、由弱到强地接触外部事物(尤其是那些怪异的事物),以避免孩子被惊吓。

第八,对孩子的诉求要及时做出反应,多进行大人与孩子间的互动,多与孩子一块嬉戏打闹、进行前语言交流,这有利于增进孩子的认知、发展孩子的语言和增强孩子的信任感。但是，大人也不要时时与孩子在一起，大人应该有意识地脱离孩子的视野一些时间，让孩子专注于自己的世界。

第九，给孩子读书。美国科学会建议，从婴儿 6 个月大开始，每天给孩子读书。这是培养孩子终身阅读习惯的良好开端。

第十，家长不要对孩子成长期望过切，孩子自己会慢慢成长，任何教育都不应该超越孩子身心成长的自然规律。

第四节　1.5~3 岁孩子的人格教育要点

一、生理及心理特征

这个时期的孩子，已经具有基本的活动能力，手和脚的功能得到释放，孩子在大人的视线内可以进行独立活动。他们有扩大自己活动范围的愿望，但是又缺乏足够自信，很容易受大人影响。如果孩子对外部世界和自己足够信任，他就有更强的心理力量去探索外部世界。语言能力逐步发展起来，可以流畅地与他人进行交流。

在心理发展上，如果前期的生活让孩子对外部环境有信任感，这是一个很好的基础。记忆在此期间得到强化，1 岁左右可以对外部事物留下深刻印象，开始明白外部世界是独立存在的，这是秩序感的心理基础。在一岁半左右，孩子产生朦胧的目的意识，这是孩子自由意志的萌芽，在此以前，孩子的活动是无意识的。也是在一岁半左右，孩子开始觉知到自我的存在，开始理解自己的身体和自己的能力，到 3 岁左右完成第一次自我觉醒。"我"的意识的产生，也意味着"我"与他人界限的产生。能够理解自己，也意味着开始理解他人。在 2 岁左右，抽象思维开始萌芽。

二、优势需要

这个时期的优势需要与这个时期的生理和心理特征相对应。

"摄取"需要：这个时期，孩子会产生一种新的需要，即秩序的需要。秩序的需要本质上仍然是一种安全需要，因为所有"摄取"类需要都是安全需要。秩序需要是人对外部环境的需要。一方面，这个年龄段的孩子，有了一定的记忆力，能够对外部事物留下深刻印象。另一方面，孩子还无法深刻理解外部事物，所以孩子希望外部事物保持相对稳定，否则，外部事物变化过于频繁，会让孩子感到无所适从而产生焦虑。有时，大人挪动某一样东西，孩子都会不愿意，他会要求把东西放在原处，因为他认为那才是这个东西应该在的地方。这个时期，孩子会非常依恋父母，这正是秩序需要的表现。秩序的需要有时会使孩子显得非常"执拗"。秩序需要得到满足的孩子，其内心是和谐的，对外部世界有更多的信任，长大后具有更好的心理素质和人格特征。

"释放"需要：这个阶段的孩子，已经具有一定的生理和心理能量，好奇心开始萌芽，他们会寻求释放这种能量；但是，这种能量毕竟还很弱小，很容易被环境阻碍。这个时期的"释放"需要，被埃里克森称为自主性，它是自由意志的最初形式，是个体向外探索的最初尝试。如果孩子有一个自由的环境，他的探索行动得到允许和鼓励，这种自主性就会确立；同时，也要避免孩子去做一些他这个年龄段无法做成的事，以免孩子遭受打击。自主性的确立，意味着孩子向外部环境的融入，其在心理上又迈进了一步；自主性的失败，会使孩子产生疑虑和羞怯情绪，从而阻碍孩子后期进一步融入外部世界。这种现象正是孩子伴随最初的分离—融入的矛盾心理。

在这个阶段，"摄取"需要和"释放"需要既有互相联系的一面，即"摄取"需要是"释放"需要的必要条件；同时又有区别的一面，"摄取"需要和"释放"需要各有其产生的内在逻辑。也就是说，"摄取"需要的满足并不能当然地产生"释放"需要，秩序需要的满足，不会自动产生自主性。这就要求，在孩子教育过程中，秩序需要和自主需要，应该分别加以关注。

第六章　正论四：人格成长路线图

三、人格教育要点

第一，创造一个稳定整洁有序的生活环境。这是秩序中最容易实现的部分。这时候的孩子能够理解不变的东西，因此要使主要设施、活动区间、陈列摆设等保持不变。孩子对某些变化产生焦虑时，要及时做出调整。"在孩子的小脑袋里'秩序'包括：他第一次看到某样东西放在哪里，那么就会一直坚持它所在的位置；每天回家的路线是不能改变的；出门一定要穿衣服、带包……总之，每一件事情都一定要符合秩序的需求，而这样有秩序的环境渐渐地使孩子产生了安全感。"（孙瑞雪编著，《捕捉儿童敏感期》，中国妇女出版社，2013年，第98页）

第二，对孩子某些无理行为保持耐心。孩子对于秩序的需要可能表现在很多意想不到的时候，这时就需要大人保持耐心。对此，著名儿童教育专家孙瑞雪进行了总结："儿童秩序的敏感期呈现螺旋式上升的三个阶段：第一个阶段，为了秩序的破坏而哭闹，秩序一旦恢复就会安静下来；第二个阶段，为了秩序而说'不'，自我意识开始萌芽；第三个阶段，为了维护秩序而执拗，一切要重新来。孩子执拗的这个阶段可能是老师和父母最为苦恼的时期。因为执拗的要求具有不可逆性，让人感到无奈。但尊重孩子这一生命现象是首要的，所要做的就是：一、成人放慢速度，注意观察和倾听孩子；二、已经发生了，就陪伴孩子，准许孩子把恼怒哭出去，让孩子把情绪哭出去，孩子自己就会接纳已发生的事实。"（孙瑞雪编著，《捕捉儿童敏感期》，中国妇女出版社，2013年，第95页）

第三，强化孩子与父母之间的依恋情结。父母是孩子生活环境中的关键部分，孩子对父母的依恋是一种秩序需要，父母应该予以满足。强化依恋关系的主要方法是，增加孩子与父母的积极互动，积极回应孩子的诉求。所以，在这个时期，父母与孩子更多的陪伴嬉戏是很有益的。这种依恋有时看起来"讨人嫌"，但它是孩子未来拥有健康心理和处理社会关系的基础。若因陌生人的闯入或者与父母分离，破坏了孩子的依恋情结，对此应该做出适当的预防和过渡。

第四，开始培养个人生活的良好习惯。这个时期的孩子特别容易受父母影响，又处在秩序敏感期，所以也是养成某些生活习惯的有利时机。特别是不乱放东西、用完东西要归位、生活有规律等习惯，很容易在这个时期养成。但是这个时期不宜过于关注习惯问题，否则会限制孩子自主性的发展。

第五，在安全的前提下，坚定地支持孩子探索外部世界。这个时期，孩子好奇心开始萌芽，这种初期的好奇心原则上要给予保护和发展。但是他对外部世界的探索具有很大的盲目性，大人要时时关注孩子安全。但是，即便有安全风险，也要坚定地让孩子探索外部世界，这是成长的必由之路。这个时期的孩子，做的一些事情可能难以让大人理解，甚至让大人厌烦，比如反复玩某个东西、把衣服搞脏、弄坏东西、与小伙伴吵架等，因此孩子的活动很容易被大人压制。对此，家长要明白，如果你这样做，你可能正在浇灭孩子自主性成长的火苗。"自主性阶段是值得特别注意的，因为在这个阶段第一次从母亲那里获得了解放。"（[美]埃里克·H. 埃里克森著，《同一性：青少年与危机》，孙名之译，中央编译出版社，2017年，第80页）它为孩子未来成为一个独立的个体提供最初的勇气，对这种刚刚萌发的勇气，要倍加呵护。儿童是通过"做"来学习的，所以只要孩子愿意、高兴，就让孩子随他的好奇心任意地拓展他们活动的范围和形式好了。原则上我们不要压制他，不要命令、阻碍、限制、惩罚孩子，如果不想让孩子做某些事情，宜提早做出预防，而不是在孩子去做以后再阻止或呵斥他。

第六，鼓励孩子探索现实世界。这个时期的孩子会喜欢玩具，很多家长也乐意给孩子买很多玩具，但是，玩具最好只作为辅助性的工具。应该让孩子尽可能地探索现实世界，大自然是最好、最丰富的"玩具"，孩子只有接近自然、深入自然，格局才能变大，内在的好奇心和心理力量才能不竭地调动起来。

第七，恰当把握孩子探索的难易程度。探索程度的过难和过易，都不利于让孩子建立自主性。埃里克森说，"不失自尊的自制感乃是个体发生自由意志的根源"（[美]埃里克·H. 埃里克森著，《同一性：青少年与危机》，孙名之译，中央编译出版社，2017年，第77页）。活动过易则缺乏自尊，活动过难则难以自制，略为有些难度但是孩子又可能完成，有利于形成良好的自主性。在具体生活中如何把握尺度，完全在于大人对孩子的细致观察和了解，以及运用的艺术性掌控。

第八，鼓励孩子与同伴交往。社会是外部世界的重要组成部分，在我们鼓励孩子探索外部世界时，有一部分要特别予以关注，那就是社会。社会既是外部世界的一部分，又是非常特殊的一部分。自然世界在人面前是被动的，但是社会却和我们自己一样具有主动性，我们与社会打交道的方式和我们与自然打交道的方式完全不同。人与人打交道的本质特征是，在追求自身利益时，必须关注和成全他人利益。如果不学会与社会打交道的特殊方式，我们注定会一事无成。这种社会意识、社会感情应该在孩子很小的时候就开始培养。在本阶段，首先应该鼓励孩子与其他孩子交往，这是孩子未来社会交往的最初尝试。另外，这个阶段的孩子，已经开始产生"我"的意识，这意味着他也开始理解他人，所以要多让孩子去体会他人的感受——其他孩子为什么哭？为什么难过？为什么开心？等等。这种感受他人情绪的共情意识，是奠定孩子未来道德感和情商的基础。

第五节　3~6岁孩子的人格教育要点

一、生理及心理特征

学前期总体上仍处在生理和心理高速发展变化的阶段。

在生理发展上，这个时期的孩子，大脑发育基本接近于成人，身体各部分的比例也与成人相近，这说明孩子已经有很强的活动能力了；他们经常脱离父母的视野，向四周活动，这是这个时期孩子活动的重要特征，也是分离—融入过程的进一步发展。心理学家们认为，学前期是孩子一生中最为活跃的时期，他们似乎永远都在运动着。因此，这个时期的孩子都是有名的"捣蛋鬼"和"调皮鬼"。

在心理发展上，他们也取得了巨大的发展。孩子开始运用符号思维，更多地使用概念，但是还没有达到高度逻辑的层次；孩子对于事物的认识，往往停留在表面和局部上，不能深刻全面地把握它；这个时期的孩子，"好奇心非常旺盛，他们不断地寻找各种问题的答案，几乎每件事情都要问'为什么'"（[美]罗伯特 S. 费尔德曼著，《儿童发展心理学》，苏彦捷等译，机械工业出版社，2016年，第184页）。这个时期，孩子对自我的认知进一步深化，从前期外在的自我（"这个皮球是我的"）逐步转向内在的自我（"我跑得快"）；他们非常自信和乐观（一定程度上，这种自信和乐观正是其认知能力不足导致的）并充满丰富的想象力，做事有明确的目的性；他们乐于和同龄伙伴交朋友，开展集体游戏；他们能够感受他人情绪；语言能力快速发展，并几乎达到成人水平。

二、优势需要

"摄取"需要：这个时期，"摄取"方面的优势需要，体现为爱的需要。爱的本质是接受，是对另一个独特的人的接受。这个时期的孩子，自我意识的进一步增强、生命活力的彰显、自信乐观的心理都说明，孩子变得更有个性了。这种初步显露出来的个性是稚嫩的，又是极其可贵的，也是极易受打击的。这时，孩子渴望大人接受他们，包容他们。不能把爱简单地理解为物质上的给予和无微不至的保护，孩子固然需要给予和保护，但是更需要接受——接受这个阶段孩子应该具有的生命存在形式。

"释放"需要：这个时期"释放"的需要，正是旺盛的好奇心。好奇心的满足将产生埃里克森所谓的主动性，它是自主性的进一步发展；行动的失败将会使孩子产生内疚感。孩子已经变得更加主动了，他的行为变得更加有目的性了，自信和乐观给予他们行动的意志，生理、思维、语言的发展，使他们具备了更强的活动能力，他们要把这些意志和能力释放出来。这是生命成长的继续和提升。

三、人格教育要点

第一，给"捣蛋鬼"足够耐心和爱。孩子因为活动能力的增强，会给大人惹很多麻烦，甚至会经常受伤。大人要明白，这是孩子成长、融入世界必经的过程。孩子"捣蛋"的过程正是孩子训练身体、提升智力和形成人格的过程。要准备好从内心接受这个捣蛋的孩子，甚至要鼓励孩子"捣蛋"下去。中国的父母比较偏重于喜欢那些看起来比较乖而文静的孩子，认为那是成熟的好孩子标志。中国父母的口头禅是"要听话！"这是我们特有的文化现象。这种现象与人格型教育理念是不相符的。成长是一个内在活力迸发的过程，是一个内在需要满足的过程。对于孩子生命力爆发初期的无序性，大人要善于理解和接受，而不应该给予压制，压制会严重阻碍孩子的成长。虐待是大人压制孩子的极端表现形式，这是绝对要避免的。虐待包括身体虐待和心理虐待，具体形式有体罚、恐吓、羞辱、轻视等，这些都让孩子产生挫败感，所以不管哪种虐待都要力求避免。心理学家们指出，受虐儿童可能变得爱挑剔、不服管教、低自尊、撒谎、难以适应新环境，更严重的会导致犯罪和抑郁。孩子应该在一个充满爱与自由的环境中成长。

第二，鼓励和引导孩子探索外部世界。孩子主动性的释放就在于探索外部世界，这既是前一个阶段生命力的发展，又是后一个阶段生命力的预备，对此大人要有清醒的认知。这个阶段的孩子迫切希望不依赖父母而自己独立做事。因此，要创造一切条件让孩子去探索外部世界，大人要投入时间、金钱等资源，让孩子通过探索融入外部世界中去。这是一条总的原则，即要鼓励探索，而不要压制探索，哪怕这种探索有一定的风险。对于孩子受伤之类的风险，只能通过适当提醒、适时关注等方法加以预防。实际上，成长道路上的风险是无法完全避免的，又有哪个孩子没有受过小伤？至于如何探索外部世界，大人可以给孩子适当的指导。埃里克森认为，如果孩子的主动性释放受阻或者失败，就会产生一种内疚心理，这是人格成长的消极因素，会影响孩子后续的发展。

第三，鼓励孩子探索自然。自然是外部世界的重要组成部分，也始终是孩子成长的天堂，自然世界奥妙无穷，自然世界是孩子智慧不竭的源泉。喜欢上自然的孩子，生命不会枯燥，格局不会太小，思想不会太局限。现在的孩子，生活在城市化的环境中，越来越多的工业产品，如人造景观、玩具、电子产品等，充斥着他们的生活，因此孩子普遍患有"自然缺失症"，这种现象已经引起全世界的关注。孩子应该从这个"人造"的小世界中走出来，回归自然，那里才是孩子身心成长的最佳场所，野性的自然将让孩子的身体、智力、意志得到全面锻炼。

第四，鼓励孩子社交。这个时期的孩子，已经有社交的愿望，希望发展真正的友谊，这种友谊是未来社会交往的基础。社交是孩子应该形成的基本兴趣之一，也是成人后形成高情商的良好起点。家长还应该引导孩子去体会和感受他人的情绪，培养共情意识，提高孩子的同情心，逐步形成对他人情绪的敏感性。这个时期孩子的友谊主要是通过一起玩耍和游戏形成的，所以要鼓励孩子游戏。游戏也是这个时期重要的学习方式，在游戏中，孩子的认知、身体、情感、社交、规则意识都能得到锻炼。联合国人权事务高级委员会主张，游戏是每个儿童的基本权利。除了同伴之间的玩耍，还应该让孩子了解更广泛的社会关系和社会机构，比如警察、公务员、教师、医生、志愿者、养老人员以及企业、工厂、学校、警察局、法院、养老院等，使孩子对社会有更完整直观的理解。

第五，让孩子接受艺术和审美教育。这个时期的孩子特别爱动，艺术则让人安静。一静一动，生命才平衡。艺术的作用前面曾经谈过，人生总要有一些艺术爱好、审美的享受与滋润。让孩子经受艺术熏陶和训练，对以后的人生大有益处。我们特别推荐孩子玩玩美术，因为美术是一项很特别的艺术活动，它让人既动脑又动手，既让人审美又认知（事物、比例、颜色），还是一项高度创造性（在一张白纸上画画是高度创造的）的劳动，能够锻炼创造性思维。之所以说"玩玩"，是不一定把它当作一项职业技能来培养，只作为一种人生成长的综合手段。

第六，激发与延续孩子的好奇心。孩子对自然、对社会的探索，其目的是让孩子建立和强化各种兴趣，任何无助于孩子产生兴趣的教育都是不可取的，而好奇心是兴趣的基础。对这个时期的孩子来说，对事物认知的对与错并不重要，知识的多少也不重要，好奇心才是未来成长关键。这个时期的孩子，天生就有好奇心，大人要善于发现、保护、引导、深化孩子的好奇心，家长应该经常与孩子谈论和分享孩子的观察、思考与好奇心。如果这种好奇心一直延续到上学，孩子在校学习就不会是一件困难的事，因为学校学习无非是满足孩子好奇心的另一个方式。"让孩子能够独立思考和谈论周围世界是最好的入学准备。"（［美］罗伯特 S. 费尔德曼著，《儿童发展心理学》，苏彦捷等译，机械工业出版社，2016 年，第 248 页）这个时期尤其不要过于注重知识教育，一方面孩子的思维水平决定了此时接受知识是有困难的，另一方面过于关注枯燥无味的知识，会压制孩子的好奇心，使他们对学习失去兴趣。中国的家长总喜欢在这个阶段逼迫孩子上各种兴趣班，美其名曰"不让孩子输在起跑线上"，可问题却出在"逼迫"上。如果孩子真有兴趣，我们并不反对，但是如果孩子没有兴趣学习，大人却一味逼着孩子学，这是我们不支持的，因为孩子的好奇心和兴趣会因为逼迫而消失。这个阶段的真正的起跑线是广泛的好奇心，而不是那些枯燥无味的知识。这种好奇心是推动孩子将来进一步深入探索世界奥秘的动力。知识只是兴趣的自然而然的果实，兴趣将来会引导孩子获得必要的知识，而离开兴趣的知识是僵死的知识，往往极其"有害"——因为它侵蚀了真正有益的、美好的东西。怀特海认为，为了知识而学习知识，为了考试而记住知识，是教育的一条"邪恶之路"（［英］怀特海著，《教育的目的》，庄莲平、王立中译注，文汇出版社，2012年，第8页）。他们的思维还主要以感性思维为主，这是0~13岁的整个浪漫阶段的共同特征。感性思维意味着他们对事物的理解是表象的、整体的、肤浅的、具体的。由此，对他们的教育方式也应该是散漫的、轻松的、整体的、表象的、具体的。应该让孩子从感性上去了解人类赖以生存的世界，通过这种自由自在的、感性的了解，使孩子对这个世界产生好奇心和兴趣。事实上，这个时期的孩子正处在游戏期，他们把一切都当作游戏，游戏就是他们的工作，工作就是游戏；在游戏中，他们发展出充满活力的想象力，他们也正是生活在自己想象的世界中。整个浪漫阶段都不应以掌握多少知识为目标，而是以激发孩子对求知的兴趣为目标。确保让孩子很好地度过这个浪漫阶段，是教育最重要的问题，也是考察一种教育体制具有科学性的关键指标。

第七，启发孩子的概念意识。人格型教育极其注重孩子思维能力的培养，认为思维能力远比一般知识重要得多。概念是理性思维的原点，没有清晰的概念，任何思维都没有意义。孩子在1.5~2岁左右开始萌发抽象思维，逐步具有形成概念的能力，3岁以后会更多地运用概念。因此，这个阶段应该在形成概念方面更多地启发孩子。概念是通过属性来界定的，可以通过指出属性的方法来阐明概念。比如，鸡有什么属性或特点？云彩有什么属性或特点？树有什么属性或特点？等等。在此基础上，再拿同类事物进行对比，比如，杨树有什么属性或特点？松树有什么属性或特点？这样逐步深化孩子对概念的认识。这样一种引导，既能够让孩子学会观察不同事物、区别不同事物，又能够使孩子实现思维和智力启蒙，同时也把孩子的视野投向更为高远的外部世界，激发孩子探索的兴趣。思维方法的培养是一个渐进和长期的过程，它在整个成长期都是一个教育重点，不要急于求成，重在培养孩子善于观察事物属性或特征的兴趣，而不在于孩子是否准确把握了事物的属性或特征。

第八，着力培养孩子的良好习惯。这个时期，应该开始全面地培养孩子生活的习惯、工作的习惯和与人交往的习惯。习惯也意味着规则，习惯养成也是规则确立的过程。家长应该认真梳理一下各类习惯中都有哪些是必须引起关注、应该加以培养的，然后在日常生活中时刻留意，日积月累，良好习惯就能够形成。很多家风家训都体现在家庭生活的习惯中。为了使孩子养成良好习惯，父母应该以身作则，凡是要求孩子做到的，父母都应该自己首先做到。父母的行为是孩子习惯养成的最佳暗示。这里要特别提出两种重要习惯：一是道德习惯；二是阅读习惯。道德习惯就是教养，也就是亚里士多德所说的伦理德性，它是人类文明经历长期积淀而形成的道德规范，具有一定的普遍价值，因此可以通过规则的方式和习惯的形式表现出来，比如诚实、礼貌、和善、尊老爱幼、不说脏话等，这些习惯应该在孩子刚开始社交的时候就开始培养。在阅读习惯方面，这个时期孩子虽然不会自己阅读，但可以通过大人拿书给孩子讲故事等形式，让孩子对书产生兴趣，放录音听故事是达不到这个效果的。在讲故事中，可以增加与孩子的互动，以提高孩子对书的兴趣，如在故事讲到一半时，让孩子想象结局，或者故事讲完后，让孩子重述故事概要等。这些活动通过日积月累，就会形成良好的习惯。

第九，严格控制看电视看电脑的时间。这个时期的孩子并不能真正理解电视中播放的节目内容，他们不能批判性地接收电视信息，因此孩子不宜看成人的电视节目。这个时期的孩子应该"动"起来，在"动"中学，"动"对孩子的身体和智力发展都是至关重要的。美国儿科学会建议，在保证节目质量的前提下，"学前儿童与包括电视、电脑、电视游戏和 DVD 等各种屏幕的接触时间限制在每天两小时"（[美] 罗伯特 S. 费尔德曼著，《儿童发展心理学》，苏彦捷等译，机械工业出版社，2016 年，第 200 页）。每次看屏幕的时间不要过长。

第十，自己的事情自己做。这是一条重要原则。这个年龄段的孩子已经可以做一些事情，所以就要认真贯彻这条原则，凡是孩子能做的事，尽量让他自己做。孩子做事能够增进其身体协调性和智力发展；孩子做事情成功了，能够积累自信——自信归根到底是通过不断做事来认知和确认自己的能力；孩子去做事情，难免会有失败，而这种失败正是挫折教育，可以逐渐增强其心理弹性，以承担起未来人生中可能遇到的更大的不幸。在做事中，孩子得到身体、智力、意志的全面成长；在成功与失败中，孩子体会到真实的人生。在这个阶段应该开始让孩子做家务，从与孩子自己生活有关的事情开始，让他自己去做，然后慢慢地与孩子一起做其他事情，并一直坚持下去，最终使孩子成为一个能够独立生活的人。家长要敢于和善于让孩子去做事，家长应该记住，虽然孩子还小，但是儿童是在不断"做事"中成长的。

第十一，组织家庭会议，重大问题通过家庭会议讨论决定。仪式化的沟通方式有助于形成平等、民主的氛围，养成理性和独立思考的习惯，在参与中提升孩子的自我意识。尤其在确定某些有关孩子生活的规则的时候，父母不要单方面决定，一定要征求孩子意见，与孩子共同制定。

第六节　6~12岁孩子的人格教育要点

一、生理及心理特征

这个时期正是孩子上小学的时期。根据蒙台梭利的灯泡状图，这个时期，孩子各方面变化相对比较缓慢和稳定。

在生理发展上，这个时期的孩子缓慢而稳定地发展，身体逐渐变得更加高大、强壮，运动能力显著增强，直至接近于成人水平。

在心理发展上，这个时期孩子的思维特征是，开始出现逻辑思维，能够更加全面和深入地观察事物，但是"他们还是不能脱离具体的物理属性，并且不能理解真正抽象和假设的问题，或涉及形式逻辑的问题"（[美]罗伯特S.费尔德曼著，《儿童发展心理学》，苏彦捷等译，机械工业出版社，2016年，第241页）。这个时期的孩子，总体上心理比较平稳，比较听父母的话。对于自我的认知，这个时期的孩子经历了由开始时的从身体能力上定义自我到结束时的开始从心理上定义自我的转变。随着孩子对自己身体技能和心理能量的认知以及进入学校学习，孩子之间开始出现相互比较和相互竞争的意识。弗洛伊德称这个时期为潜伏期，它是青春期风暴前的暂时平静。

二、优势需要

"摄取"需要：这个时期的孩子，尽管身体和心理都有了进一步的发展，活动能力也得到了很大提升，但是他们离成人还有较大距离，因此他们对父母还有很强的依赖性。因此，他们仍然渴望被接受，即这个时期占优势的"摄取"需要，仍然是被爱。没有这种被爱的环境，他们无法远行、无法独立地融入世界。实际上，整个 12 岁以前的时期都被称为依恋期。

"释放"需要：我们已经看到，这个时期的孩子已经孕育了很大的生理和心理能量，他们已经开始从前期在游戏中想象的世界中走出来，进入现实世界。一方面，他们已经可以清晰地感到自己的内在力量，并致力于展现这种力量。在这种力量的展现中，前期的好奇心逐渐转变为兴趣——兴趣需要对事物有更深的了解，因而也更加稳定。另一方面，由于孩子还没有产生纯粹抽象的形式思维，所以孩子内在力量的展现主要通过具体的活动来实现。自然而然，这种展现更多表现为活动的技术和技巧。埃里克森把这种内在力量的技术性展现称为勤奋感。他说："当所有儿童有时不得不留下单独游戏，或者后来只能与书本和广播、电影、电视打交道时，或者当所有儿童只能整天做'佯装'游戏时，由于缺少一种能够制造而且制作精美的感觉，他们迟早会变得不满和不快。我们把这种感觉称为勤奋感。……他现在学会了用制作物件以求获得承认。他们逐渐变得不屈不挠，使自己能适应工具世界的无机规律，并能变成生产情境中一个热情而专心致志的人。"（[美] 埃里克·H. 埃里克森著，《同一性：青少年与危机》，孙名之译，中央编译出版社，2017 年，第 122 页）也就是说，孩子已经不能满足于游戏的世界了，他们渴望在现实世界中体现自己的制作能力。当这种能力得到恰当展现，他们将积累自信，否则就会产生自卑感。这种勤奋感正是前一阶段主动性的发展。如果说在此以前，孩子主要是适应环境，那么从这个阶段开始，孩子开始具有独立思考和改造环境的能力。如果孩子在兴趣的引导下展现出他们的活动技巧，孩子将会进入一种非常良性的成长状态。

三、人格教育要点

第一，爱孩子并接受孩子的变化。不同时期的孩子具有不同的特点，我们爱孩子的方式也会有所不同。如果说对 1~3 岁孩子的爱更多地表现在肌肤接触，对 3~6 岁孩子的爱更多地表现为陪伴，那么对这个时期孩子的爱，则更多地表现为共同的探索。假如家长能够接受并鼓励孩子去探索世界，并且与孩子一起去探索世界，强化探索活动中的沟通和交流，这就是这个时期对孩子最好的爱了。

第二，要把整个世界展现在孩子面前。孩子对世界的探索，不应该局限在一地

第六章 正论四：人格成长路线图

一事，应该尽可能扩大孩子探索世界的范围，最好把未来生活的整个世界舞台——自然的、社会的、历史的世界——都展现在孩子面前，让孩子对这个广阔的生活舞台进行热情而感性的拥抱，在这个浪漫的拥抱过程中，让孩子对未来的生活建立信心和兴趣，这将会点燃孩子未来的求知欲。实际上，蒙台梭利把这个时期的这种探索称为"宇宙教育"，因此这个时期正是孩子兴趣扩散和格局扩大的关键时期。（见第四章第二节）等到这个阶段结束，孩子已经把整个宇宙装入心中，这为将来确立人生目标和方向，完成人格同一性的建构，提供了丰富的感性素材。

第三，恰当地控制知识教育。这个时期的孩子已经开始接受一些知识教育，但知识教育仍然不是这个时期的教育重点。过度的知识教育，一方面不适合这个时期孩子的心理和认知能力，从而会打击孩子学习的积极性；另一方面也会占用孩子过多的时间和精力，以致孩子反而没有时间去浪漫地探索广阔的外部世界。怀特海曾说，"但令人悲哀的是，在这个黄金时期孩子们却不幸落在填鸭式教育的教师的阴影之下。我所说的这个时期大概有四年的时间，从常规意义上来说，通常在八岁到十二岁或十三岁之间。这个时期儿童学会利用母语，利用已掌握的观察能力以及处理问题的能力。婴儿不能应付身边的环境，但是儿童能；婴儿不会观察，但是儿童能；婴儿不能通过记忆来保留思想活动，但儿童能。于是，儿童进入了一个全新的世界"（［英］怀特海著，《教育的目的》，庄莲平、王立中译注，文汇出版社，2012年，第32页）。家长和学校应该共同努力，互相配合，完成孩子对世界的浪漫探索。而目前国内的教育，家长和学校似乎正是合力一股脑儿地对孩子进行知识灌输，并把知识教育作为唯一标准，孩子被严格地限制在学校—家庭的两点一线之间，这是"令人悲哀"的。

第四，以活动为主要教育形式。这个时期的孩子是通过活动来认知自我的，正如埃里克森所说，"我就是我所能学会进行工作的我"（［美］埃里克·H. 埃里克森著，《同一性：青少年与危机》，孙名之译，中央编译出版社，2017年，第90页）。通过活动，让孩子与世界进行感性接触，可以带动孩子技能的表达，建立兴趣，积累自信，并实现独立思考。不能把教室、听讲、背诵作为主要教育背景或形式，应该让孩子的活动扩展到世界中去；即便在教室中，也应该让知识具体化。带有一定冒险性的活动，尤其能够吸引孩子参与其中，并提高孩子的活动技能。郝景芳在《中国教育还缺什么》（见附录十二，本书第329页）一文中介绍的情况，正可以说明这一点。

最近和一位在美访问学者交流，她的女儿12岁，在美国小学读了一年多，目前六年级。她对比中国和美国的小学教育，发出感慨：美国的小学学这么多看上去没用但真正有用的东西啊。她指的是什么呢？我详细询问了一下。原来她女儿上的小学有四大主科，比重差不多，分别是：数学、语文（即英文）、科学和社会科学。后两者是国内小学很少有的。其中科学按照主题探究世界，她女儿学习"水"已经学习了快一年，就一个小小的"水"，展开许多方面，从生活用水，到整个世界的水循环，还有与食物、工程有关的各种各样的水，她女儿小学就已经知道了不少化学概念。社会科学学什么呢？他们用一年的时间"绕世界一圈"。学习世界各大洲各国文明，前两个月刚刚学过中国，学习了中国古代各个王朝和皇帝，还有风俗和科技，这个月要开始学习非洲了，从气候、地理到各国文化。他们还要写自己对不同文化的观点。为什么她认为这些知识是"看上去没用但真正有用"的呢？因为她觉得这些知识和周围的真实世界相关，而且教会孩子具有思考问题的能力。

那些"看上去没用但真正有用"的东西，正是人格成长所必需的活动，而我们的教育大多只注重知识，却很少重视人格。

第五，实行个性化教育。人格也称个性，以人格为目标的人格型教育，应该是个性化教育。西方是极其强调个性化教育的。怀特海说："我相信，在教育中如果排除差异化，那就是在毁灭生活。"（［英］怀特海著，《教育的目的》，庄莲平、王立中译注，文汇出版社，2012年，第15页）学校教育很容易以一套标准的教育方式开展教育，从而把教育变成一条"流水线"，与个性化教育相背离。西方的小学教育，采取各种方式来维护教育的个性化，值得我们深思。比如，小班制可以确保教师与孩子的互动，课堂上鼓励学生提问和发表意见，教师有权自己确定部分教材以实施因材施教，小学前期不布置家庭作业（这样可以让孩子有更多时间自由地探索世界），不考试、不公布考试成绩（以分数为唯一标准最容易压制个性），鼓励学生发展自己的特长和兴趣，等等。家庭教育本来天生是个性化的教育，但是由于中国传统文化本身排斥个性，所以孩子的个性在家长这里也不一定能得到保护。我们家长心中对优秀孩子的认知，往往只有一个标准，即考试分数。岂不知，从人格型教育角度来看,考试分数并不是一个恰当的也不是一个重要的指标。然而,在中国目前的教育现实中,我们如果放弃考试分数这个指标,似乎整套教育体制都会垮掉。这正是中国教育的麻烦和困境之所在(实际上这是文明的困境),有待于全社会——教育管理部门、学校、教师、家长——共同努力来突破这个困境(因此教育的进化实质上是文明的进化)。2018年,国家给中小学生减负,社会舆论却因此陷于混乱——我们的家长们不知道,减负以后,学生多出来的时间应该干什么。有的干脆校内减负,校外则趁机加负;有的则说,学校减负了,学生不是放羊了吗?还不如不减。实际上,减负可以为孩子自由探索世界提供机会,为个性化教育腾出空间。教育中"自选动作"越多,越有利于培养个性。但整体上我们缺乏这样的国民意识,我们的文明没有提供这样的教育思想,所以广大家长不理解减负的意义、不知道如何利用这个机会。清华大学著名经济学家李稻葵教授在《哈佛教育最大特点——敢问敢说敢"忽悠"》(见附录十一,本书第327页)一文中讲过一个故事,说他在哈佛大学时有一个学生,叫雪莉·桑德伯格。这个学生非常自我,非常有个性,甚至连他都觉得有些另类。但正是这个学生,在几十年后,竟成为美国著名的Facebook公司的首席运营官,她不仅是哈佛最优秀的毕业生之一,还是福布斯最有权势的女性之一。这让李稻葵教授也万万没有想到。两种文明对待个性的态度及其结果,可以给我们的教育提供很多反思。

第六,在物质生活上实行适度不满足。这个时期的孩子开始了相互对比和竞争,我们要把孩子的竞争意识恰当地加以引导,以促进其健康成长。通常来说,孩子首先会在家庭背景和生活享受上进行对比,他们会因为自己优越的家庭背景和物质享受上的优势而沾沾自喜,并满足于这种眼前的优势,忽视自身生命潜力的发挥和人格的成长。严格的家庭教育、物质上的适度不满足,使孩子找不到这些外在的、暂时的优势,迫使孩子从自身内在的潜力中挖掘自身的优势,促使他调动自己内在的精神力量,摆脱依赖心理,这是孩子自我成长的必由之路。在这个阶段,最好引导孩子多关注外部世界,对外部世界产生直接兴趣,弱化孩子之间的相互比较。

第七,继续致力于培养良好的习惯。在生活习惯、社交习惯和工作习惯三大类习惯中,生活习惯、社交习惯在3~6岁阶段应该基本养成,6~12岁这个时期要注重培养做事的习惯,如做事有计划、有始有终、持之以恒、敢于提出问题、独立思考、想清楚再说等等。另外,在这个阶段,尤其要养成阅读的习惯。在此以前,给孩子读书、讲故事等，都是一种预热性行为，这个阶段孩子自己可以逐步阅读了，在小学的后几年，要引导、鼓励孩子进行大量阅读，确立终身阅读的习惯。

第八，加大思维能力的培养。在具体的思维方法上，可以加强辩证法和因果律的教育，孩子已经能够理解并学会使用这两种思维方法了。在教育方法上，不是告诉孩子辩证法和因果律的书面知识，而是引导孩子自己运用辩证法和因果律来分析现实中事物的发展变化。思维方法的培养关键在于能力，而不在于知识，思维方法的反复运用，久而久之就形成了一定的思维习惯。正确的思维习惯才是我们思维教育的目标。思维能力是智力的核心内涵，思维训练实质上就是研究能力的训练，也是美国中小学教育的重要特色。著名华裔经济学家陈志武披露了他的孩子在美国是如何经历研究训练的。他说："在我女儿四年级的时候，老师会花一年时间讲科学方法是什么，具体到科学的思辨、证明或证伪过程。他们就学到，科学方法的第一步是提出问题和假设，第二步是根据提出的问题去找数据，第三步是做分析、检验假设的真伪，第四步是根据分析检验的结果做出解释。如果结论是证伪了当初的假设，那么，为什么错了？如果是验证了当初的假设，又是为什么？第五步就是写报告或者文章。这个过程讲起来抽象，但是，老师会花一年的时间给实例，让学生自己去做实验。这种动手不是为考试，而是最好的学习，让人学会思辨，培养头脑，避免自己被别人愚弄。这种动手所达到的训练是多方面的，尤其是靠自己思考、找问题，会让学生变得非常出色。实际上，如果按照我女儿他们在小学四年级就学到的科学方法标准去判断，国内经济学以及其他社会科学类学报上发表的许多论文，都没法及格，因为许多论文只停留在假设的层面上，然后就把没有经过数据实证的假设当成真理结论。"（见附录六：《什么才是真正有远见的教育》，本书第296页）

第九，鼓励孩子多运动。这个时期孩子的勤奋感主要体现在制作和活动技能上，孩子渴望展现某些技能，而运动是孩子展现自身技能的最好形式。学校和家长应该鼓励孩子尝试进行多种运动，直至找到最适合孩子的运动方式，然后坚持下去，形成运动兴趣和习惯。一个良好的运动习惯，不但可以促进身体发育，还可以使孩子收获自信，让孩子体会做事的方法和规律，强化规则意识和团队意识，在人生目标的实现中会产生意想不到的影响。凌志军在《成长比成功更重要》一书中谈到的高剑锋就是一个非常好的事例。高剑锋从小发育不良，"这孩子一出生就不断生病，总是咳嗽，总是发烧，头发长得比别的孩子慢，牙齿出得比别的孩子晚，一岁多了还不会叫'妈妈',两岁了还不会走路,四岁了还总是摔跟斗"(凌志军著,《成长比成功更重要》,湖南人民出版社,2013年,第28~29页)。为了让孩子变得更加强壮,高剑锋的爸爸决心让孩子训练跑步。"剑锋的长跑训练是从五岁开始的。训练安排在早上,天天如此,不能间断。第一年,父亲在前边跑,儿子在后面跑。第二年,儿子越跑越快,父亲渐渐落在后面了。第三年,父亲骑上了自行车,儿子还是在后面跑。就这样,剑锋跑了五年。"(凌志军著,《成长比成功更重要》,湖南人民出版社,2013年,第29页)这个发育不良的孩子后来又喜欢上了足球、排球、篮球、围棋,经常是早上长跑,下午放学后踢足球。运动给高剑锋带来了很多课堂上学不到的东西,他说:"体育对我特别有帮助,不仅是体能方面,还有思维方面。我觉得体育好的人都是很聪明的。因为一个好的球员,一定非常清楚战术是怎么样的,还有团队精神在里面,知道怎么配合。……很多聪明人,其实都是小聪明,逞一时之快,占点小便宜。其实真正聪明的人都是大智慧。人与人的高下之分,不在一时,而在一世,不在开始,而在最后,最后胜出的才是最厉害的。胜负不完全取决于体力,到最后主要取决于毅力,取决于你的坚持不懈,也取决于你能否从同伴甚至竞争者身上学到你没有的东西。"(凌志军著,《成长比成功更重要》,湖南人民出版社,2013年,第30页)高剑锋在运动中收获的自信、毅力、独立思考等等,正是人格型教育最看重的人格要素。

第十,鼓励孩子社交。社交始终是人格型教育持久关注的重点,它关系到孩子社会性、情商和道德的发展,关系到孩子人格中的社会感情问题。这个时期孩子的社交教育,重点是引导孩子理解他人的行为,鼓励孩子与伙伴们互相帮助,共同面对困难,共同分享成功,让孩子顺利融入他所在的那个群体中去,引导孩子慢慢明白友谊是双向的真诚合作,而不是单向的施与。

第七节　12~20 岁孩子的人格教育要点

一、生理及心理特征

这个阶段是孩子成长的一个非常特别的时期，也是一个非常重要的时期，更是一个充满危险的时期。这个时期通常称为青春期。如果用一个词来表达这个时期孩子成长的总体特征，那就是挣扎。这个阶段对孩子的人生来说，就像一片沼泽地，他半身陷在泥泞之中，一不小心就会沉下去；为了蹚过这片沼泽地，他也许会用力过猛，也许会心疲力竭，但是他终究必须拼尽全力蹚过这片沼泽地。到了对岸，就是阳光普照的大地——他真正成人了。

孩子成长阶段的年龄划分有多种方式。怀特海把 13 岁以前称为浪漫阶段，13~18 岁称为精确阶段，18~22 岁为综合运用阶段；蒙台梭利把 12~18 岁称为青少年期，把 18~21/24 岁称为成熟期；埃里克森则把 12~20 岁称为同一性形成期。如果我们把同一性（即人生目标）的确立作为社会性成人的标志，那么埃里克森划分成长期的方法更为准确，所以我们采用埃里克森的划分法。但是总体上看，各种划分法之间的差异并非不可逾越，由于个体发展的差异性，年龄段的划分只能是一个大概数。

青春期的孩子，生理已经成熟，可以称为成人了，渴望释放他们的生理能量。

在认知能力上，青春期的孩子抽象思维能力逐渐发展成熟。就是说，青春前期孩子的抽象思维能力开始萌芽，到青春后期才进入成熟阶段。怀特海所谓的精确期教育，主要目标就是正确思维方法的培养，哲学和逻辑思维方法的训练。但是，并不是所有人都能够掌握正确思维方法，受文化背景的局限，有些民族整体上就没有正确思维方法；即便是西方社会，"一些证据表明，相当一部分人到很大年龄才具备形式运算的能力，有些人甚至一直都没有完全掌握形式运算思维。例如，大部分

第六章　正论四：人格成长路线图

研究表明只有40%~60%的大学生和成年人能够完全掌握形式运算思维，另一些研究则估计这一概率只有25%"（［美］罗伯特 S. 费尔德曼著，《儿童发展心理学》，苏彦捷等译，机械工业出版社，2016年，第303页）。我们认为，理解这一点非常重要。很大程度上，民族与民族、人与人之间的区别，从这里就拉开了距离，因为人类文明的第一次革命就是认知革命，认知能力的成熟与否，决定了一个人能否走向成熟，也决定了一种文明的成熟与否。一个人后期的同一性产生、自我实现、超我诞生，都离不开成熟的理性思维能力。

身体和思维的逐渐成熟，使青春期少年渴望独立，渴望自己成为独特的人，以至于表现出某种"自我中心主义"。孩子在青春期实现了自我的第三次觉醒——他们从内在心理上定义自我，对优越感的追求成为他们的中心任务。他们想挣脱家庭的束缚以彰显那个"独特的我"，他们对那个"独特的我"的追求已经超过了对家庭的依恋。这个时期的孩子，正如埃里克森所说："他宁愿做出无耻的在年长的人看来是出于自由选择的行动，而不愿做出羞怯的、在自己的同伴眼中看来是被迫而为的活动。"（［美］埃里克·H. 埃里克森著，《同一性：青少年与危机》，孙名之译，中央编译出版社，2017年，第91页）为了彰显这个"独特的我"，他们追求时尚、崇拜明星，甚至把喝酒、吸烟、吸毒、打架、早恋都当成那个"独特的我"的具体表现，甚至走向犯罪。

但是，他们的思维终究还是不够成熟，他们追求"独特的我"的过程充满了矛盾，他们过于处处追求优越感，因而难免经常碰壁。这是一个对前期生活经验进行深化与整合的时期，如果前期生活经验相对贫乏，这种深化与整合就会成为无米之炊（这说明了学龄期为什么要进行"宇宙教育"）；即便前期生活经验非常丰富，也要经历一番消化、磨合、尝试、纠结、怀疑、选择。这是一个复杂困惑的时期、喜忧参半的时期、挣扎前行的时期，也可以称为混乱期、过渡期、调试期、熔炼期；他们有时会过高地估计自己，有时又会过低地估计自己，内心丰富而无序，这给他们带来巨大的心理压力，以至于产生抑郁或自杀。

在青春期结束时，大约20岁，孩子通过一番痛苦的挣扎和熔炼，终于修得正果——产生同一性，这意味着孩子在社会性上已经成人了，人格成熟了。同一性是孩子依靠自己理性思维的力量，在对自己生活经验进行消化和整合后的结晶，它是个人在未来的生活中即将为之长期奋斗的一个目标、一种信念、一种生活策略。孩子今后很长时间都会围绕这个目标,调动自己一切身体和智力能量,去实现这个目标和信念。至此,孩子已经超越简单物质需要和本我,成为一个自我的、创发性的人,他找到了那个真正的我。

产生同一性是孩子受到成功教育的结果,是孩子从出生开始逐步成长、积累的结果。这个同一性不会突然冒出来,而是健康生命周期的必然产物,青春期接过浪漫期的教育成果,最终成就了同一性。"青少年在努力发掘他们独特的优点和缺点,以及他们在未来生活中所能扮演的最好角色。这种发现过程常常包括'尝试'不同的角色或选择,以探索这些角色和选择是否符合自己的能力和观点。在这个过程中,青少年在个性、职业、性和政治的承诺方面缩小范围、做出选择,并试图借此弄清楚他们自己是谁。……那些顺利地形成适当同一性的人给自己设置了一条路线,为未来的心理发展奠定了基础。他们了解自己独特的能力,并相信这些能力,然后发展出对自己是谁的准确感知。他们已准备好铺设一条将充分利用他们独特力量的道路。"([美]罗伯特S.费尔德曼著,《儿童发展心理学》,苏彦捷等译,机械工业出版社,2016年,第325~326页)

这种同一性,集20年的人生成长功力于一体,它是一座厚重的里程碑,人们因此而忠诚于这种同一性,将为实现同一性确立的目标和信念而奋斗。他们将会调动一切力量——包括必要的专业知识和社会资源——来实现其同一性。只有到这时,专业知识才显示出其应有的和必要的作用。

埃里克森指出,除了这种正常的、我们期望的、积极的同一性之外,由于教育的失败,孩子会产生同一性"变异"。一种"变异"叫作"消极同一性",它是一种错误的同一性,比如期望通过巧取豪夺来满足自己的欲望。这种"消极同一性"最后终将害人害己。还有一种"变异"叫作"同一性混乱",它实际上是没有找到自己的人生目标,无法在社会中确定自己的角色,类似于我们现在说的"空心病"。还有一种"变异"叫"同一性延缓",它是指需要更长的时间才能产生同一性。良好的教育正是为了争取最好的结果,实现积极的、高质量的同一性。

二、优势需要

青春期的孩子,其优势的"摄取"需要,已经从前期被爱(接受)的需要转变为尊重（承认）的需要。"接受"与"承认"非常相近，只是程度上有区别。"接受"更多是对父母等重要他人的期望，期望父母接受一个普通的人——一个儿子、一个女儿；"承认"更多是对社会（包括但超过了父母的范围）的期望，期望社会承认一个"独特的我"、一个"有特殊潜力的我"。到青春期结束产生同一性时，毫无疑问，尊重的需要已经成为优势需要。前面曾经谈到，尊重有两重含义，一是展示自己的独特潜能，二是赢得他人的承认。在这两重含义中，前一重含义是"释放"的，后一重含义是"摄取"的，此时合二为一，形成尊重的需要。在孩子刚刚出生时，"摄取"需要（生理需要）曾经是"释放"需要（信任需要）的前提；如今，当孩子接近成人时，"释放"需要转变成了"摄取"需要的前提。也许这正是成人的标志。由于尊重需要的前提是自己独特潜能的发挥，因此它是一种创造性力量，或者说，真正的自我一定是创造性的。当"释放"（自我潜能的发挥）和"摄取"（被他人承认）不能协调时，孩子就处于挣扎状态，它是一种同一性混乱状态，这往往是青春期的常态。

在今后相当长时间里，尊重需要都处于主导地位，大多数人一辈子都在寻求尊重需要。少部分人会进一步上升到自我实现的需要，这种人一方面可能因尊重需要已得到基本满足，另一方面他们具有极强的认知能力，他们自知对于世界的洞察已经进入无人区，于是不再寻求他人的承认，满足于自娱自乐的精神游戏（有人再过几十年、几百年，后人会猛然发现他；有人则可能永远无人理解他）。

三、人格教育要点

第一，接受和承认孩子成长变化的现实。在追求"独特的我"的过程中，处处追求优越感使他们的行为显得盲目和过急，很多行为可能并不是大人（家长和老师）所乐见的，有些行为还可能让大人担心、愤怒，以致产生冲突。对此，大人一定要有正确的认知和应对方法。其一，大人应该认识到，孩子追求"独特的我"是未来找到真正自我的必要前提，这是一个人成长必经的过程，他终将蹚过这片人生的沼泽地，因此大人不必过于焦虑；孩子特立独行的各种行为，是其融入外部世界的一种演习。其二，大人要认识到，现在的行为方式未必就是孩子未来行为的模本，孩子实际上是在整合、熔炼自己的人生经验，这是一个试错的过程。随着孩子理性思维能力的发展，他最终将对自己的人生做出合理选择。其三，大人应该给予孩子足够的自由空间和足够的耐心，让孩子完成这个试错过程，包容孩子某些不合时宜的行为。过度频繁的干预只会适得其反，使孩子的反抗更为激烈，以致扭曲孩子人格的正常发展。其四，大人要松手而不放手，时刻关注孩子心理和行为的变化，保持有效沟通，经常一起讨论人生和社会重大问题，同时要防止孩子触碰行为底线（吸毒、吸烟、喝酒、性等），杜绝危险事故发生。其五，对孩子的进步给予适当肯定，帮助孩子分析其自身的优势和弱点，引导孩子深度、全面思考问题。总之，孩子所需要的接受、承认，都应该给予恰当的满足；对孩子的挣扎要给予宽容，孩子正在努力成为一个独特的人，大人要理性看待这个现象，适时地、恰当地给予帮助，使孩子顺利完成青春期的挣扎。

第二，理性思维能力应该是这个时期教育的重点目标。这项工作应该主要由学校来完成，文化素养较高的家长也可以发挥自身特有的作用。在小学阶段，对概念、辩证法、因果律已经有了一定的进展，青春期要把重点放在形式逻辑和哲学（怀疑论）的训练上，它是进行深度思维必不可少的工具。无论是自我的成长还是超我的诞生，都离不开深度思维。我们也曾谈到，有人终其一生都不曾掌握抽象思维方法，所以这个阶段的形式逻辑和哲学（怀疑论）的训练至关重要，它将在很大程度上决定孩子未来的人生和命运。思维能力的训练关键不在于掌握思维知识，而在于思维实践。思维是每时每刻都在进行的活动，一个人只要开始思维就应该遵循基本的思维规律，因此思维能力训练的目标是要形成正确的思维习惯，只有通过反复的思维实践才能做到。形式逻辑和哲学（怀疑论）都是西方文明的产物，中国教育可能有意无意地忽视这个问题，对此我们应该引起足够的重视，应该学习完整的西方哲学，从苏格拉底、亚里士多德到笛卡尔、康德的西方哲学，它是理性主义的真正源泉。

第三，培养孩子的应激能力。应激是对各种威胁性和挑战性事件的反应。青春期孩子在人生试错过程中会遇到各种各样的现实威胁与挑战，这给孩子造成了很大的心理压力，严重的会导致离家出走、抑郁和自杀。应激能力也是对孩子情商高低考验的指标之一，它取决于自己对危机的认知和如何积极采取必要措施应对危机。社交能力强、情商高的孩子，会准确认知危机的来源，并主动采取多种有针对性的措施缓解危机；相反，一些社交能力不够强的孩子可能会束手无策。大人应该在孩子遇到危机时给予及时的、正确的帮助，这种帮助应该是分析问题和启发孩子，让

第六章 正论四：人格成长路线图

孩子找到危机的原因并自己解决问题。如果孩子自己能够有效地应对青春期的威胁与挑战，将为其在成年后处理社会矛盾打下良好基础。欺凌是青春期孩子身上经常发生的事。被欺凌的孩子，往往是社交能力差、情商较低的孩子，他们被欺凌时，往往束手无策。解决欺凌问题，归根到底要从早期教育入手，尽早关注孩子的社会性发展。

第四，恰当处理早恋问题。对孩子来说，早恋是一个特殊的挑战性事件；但对这个时期的中学生来说，却又是一个普遍现象，也是一个让大人头疼的问题。总体来说，我们前面谈到的几条原则，都适合用于处理早恋问题。面对早恋，我们既不要惊慌失措，以为大祸临头，也不要掉以轻心，以为啥事都没有。早恋既考验孩子的应激能力，也考验大人的应激能力，处理好这个问题，孩子将经历一段有效的成长历程。首先，大人应该冷静理性地看待早恋问题，把早恋看作成长的一个必经历程，是孩子寻找"独特的我"的一种表达形式。客观地说，恋爱是一件非常复杂的事情，指望恋爱一次成功到成年是不现实的。恋爱应该有锻炼和试错的机会，早恋正是锻炼恋爱能力的机会。所以，大人发现孩子早恋后，应该祝贺孩子，因为这说明他长大了，并且有人喜欢了。也只有保持这种理性态度，才有可能对孩子早恋施加正确影响。其次，大人应该与孩子保持沟通的顺畅，弄清孩子之间为什么相互喜欢，是"真恋"还是"假恋"，分析利弊，并提供意见给孩子参考。再次，画出红线。明确告诉孩子，男女感情是庄重而神圣的，关乎自己和他人一生的幸福，要对得起这份感情，就得考虑长远，为双方的一生负责，同时可以明确要求孩子不得影响学习、不得发生性关系。最后，保持关注与沟通，让孩子这段感情顺利发展或者结束。

第五，让孩子学会利益妥协和分享。这个时期的道德教育，已经超越规则阶段，开始产生亚里士多德所说的理智德性。孩子应该运用自己的理性能力，理解和处理自己与他人的利益共生关系，并从这种共生关系中去定位自己的利益。要让孩子明白，只有适当关照他人的利益，才能护佑自己的利益，一味地强求自己利益有时并不能确保自己利益的实现。真正的智慧在于共享和分享，构建利益共同体意识。

第六，鼓励孩子参与社会实践。孩子不应只沉迷于读书和纯理论的思考，应该创造机会参与社会实践活动，在社会实践中提高对世界认知的深度和广度，锻炼自己的独立思考能力和执行能力，明确自己的优势和劣势。社会实践与理性思考相结合，有助于孩子顺利完成青春期的整合与熔炼，最后达成良好的同一性。毫无疑问，大学生活极大地扩展了孩子的视野，为孩子达成同一性提供了不可或缺的帮助。如果中学期间也能坚持社会实践，孩子达成同一性将会更加高效和优质。社会实践可以有多种形式，比如深入农村、工厂，参加学校社团、社会志愿活动，跨地区交流等。

第七，改革以分数为唯一标准的高校录取办法。降低基础教育课程难度，回归基础教育本质。基础教育应该让学生了解人类文明的完整的知识体系（通识教育），以及各学科门类之间的相互关系，并激发孩子探索世界的兴趣。如果以分数为高考的唯一标准，只会引导孩子关注某些局部知识和技能，打击孩子从整体上把握世界的积极性，抑制孩子的创造力。只有建立一种以考察"完整的人"为目标的高考录取机制，更多关注那些"看上去没用"的东西，才能更好地引导青春期学生全面发展。真正的素质教育应该追求完整的人格，而不是某些知识或技能。根据同一性原理，孩子在高中阶段并不具备选择专业的能力，高中教育应该文理不分、全面发展。进入大学以后，孩子才能最终确立自己的人生目标，因此大学应该提供休学、专业选择与调整的机会。

第八节　成长是一场无可逃避的人格修炼

前面我们已经对人格的成长做了整体描述，勾勒出了人格成长的路线图。

我们已经看到，孩子从幼儿时的本我，逐步上升到自我，并诞生超我。在这个过程中，人的物质性需要逐步被精神性需要取代，"摄取"的需要逐步被"释放"的需要取代，人越来越脱离动物状态，达到真正的人的状态，人越来越成为完整的人。

在0~20岁这个成长过程中，究竟发生了什么？又是如何发生的？

我们可以这样概括这个过程：人的最基本需要推动着人采取行动，人的行动推动着人的身心发展，身心发展又使人产生新的需要，如此层层递进，推动人逐渐脱

第六章 正论四：人格成长路线图

离动物状态，达到更高层次的需要和更高层次的行为。我们把这个过程称为成长的过程。

在成长中，我们看到两大关键要素：需要和行动。否定需要不可能成长，没有行动也不能成长，正是需要和行动的相互作用，让婴儿长大成人。

人最本质的特征是他的人格——他的价值、他的信念、他的意志、他的人生目标。成长的目标就是人格。如果不能培养出健康而完整的人格，教育就没有完成其关键的、主要的任务。真正的教育是创造条件让孩子满足需要并采取行动，通过满足需要并采取行动，使孩子产生一种独特的价值、信念和目标，这就是人格。

这里有一个关键问题：人格能否由外人——父母、老师——灌输给孩子？

这是我们目前的教育总想做的却总是事与愿违的事情。我们总想把一种人生观、世界观灌输给孩子，但是结果往往事倍功半、效果甚微，甚至舍本逐末、南辕北辙。知识有客观的一面，它是对客观事物的真实反应，一加一等于二，永远不会变，所以可以灌输。价值和信念却并非知识，它是主体与客体之间的关系判断，它因人而异，它是独特的、个性化的；它只能自己觉悟，不能灌输。如果人格也像知识那样可以灌输，教育就变得极其简单了，甚至都不需要教育了——百度里很多知识都有，你如果需要某种知识，百度一下就行了。人格是自己生活的结晶，不一样的生活就有不一样的人格。

产生价值和信念的过程可以称为修炼。修炼就是自己在生活实践中逐渐觉悟。从0到20岁，通过需要—行动的不断往复，人在复杂多变的世界中，根据自己独特的生活经历，修炼出那个"独特的我"、拥有同一性的我，它的标志就是一个人明确了价值、信念、目标。这个"独特的我"也可以称为"人生之梦"，一个人找到了这个"独特的我"，他就有了自己的"人生之梦"。

成长是一场无可逃避的修炼。说它"无可逃避"，是因为人一出生，他的生活就开始了，他的修炼也就开始了。你不能说我不要修炼，除非你不要生活——不要生活就是死亡。正常的生活修炼出正常的人格，良好的生活修炼出良好的人格，恶劣的生活修炼出恶劣的人格。所以教育无非是为孩子提供一种良好的环境，让孩子在此良好的环境中进行生活——修炼。

什么是良好环境？不同的文明会有不同的回答，伊斯兰文明、儒家文明、西方理性主义文明各自都有自己的答案。这样，教育又回到文明中来了。所以教育归根到底要受到文明的制约。好在人类文明发展到现在，随着全球化的发展，什么样的文明可以称为良好，已经越来越有某些公认的标准，比如理性、科学、人道、正义等等。

中国人喜欢谈禅修——禅修也是一种修炼。凡是修炼都靠自己觉悟，旁人帮不上多少忙。但是禅修和人格修炼的目标是不一样的。禅修是要破除我执，消解自我，消解人的目的性，达到无我；而成长修炼正好相反，它是要修出那个真正的自我，修出那个真正的"执"。禅修是从有我达到无我，成长修炼是从低级的我（本我）、弥散的我（混乱的我）修出高级的我（自我和超我）、集中的我（同一性的我）。

我们认为，目的性是人的本质特征，禅修要依靠自己的力量消解人的本质，把人变成非人，所以禅修是反人性的。为什么禅修极其困难？正是因为它反人性、反逻辑。

据说，苏东坡与佛印禅师相交。有一次，苏东坡写了一首释法偈，其中有两句："八风吹不动，端坐紫金莲。"由此流露出苏东坡自己感觉修禅已经达到无我的境界，毁誉讥讽都不为所动了。佛印禅师看后，批了两个字：放屁！苏东坡看到佛印禅师的批文以后，勃然大怒，坐着船过江去找佛印讨个说法——你凭什么骂我"放屁"？见面后佛印哈哈一笑，说道："八风吹不动，一屁过江来。"言外之意是，你不是"八风吹不动"了吗？何以"一屁过江来"？可见，你还是很在乎毁誉的嘛。这个故事说明，就像苏东坡那样的高人，也无法真正做到无我。因为无我是反人性的，苏东坡是人，他又怎么能无我呢？实际上，当苏东坡沾沾自喜地说出"八风吹不动，端坐紫金莲"时，他已经流露出我执的特征了。

禅修有不可说、不能说、不必说的说法，因为它反人性，所以不可说、不能说、不必说。

人格修炼不但可以说，而且能够说，可以说得清清楚楚，因为人格修炼建立在承认人的目的性、承认人的需要的基础上，建立在真实人性的基础上，它是一种科学，它可以说、能够说、必须说。说清楚才能掌握人格修炼的规律，才能够让孩子健康成长。

第七章
余论： 人格是西方教育追求的核心目标

我们已经习惯于拿中国教育与西方教育进行比较。总体来看，推崇西方教育的论著和文章与批评中国教育的论著和文章一样，都是俯拾即是。

西方教育的本质究竟是什么？带着这个对西方教育问题的"终极之问"，我们浏览一些讨论西方教育的著作和文章，久而久之，关于西方教育的本质特征的轮廓逐渐呈现出来，并越来越鲜明。我们发现西方教育本质上就是人格型教育，它具有我们谈到过的人格型教育的普遍特征。西方教育的目标就是成就孩子的人格。

爱因斯坦曾说："什么是教育？当你把受过的教育都忘记了，剩下的就是教育。"

雅斯贝尔斯也曾说："教育首先是学生精神成长的过程，然后才是学科知识获得的过程。"

起初，我们对爱因斯坦所谓"剩下的就是教育"、雅斯贝尔斯所谓"精神成长"的理解相当模糊。"剩下的"究竟是什么？知识难道不是"精神成长"的应有之义？这两位大师的箴言似乎过于玄奥了。

然而，当我们对西方教育进行比较完整的考察以后，我们越来越清晰地感觉到，爱因斯坦所谓"剩下的"、雅斯贝尔斯所谓"精神成长"，都是指向人格。从人格教育的角度去理解西方教育，一切就变得顺理成章了。

那位在接待美国学生中产生"六次大大的惊诧"（见附录十三：《中国教育沉思》，本书第337页）的南京家长，他"惊诧"的是什么呢？他所"惊诧"的似乎都与考试无关，仔细分析，"惊诧"的正是人格素养。

尽管西方国家的教育也各具特色，但是仍然可以探寻出一些共性的东西来。

第七章　余论：人格是西方教育追求的核心目标

第一节　教育生活化

我们前面曾经提到，人格就是持久稳定的信念和态度，它是推动人的行为的内在决定力量。我们已经反复阐明，人格不是从外部植入的，而是在人的内在需要推动下、在生活中逐渐孕育形成的。因此，脱离真正的生活体验，不可能有人格成长。杜威说"教育即生活"，他要求学校也要呈现现实生活并作为整个生活的一部分。西方教育总是努力把生活应有的状态完整地呈现在孩子面前，让他们经受生活本身的历练，成就他们的人格。

在婴儿期，孩子完全处在被动生活的状态，大人的行为能否满足孩子的需要？这是一个看似简单、实则复杂的问题。为此，荷兰的做法是给所有的新手妈妈们配备产后护理师。

产后护理师会来教这些新手妈妈那些基本的育儿技能——如何进行母乳喂养，如何安抚婴儿，以及如何给婴儿洗澡等，并且给予产后妈妈们照顾，确保她们能够顺利应对这些产后问题，并提供一些实际的帮助。产后护理师会教这些妈妈如何识别新生儿常见问题（如新生儿黄疸），以及产后妈妈的常见问题（任何产后并发症和抑郁迹象）。她还会负责做家务，比如打扫地板，清洁浴室，在家做饭，以及招待那些前来看望宝宝并表示祝贺的客人们。（［美］瑞娜·梅·阿科斯塔、［英］米歇尔·哈奇森著，《荷兰育儿法》，东方出版社，2018年，第41页）

这样一种安排，使幼小的孩子得到很好的生活照顾，让孩子保持安静、放松、充分休息和有规律作息。

对于学前儿童，西方教育强调让孩子尽情玩耍，不进行结构性教育。在这个时期孩子正好处于游戏期，游戏是他们生活的主要形态，因此游戏和玩耍就是最好的教育。

美国学前儿童教育协会认为，好的学前班具有十大特点：

一、孩子们大部分时间在玩，而不是漫无目的地瞎逛，老师不会要求孩子长时间保持安静。

二、每天都有不同的活动，不会总是在同样的时间做同样的事。

三、老师关注一个和一小组孩子，而且一天当中会经常换组，不是一天固定一组。

四、用孩子的画、手工等装饰教室。

五、从日常生活中学文字和数字，比如花、草、树木、动物，每天点名，为小朋友分发点心。

六、有活动能让孩子的注意力持续超过一小时。

七、每天有机会到户外玩。

八、老师会给一个或几个孩子讲故事，而不是只对一大组孩子讲故事。

九、尊重个体差异，对聪明和落后的孩子都有关注，因材施教，不用每天学同样的东西。

十、孩子和家长都喜欢上学，家长安心，孩子开心。最重要的是，少组织集体活动。（［美］陈麦克著，《论中美教育》，海南出版社，2016年，第133页）

从这十个特点来看，好的学前班是孩子要有各种各样丰富多彩的玩法，最好是让孩子自己选择怎么玩、玩什么，也就是说，要让孩子自由自在地玩。

荷兰的幼儿教育强调"只玩耍不识字"，他们的幼儿园是这样安排活动的：

首先，家长送孩子入园时，学校会鼓励家长留下来给孩子讲个故事或者陪孩子玩会儿拼图，再跟孩子道别；接下来是"圆圈时间"，小朋友和老师围坐在一起，相互问好，并引入今天的美工活动；然后是幼儿自由游戏和美工活动的时间；紧接着是第二次"圆圈时间"，小朋友和老师围坐在一起，听听音乐或做其他活动；最后小朋友们继续自由游戏，直到家长来接。老师并没有试图去叫孩子们识字和数数。（［美］瑞娜·梅·阿科斯塔、［英］米歇尔·哈奇森著，《荷兰育儿法》，东方出版社，2018年，第69页）

第七章 余论：人格是西方教育追求的核心目标

荷兰幼儿园的孩子为什么"只玩耍不识字"？对此，他们是这样认识的：

我们要为每个孩子提供机会，让他能够按照自己的节奏去发展自我。这对我们来说是最重要的。无论是在室内的活动室还是在室外的游乐场，教师都要为孩子们准备丰富多样的游戏材料，供他们自主选择。我们跟孩子们进行大量交流，跟随他们的思路鼓励他们去探索。

……

我们希望孩子们学会如何与同龄人交往。我们会鼓励他们一起玩耍。这样，他们就能够去学习交往技能——要去分享，要有耐心，还要自信。我们也会安排集体活动，比如一起读故事、唱歌，全班一起做某件东西等。

……

当父母来到这里，表达他们对孩子没有受到足够挑战的担心时，我们会告诉这些家长，他们的孩子会背诵字母表，可以从一数到一百，确实很棒。但是这并不是真正的学习，只能算作小把戏。就像猴子一样，它们的孩子也可以表演些小把戏，仅此而已。（［美］瑞娜·梅·阿科斯塔、［英］米歇尔·哈奇森著，《荷兰育儿法》，东方出版社，2018年，第75页）

识字数数被认为是"小把戏"，因此不屑一顾。荷兰孩子在6岁以后才会开始学习读写算。他们真正看重的是自主选择和与人交往的能力。对于4~5岁的孩子，荷兰人主要通过"行为举止""关心环境""与老师的关系""与同学的关系""工作态度"等指标进行评价。"评价报告的大部分内容把重点放在他的社会交往技能以及性格特点上，而不是侧重学业表现。"（［美］瑞娜·梅·阿科斯塔、［英］米歇尔·哈奇森著，《荷兰育儿法》，东方出版社，2018年，第82页）这种理念与杜威、蒙台梭利、怀特海、埃里克森的教育理念是一致的。

进入小学以后，西方教育并不是一味让孩子接受结构化学习，而是努力让孩子保持与现实生活的联系。

陈志武谈到美国的小学教育：

从幼儿园一直到小学四年级前，没有家庭作业，下午放学就放学了，周末就是周末，不用担心学习。有作业，家长就会抱怨说："怎么布置这么多作业，孩子们还过不过日子了？他们一生的幸福是我们更关心的，你不要让他们回家后每分钟都花到作业上，最后他们变成了人还是机器？"

所以，学校与家长谈判后往往是这样一个结局：美国的幼儿园及小学四年级以前都不布置作业。有没有考试呢？初一之前没有考试。（见附录六：《什么才是真正有远见的教育》，本书第296页）

其实，芬兰孩子的上课时数比起多数国家都少得多；功课从没有多到做不完，周末和假期的作业不会让孩子忙到不能好好休闲。寒暑假就是放松、休息的假期，甚至根本就没有什么寒暑假作业。（陈之华著，《芬兰教育全球第一的秘密》，中国青年出版社，2016年，第32~33页）

没有考试、没有家庭作业，孩子可以有大量时间自由自在地玩。玩得越开，孩子自主性越强、兴趣越广、眼界越宽，这才是重要的。这也是怀特海教育思想中浪漫期教育的要旨所在。

郝景芳谈到自己在英国小学接受教育的经历：

……我从9岁到10岁跟随父母到英国一年，在当地读书。读的只是普通公立小学，也不在富人区，更离英国的传统贵族教育很远。但就是这个破破的公立小学，我们在大半年的时间里，走过了埃及文明、古希腊文明、人体百科和鸟类百科。每一个主题下，我们会阅读、绘画、做习题、做设计、写文章。最后没有考试，而是每人都会做一大厚本"成果"，包含自己在此主题下做出的所有内容。

所有这些学习和成果，了解水的知识、鸟类知识、希腊知识和人类知识，对于参与国际竞赛都没什么帮助，对我们中国父母在意的高考或者美国标准入学考试也没什么帮助。那么，他们为什么花这么多时间学呢？这些知识到底是有用还是没用呢？

有没有用，要看在学校里还是学校外。有很多知识，对于标准化考试不一定有用，但是对于真实世界的真实生活，却是用处极大。（见附录十二：《中国教育还缺什么》，本书第329页）

第七章 余论：人格是西方教育追求的核心目标

没有家庭作业、没有考试，那孩子放学以后干什么去？看看芬兰人是怎么做的。

芬兰在基础教育法中增加了低年级生与任何特殊教育生的课前与课后活动法规，规定由学校或学校附近的机构，每天上午7点到下午5点，全年提供570~580小时的课前与课后活动。平均每天3~4小时。

……

主要是让孩子们玩乐、休息、从事创造性与启发性的活动，并提供舒适的环境给孩子做功课，与学校共同合作的机构，则会提供相关的体育、绘画、语言、音乐活动或课程。

……

这听来有点像我们俗称的"才艺班"。但在芬兰和西方的说法是"兴趣"，也就是人生的兴趣与嗜好，像是一种可以让孩子终身受用或热爱的事。（陈之华著，《芬兰教育全球第一的秘密》，中国青年出版社，2016年，第80页）

野营也是一种生活化的教育形式。那位南京家长接待的美国学生，最难忘的就是野营了：

我第四次被惊到的是听俩孩子聊天，我孩子问美国女孩了，遇到最恐惧的事情是啥？美国女孩子说：是有一年的暑假，几个家庭的父母，把几个10多岁的孩子，送到原始森林里，没给带水和食物，没有床和帐篷，跟孩子们相约一周后来接。那一周是这个孩子最恐惧的，也是最刺激的。她告诉我孩子，为了不挨饿，他们生吃过抓来的老鼠。这样的活动，家长们的出发点是锻炼孩子们的生存能力。（见附录十三：《中国教育沉思》，本书第337页）

荷兰孩子六岁就开始外出过夜旅行了：

从六岁起，我的孩子参加学校的过夜旅行。女儿最近参与的这次出行取得了巨大的成功。他们组织了三天两晚的活动，住在森林中的一个房子里。孩子们一起参观博物馆，参与各种各样的户外游戏、篝火晚会和传统的幽默剧。孩子们轮流唱歌、跳舞、讲笑话和表演魔术。在最后一个晚上,举办一场持续到午夜的迪斯科舞会,所有老师、校长都会和孩子们一起跳舞,伴随曲是孩子们最近最喜欢的那首《橡胶熊》("Gummy Bear")。艾娜回到家后对这次活动赞不绝口。([美]瑞娜·梅·阿科斯塔、[英]米歇尔·哈奇森著,《荷兰育儿法》,东方出版社,2018年,第146页)

家务劳动也是生活化教育的重要形式。我们在前面曾经谈到,在很多西方国家,家务劳动都是孩子的必修课。南京家长接待的那位美国学生也聊到了这个话题:

在聊到业余生活时,我了解到美国女孩家庭的基本情况:爸爸在自己的企业工作;妈妈基本是家庭主妇,不上班,但是,美国女孩强调,她的妈妈很辛苦,要负责家里的日常生活、草地、游泳池和直升机的日常养护;哥哥负责洗碗和协助妈妈搞卫生;她则是负责家里两条狗和三只猫的衣食起居。一家人,各负其责,井井有条。(见附录十三:《中国教育沉思》,本书第337页)

上中学以后游学和参与社团活动则成了孩子接触现实生活的重要形式。南京家长接待的那位美国女生可能是个中学生,但她已经游历过30多个国家。陈麦克也说:

而我的大女儿,今年暑期会去德国柏林大学讨论马克思主义的起源,到莫斯科大学与当地师生一起合作研究"俄国十月革命的成功与失败",再去蒙古大学研究一个自认为仍是社会主义的国家,最后是到北京大学讨论"中国特色的社会主义是什么"。
……
我大女儿参加过7个高中社团,她的社团活动从亚裔社团到联合国大会模拟,从赈灾活动到政治竞选,十分丰富多彩。([美]陈麦克著,《论中美教育》,海南出版社,2016年,第10页)

美国孩子被大学录取后,还会提出暂缓入学或休学,以使自己深入生活实际,

第七章　余论：人格是西方教育追求的核心目标

更多地了解社会。

被哈佛这样的大学录取后，以了解真实社会为由，申请推迟入学也成为流行。暂缓入学的申请人可利用这一年的修学旅行、支教、创业等进行人生探索。据高等教育研究院统计，全美在2013年度大约有2%的大学新生暂缓入学。

事实上，过去40多年来，哈佛大学录取书中明文"鼓励"学生休学。哈佛通常每年有50~100名学生推迟一年入学，大约占新生比例的2.5%至4%。宾夕法尼亚大学每年推迟入学的新生人数也差不多。普林斯顿大学不仅鼓励休学，还为休学提供活动安排和财务支持，例如 Bridge Year（间隔年）每年吸取10%的录取学生参与国际公众服务项目，这一项目大约招50名学生，将他们分配到巴西、中国、印度、秘鲁和塞内加尔等国去学习和做义工。普林斯顿大学会对这一项目提供资助。（［美］陈麦克著，《论中美教育》，海南出版社，2016年，第22~23页）

总之，西方教育从小到大都鼓励孩子广泛、深入地了解现实世界、融入现实生活。在开始的浪漫期，更注重自由自在地、广泛地了解世界，中学以后则逐步增加了解的深度。

这种对现实世界先进行生活化的、广泛的了解，再进行深度了解的学习过程，被陈之华称之为"先见林，再见树"。为什么要这样安排呢？对此，陈之华说：

仔细推敲，芬兰的基础教育，的确是运用了很多元、很重视人性的方法与模式，希望能先启动孩子们学习上的兴趣，以及对整个学门与科目的了解，这就是"先见林，再见树"的长处。在学习初阶段，师生们都不至于为了一棵树的细部知识与标准动作，在"先见树，再见林"的教育概念下，带着学生反复演练、一磨再磨！而能让学生放宽眼界，经过教育最基本的认知阶段，并能建构起日后深入学习、终身学习的兴趣。（陈之华著，《芬兰教育全球第一的秘密》，中国青年出版社，2016年，第35~36页）

原来，这样生活化的教育方式，是要学生先建立学习兴趣！这不正是怀特海的教育思想吗？人格的关键部分正是从孩子的兴趣中慢慢生长出来的，那些"看上去没用"的教育正是在塑造人格。

郝景芳也说：

我们在学校学习的知识，常常距离真实世界很远，以至学生常有"为什么学"的困惑。化学课上学了很多物质的化学式，学了配比化学方程，学会了看瓶瓶罐罐的小图，但是这与生活有什么关系？不知道。于是不知道为什么要学。然而另一种学法是反过来，先了解真实世界，理解真实世界是如何运作的，有什么现象、规律和困扰，然后思考解决方法的时候，遇到了化学公式。这个时候的化学公式是直接解决真实世界的问题的，将来走入真实世界，可以直接调用学过的知识来运用。（见附录十二：《中国教育还缺什么》，本书第329页）

所以，在杜威"教育即生活"这句话里，蕴含着人性的大智慧和教育的大思想。西方早期教育没有作业、不要考试，他们要的是人格，因为人格总是从自己的生活体验中孕育而生。

第二节　注重家庭教育

人格不是从课堂里听来的，而是从生活中长出来的。在人的成长过程中，什么生活对人格的成长影响最大呢？毫无疑问，这个生活就是家庭生活。在0~20岁的时光中，孩子的绝大部分时间都是在家庭里度过的，因此家庭生活对孩子人格的影响也是最大。

根据蒙台梭利的孩子成长阶段灯泡状图，孩子的基本人格特征在6岁以前形成。这也是心理学家们的基本共识。在这一年龄段，孩子更是主要在家庭环境中成长。由此可见，家庭生活对孩子人格具有极大影响。所以，孩子成长的真正起跑线在哪里？是在家庭教育，在父母的教育理念。儿童早期教育的核心不在幼儿园，而在家庭；早教的目的不是读写算，而是让孩子健康快乐地全面启蒙和成长，形成健康的人格基础。而这个特殊任务，任何幼儿园——包括各种贵族幼儿园和特色幼儿园——都难以完成，只有家庭能够完成。

在美国，20世纪30年代经济大萧条之后，离婚率大幅度攀升，引发各界对家庭问题的关注，推动了美国对家庭生活教育系统化、专业化的研究。随后成立的"美国家庭关系委员会"（NCFR）致力于家庭研究、政策和实践，创立并管理"家庭生活指导师"资格认证工作。目前，美国和加拿大大约总共有125个学院和大学采用NCFR的家庭生活指导师的课程标准。

完整的家庭生活教育的内容和课程设置包括十大方面：社会中的家庭和个人——理解家庭与其他社会机构的关系，如教育、政府、宗教、医疗和各种就业机构；家庭内在动力学——理解家庭的优势和弱势，以及家庭成员如何与他人相关联；人的成长和发展——了解家庭中人的完整生命历程，以及每个阶段的发展变化（典型和非典型）的特征；学习每个阶段身体、情感、认知、社会、道德和个性等方面的基本知识；人类性行为——学习不同生命阶段性发展的生理、心理和社会影响因素，以便进行健康的性调适；人际关系——学习如何发展和维持人际关系；家庭资源管理——学习个人和家庭如何做决策，如何开发和分配资源，包括时间、金钱、物质财产、精力、朋友、邻居和空间等；父母教育和指导——学习父母如何教育、引导和影响子女和青少年，以及不同生命阶段，父母/子女关系的变化特点、动力和需求；家庭法律和公共政策——了解法律议题、政策，学习对家庭健康和福利有影响的法律法规；价值观和伦理问题——学习批判能力，理解并尊重多元价值，了解社会态度及价值的形成机制及其选择的复杂性和价值选择的后果，讨论科技发展带来的新的伦理议题；方法论——学习家庭生活教育的一般哲学和普遍原则，掌握如何计划、执行和评估家庭教育项目的能力。（刘汶蓉，《美国家庭生活教育及对中国家庭教育的启示》，《中国妇女报》，2016年11月22日）

由上述资料可以看出，美国的家庭生活教育是一个视野更广、内涵更丰富的概念，它涵盖了家庭生活的方方面面，包括经济、社会、健康、法律、伦理、心理、哲学等。可以看出，美国人的思维在于建构一个健康的家庭生活，从而为孩子人格成长提供一个有效的家庭环境。从"家庭生活影响孩子人格"的角度来说，家庭教育不仅仅是父母与孩子之间的关系，而是整个家庭生活与孩子之间的关系，因此美国人的做法是比较科学的。健康和谐的家庭生活，对儿童的人格形成会有重要影响：

在美国进行的一项研究表明，家庭进餐方式是儿童未来发展情况的一项强有力的预测指标。每周至少五次与父母在一起的孩子，到了青春期，他们不太可能吸烟、酗酒、使用大麻，参与严重斗殴，发生性行为，或被停学等。他们在学校的表现更好，并且更有可能上大学。（[美]瑞娜·梅·阿科斯塔、[英]米歇尔·哈奇森著，《荷兰育儿法》，东方出版社，2018年，第192页）

恩丽在《在德国学做父母》（见附录三，本书第285页）一文中，让我们见识了德国对家庭教育的重视程度和具体操作方法。在德国，社区里经常会举办家庭教育讲座，父母经常会接到这样的邀请，这使得父母不断有机会学习家庭教育知识，提升自己的家庭教育水平，使广大父母从自然父母向合格父母转变。我们也看到，在德国，如果父母不能很好地养育孩子，"国家就会把你的孩子带走"，使父母失去养育孩子的资格。联邦德国基本法规定，抚养和教育子女为父母之自然权利，也为其至高义务，其行使应受国家监督。

第三节 追求个性化

独特性是人的本质特性之一。世界上没有两个完全一模一样的人，就算是双胞胎，他们看上去外表很相似，但是人格却可能会极大不同。然而，人在现实中呈现出独特性是一码事，我们能否主动追求这种独特性、成就每个人的独特性却是另一码事。作为一种文化现象，西方文明是主动追求人的独特性的，因此追求个性化也成为西方教育的重要特色。

第七章　余论：人格是西方教育追求的核心目标

西方追求个性化教育的例证可以说是俯拾即是，体现在教育活动的诸多细节中。

他们认为，教育不是让孩子相互竞争，而是让每个孩子都努力去发现那个潜在的自我人格。他们相信，每个人都是独一无二的，每个人都有自己独特的素质、优势、潜力和目标，教育的目标就是去发现这种独特性、成就这种独特性。既然教育是在寻找那个独特的我，那么孩子之间还有什么要竞争的呢？因此，假如教育以人格为目标，孩子就无从竞争，也无须竞争。如果孩子总是处于竞争状态，这种教育肯定是非人格型教育。

西方教育尽量避免把两个孩子进行简单对比。下面这个例子很能说明问题：

2009年我在SMU青少年夏令营的演说题目是：＿＿＿＿＿＿是我最喜爱的＿＿＿＿＿＿。

八岁的金（Kim）和布茹克（Brook）是对双胞胎黑人姐妹花，Brook问我她们两个是否可以都选"电吉他是我最喜爱的乐器"。

我一听特兴奋，因为通常孩子们的选题极少有两个一模一样的；再就是，在那个瞬间，我真的想看看她俩谁写得更好。

"没问题，我要看看——"刚要说"看看谁写得更好"，突然感到不妥，我停了一下，马上改口说，"看看你们的文稿会有多不同！"

话一出口，我自己吃了一惊：怎么一下子把以前习惯说的"看谁写得更好"改为"看你们的文稿会有多不同"了呢？第一次强烈地感到美国人的个性培养、做"独一无二"的自己、接纳个性差异，这样的概念已经深入我的教育理念系统。

我们习惯了对比，看谁是对的、谁更厉害，是吧？现在咱们来看看这两种说法。

如果我对Kim和Brook说"看你们两个谁写得更好"的话，可能我无意识中把两姐妹放在对立的位置上，她们可能会因我的话把对方一下子变成了对手，内心里做事的目标可能就是打败对方、超过对方。这样的内心环境健康吗？她们能享受做事的过程吗？两个人还能像以前一样和气共处吗？

我说的是"看看你们的文稿会有多不同"，这样的说法会让她们把注意力集中在如何让自己的说法更独特上，找自己的问题并解决之，而不是找别人的问题！往前走的动力集中在强大自己上，努力武装自己，让自己有最大程度的进步为目标，而不是被打败对方这样的外力率着自己走。这样的内心环境能不健康吗？她们能不享受做事的过程吗？两个人的和气共处应该不受太大的影响！

……

攀比带来太多的心理压力，价值观容易扭曲，造成挫败感，助长嫉妒之心和恐惧；强调个体不同，尊重他人的独特，学会包容，是我们一定要传递给学生的理念。（画云博士著，《我把美国教育方法带回国》，作家出版社，2015年，第78~79页）

每一个孩子都在追求那个独一无二的"我"，竞争反而没有太大意义了。或者说，一种最高级的竞争方式就是不竞争。

这种不追求竞争的态度在学校生活的其他方面也是显而易见的。在儿子第一次参加学校运动会的那天，当他回到家时，我不假思索地问他有没有在参与的项目中获胜。他用一个非常困惑的表情望着我。难道他们不比赛跑步吗？结果呢？好吧，他们的确开展了跑步，但是他等着他的朋友，这样他们就可以手拉手一起冲过终点。他们所关注的重点显然不是获胜。事实上，没有任何赢家和输家，也没有任何奖牌、奖杯或参赛队伍。（［美］瑞娜·梅·阿科斯塔、［英］米歇尔·哈奇森著，《荷兰育儿法》，东方出版社，2018年，第96页）

有一天女儿花了很长的时间把一个作业题搞懂了，就跟我眉飞色舞地讲她是如何解决的。看到她因兴奋涨红的脸，发光的眼神，我真的很开心。还想多问几句，她却告诉我她要尽快把她的IB同学们从水深火热中解救出来。我还没有搞明白她是什么意思，她在那里快速地敲着键盘，在Facebook上分享了她对一个主要概念的理解——理解了那个概念，做作业就不难了。然后兴奋地和我描述她救人的感觉，还有被救人对她的感恩戴德！（在美国学生互相抄袭作业是违规的，但是分享对概念的理解是正常的。）

我在这边可是真的傻了眼。（画云博士著，《我把美国教育方法带回国》，作家出版社，2015年，第117页）

个性化教育意味着对待不同个性特征的人给予充分的宽容和接纳：

第七章　余论：人格是西方教育追求的核心目标

他是个安静、聪明的男孩，但难以集中注意力。每当感到不知所措时，他便会沉浸在书的世界里，所以常常完不成学业任务。令我感到惊讶的是，老师允许他在上课时坐在一旁读自己感兴趣的书，因为老师意识到这种躲避的方式对于他的精神状态很重要，并没有试图强迫他更努力学习。（［美］瑞娜·梅·阿科斯塔、［英］米歇尔·哈奇森著，《荷兰育儿法》，东方出版社，2018年，第91页）

在芬兰，老师教学也不搞评比，认为评比对教学没有意义，甚至有害：

芬兰教育中另一项最可贵之处，就是尽可能地不比较、不评分，对学生和老师都一样。在学校不给老师做无谓的评比与评分，不给老师打考核，没有督查，也没有评鉴报告。

……

而芬兰的想法是，资源、对象、起跑点都不同，为什么要比？如何去比？放下起跑点不公平与评鉴制度的不公平，人性尊严与自我实践才会自然浮现！（陈之华著，《芬兰教育全球第一的秘密》，中国青年出版社，2016年，第55~56页）

没有评比，并不意味着对老师没有要求，实际上要求反而更高了。这个要求就是做最好的自己，正如学生也要做最好的自己一样。

老师一年之中会与校长一起讨论好几回，老师不仅自行制定出一整年的教学目标与教学方法，还要规划下一阶段和明年的教学计划要如何达成，总结去年之中最令自己满意的教学成绩是什么，为什么会让自己满意或不满意。

……

每隔一阵子，老师会收到不同意见与满意度数据，这些是让老师们对于校方、家长、学生等各方反应有全盘的了解与省思，也知道自己教学方法和内容会引起怎么样的效果与回响。（陈之华著，《芬兰教育全球第一的秘密》，中国青年出版社，2016年，第55~56页）

西方对学生考试成绩是保密的，除了父母可以定期查阅以外，对其他人都是不公开的。这种做法恰恰说明，他们看重的不是分数，而是人格。由于分数并不能表明一个人的人格特征，用分数来大张旗鼓地评判一个人，既不科学更不公正。在荷兰，"这些测试的结果不会向孩子们公布，也不会以报告的形式告知家长"（［美］瑞娜·梅·阿科斯塔、［英］米歇尔·哈奇森著，《荷兰育儿法》，东方出版社，2018 年，第 96 页）。"学校和班级从不当着学生的面公布成绩，也不在班级或全校排名。"（《美国基础教育的概况、特点与启示》，https：//www.xzbu.com/9/view-3222469.htm）美国的趋势是越来越不重视考试了，画云博士说，"美国的教育理念是：反对任何以考试为唯一目的的教学"（画云博士著，《我把美国教育方法带回国》，作家出版社，2015 年，第 117 页）。

美国的资优学校招生甚至没有最低分数要求，但是它们会通过面试和推荐信等环节考察孩子的性格特征：

史佩尔的招生中没有最低分数的要求，学校看重的是孩子的求知欲、敏捷的思维和灵活的头脑。学校招生要求家长填问卷、有教师推荐信和 2 小时的面试，学校会通过孩子与其他 8 名同学和 6 名成人的互动了解孩子的性格、学习和社交能力。我们拟收购的中央公园学校也与之类似，这是一所配置为 7 年级至 12 年级，即初、高中的学校，学校没有入学考试，但学生入学前需要接受一天的面试，孩子由各个课程的老师分别面试并参加学校活动，然后学校才能决定是否录取。（［美］陈麦克著，《论中美教育》，海南出版社，2016 年，第 98 页）

选修课也是个性化教育的重要表现。在芬兰，从初一开始，学生就可以在外语、音乐、艺术、工艺、电脑等课程中选修自己喜欢的课程，以发展自己的兴趣。美国学生的选修课更多，"学生从初中开始，除了必修 4 门基础学科外，还可自由选课，自选课从几十种到上百种，一般包括计算机、驾驶、建筑设计、无线电修理、摄影、绘画、音乐等"（《美国基础教育的概况、特点与启示》，https：//www.xzbu.com/9/view-3222469.htm）。"美国学校从初中开始，学生就没有'班'的概念，因为学生都是按照自己的兴趣选课，老师会在不同的教室给选择这门课程的学生上课。"（［美］陈麦克著，《论中美教育》，海南出版社，2016 年，第 11 页）陈麦克说，他女儿所在的长岛高中，学校就开出近 200 门课。美国高中还为优秀学生开设 AP 课

第七章　余论：人格是西方教育追求的核心目标

程，它是一种自选的大学先修课，学分得到大学承认，也作为大学录取的参考指标之一。

灵活的分班方式也是个性化教育的需要。最典型的是小班制，在美国，一个班的学生一般在15~25人，这样有利于老师与学生的直接交流，有利于发展孩子的个性和优势。美国学校根据课堂表现和学业成绩，通常把学生编到不同的教学组，其中表现出色的学生则被编入资优班，给他们开小灶。芬兰的学校则把部分上课坐不住、学业有些跟不上正常进度的"后进生"单独编班，采用特殊教学方法，让他们从比萨店、花店、洗衣店、餐厅、快餐店等生活实务入手，来培养他们对学习的兴趣：

这群孩子不太一样，他们的学习方式要从实务面上去鼓励，因为他们比较坐不住，学习进度和别的学生不同，所以我们特别设计一些可以从实践中学习的模式，并且会和孩子一起规划课程内容，从他们有兴趣的去着手。这是希望为他们创造出更多喜欢上学的诱因，让他们更有意愿，并充满着期盼来学校。（陈之华著，《芬兰教育全球第一的秘密》，中国青年出版社，2016年，第62页）

在尊重学生的自主性的同时，老师也拥有充分的教学自由度和课程自主权，甚至可以自行决定教材与教学内容和进度。美国"联邦教育部不干涉各个学校教材和课程的选择，也不批准文凭证书，只是以立法的方式辅助学校获得教育资金和帮助学校发展"（［美］陈麦克著，《论中美教育》，海南出版社，2016年，第93页）。"美国很奇怪，小学到大学，所有学校、所有教师使用的教材都不同。"（［美］陈麦克著，《论中美教育》，海南出版社，2016年，第262页）在2018年中国新年前后，英国伦敦的很多小学，将"中国新年和龙"作为教学课题，孩子们用几周时间收集相关读物并与同学分享，同时还请华人老师给同学们做有关春节的讲座。在芬兰，老师获得充分的教学自由度与课程自主权，可以自行决定教材与教学内容和进度。"主管芬兰基础教育的全国教委会，只提供各个不同科目的教学目标与内容大方向，实际教学方式和教科书的选择则完全由各地方教育机构和各级学校自行定夺。"（陈之华著，《芬兰教育全球第一的秘密》，中国青年出版社，2016年，第41~42页）西方教育中这种自主教学，其目的都在于尊重孩子的人格，成就孩子的人格，因为"统一的审美观和选材机制，全国统编教材，统一考试，很难有个性"（［美］陈麦克著,《论中美教育》,海南出版社,2016年,第262页)。

第四节 崇尚独立思考

人脱离一般动物以产生认知为标志,人格本质上是认知的产物。因此,独特的人格离不开独立思考,人云亦云、盲目从众产生不了真正独立的人格。西方教育强烈鼓励并训练孩子的独立思考能力,对独立思考能力的追求也是人格型教育的重要特征。

美国的人文科学从来没有标准答案,我的小女儿,小学课上就有"二次世界大战功过责任评说""人类文明向何处去""社会主义的起源和今天"这类话题的讨论。她完全靠自己到图书馆查资料,列出几十本参考书,作业图文并茂,如同大学作业。

……

美国小学的班主任制只在低年级施行,三年级以上不再有班主任,也没有中国课堂上的讲课,大部分课程通过小组进行课堂活动来完成。([美]陈麦克著,《论中美教育》,海南出版社,2016年,第10页)

为什么没有标准答案?因为,学习的目的不是获得标准答案,而是学会独立思考。

答案不重要,老师批改作业也就不重要了。芬兰实行小班制,学生人数不多,老师不批改作业,而是花更多时间准备课程、思考、休息、充实教学内容和自我研习、进修。对此,芬兰人的理解是:"老师教学的目的,是带大家去寻找一个思考和自我学习的动力,而不只是帮学生提供答案。"(陈之华著,《芬兰教育全球第一的秘密》,中国青年出版社,2016年,第41~42页)

第七章 余论：人格是西方教育追求的核心目标

西方教育非常注重课堂讨论和辩论，其目的也在于培养学生的独立思考能力。

……小孩子从很小的时候就开始练习相互辩论，老师会提出一个问题，然后问"谁同意这个观点，谁反对这个观点"，同意观点的孩子要列出一二三，反对观点的孩子要反驳一二三，然后，支持一方再对反驳一方一一给出回复。这样的辩论是对分析问题和逻辑思维的很好训练。

……

从孩子小的时候，就鼓励提问、质疑、探讨、辩论。孩子需要思考和辩论经典中的问题，包括上帝创造宇宙、人类、犹太民族的故事，其中隐含大量关于世界起源、世界演化、世界规则的问题。（见附录十二：《中国教育还缺什么》，本书第329页）

陈麦克认为，中美教育的不同从幼儿园就开始了，美国从幼儿园就开始训练孩子的思考力了：

纽约州目前全面采取"共同核心"教学标准规范中小学教育，甚至这一规范推到了学前班和幼儿园。"共同核心"的重点在于培养孩子们对事物的评判性思考及对知识的重新整合能力。要求学生们做出更多的分析，讨论评估并解释自己的想法；将自己的观点以书面表达出来，领悟事物的真谛，融会贯通，在实践中加以应用。学生们要花更多的时间在不同的环境、结构下使用不同的方法和工具去学习，而不局限于只回答"1+1=2"。（[美]陈麦克著，《论中美教育》，海南出版社，2016年，第282页）

陈志武对美国孩子思辨能力的训练更是有过系统描述：

思辨能力的训练在美国是自幼儿园开始就重视的项目，具体表现在两方面：

其一是课堂表述和辩论，自托儿所开始，老师就给小孩很多表述的机会，让他们针对某个问题各抒己见，发表看法、谈谈经历，或者辩论。

其二是科学方法这项最基本的训练，多数校区要求学生在小学四、五年级时掌握科学方法的实质，这不仅为学生今后的学习、研究打好基础，也为他们今后作为公民、作为选民做好思辨方法论准备。

我们别小看科学方法训练的重要性，因为即使到现在，我经常碰到国内的博士研究生，甚至是所谓的科学家，从他们做研究、思考问题、写论文的方法上，很难看出他们真的理解科学方法的本质和基本做法。

这是什么意思呢？

在我女儿四年级的时候，老师会花一年时间讲科学方法是什么，具体到科学的思辨、证明或证伪过程。

他们就学到，科学方法的第一步是提出问题和假设，第二步是根据提出的问题去找数据，第三步是做分析、检验假设的真伪，第四步是根据分析检验的结果做出解释。

如果结论是证伪了当初的假设，那么，为什么错了？如果是验证了当初的假设，又是为什么？第五步就是写报告或者文章。

这个过程讲起来抽象，但是，老师会花一年的时间给实例，让学生自己去做实验。

这种动手不是为考试，而是最好的学习，让人学会思辨，培养头脑，避免自己被别人愚弄。

这种动手所达到的训练是多方面的，尤其是靠自己思考、找问题，会让学生变得非常出色。

实际上，如果按照我女儿他们在小学四年级就学到的科学方法标准去判断，国内经济学以及其他社会科学类学报上发表的许多论文，都没法及格，因为许多论文只停留在假设的层面上，然后就把没有经过数据实证的假设当成真理结论。

这些都跟我们没有从幼儿园、从小学开始强化科学方法的教育训练有关，跟没有把科学方法应用到关于生活现象的假设中去的习惯有关。

那么，在小学没有考试，学生还做什么呢？

我女儿他们每个学期为每门课要做几个所谓的"项目"，这些项目通常包括几方面的内容：

第一是围绕自己的兴趣，选好题目或课题；第二是找资料、收集数据，进行研究；第三是整理资料，写一份作业报告；第四是给全班同学做5到15分钟的讲解。

这种项目训练差不多从托儿所就开始。(见附录六:《什么才是真正有远见的教育》,本书第 296 页)

陈麦克说:"学生从 6 年级开始学习逻辑,7 年级学习古典辩论,以提早培养学生批判性思考的能力,这一能力是十分必要的。"([美]陈麦克著,《论中美教育》,海南出版社,2016 年,第 106 页)怀特海也曾经谈到,精确阶段的教育重点是哲学与逻辑。这些都是为了培养孩子的独立思考能力。

第五节　大学录取注重人格特征

大学录取制度具有极强的导向作用,从大学录取的方式中可以看出一种教育的核心理念和追求。

陈麦克在《论中美教育》一书中提到,美国著名大学的录取条件有:
- 高中成绩单;
- AP 大学先修课;
- SAT 学术能力评估考试;
- 考试排名;
- 推荐信;
- 作文。

([美]陈麦克著,《论中美教育》,海南出版社,2016 年,第 150~151 页)

画云博士在《我把美国教育方法带回国》中则说:

除了高中选课外,还想和你分享美国大学录取学生时,不同学校考核的项目也不同,但是大体上包括:
- SAT 或/和 ACT 成绩;

- 在校成绩以及排名；
- 领导能力；
- 社区服务；
- 推荐信；
- 奖励；
- 简历；
- Essay（命题作文）。

（画云博士著，《我把美国教育方法带回国》，作家出版社，2015年，第116页）

在这些考核项目中，约有60%是考核学业成绩的，包括AP大学先修课、在校成绩与排名及SAT或/和ACT成绩，其中作为美国统一的高考成绩的SAT或/和ACT，所占比重只有10%左右。其他项目如领导能力、社区服务、推荐信、奖励、简历、Essay（命题作文）实际上都在考查学生的人格要素。例如Essay（命题作文）可能就在录取中起非常关键的作用，甚至是决定性作用，因为一篇具有真情实感的文章最能反映学生的人格特质。

大学录取办公室要从这些Essay中读到你到底是个有什么样的特点的人，从简历上人们看到的是你对什么感兴趣，做事情是否持之以恒，Essay是真正体现你个体声音、体现你独一无二的部分。（画云博士著，《我把美国教育方法带回国》，作家出版社，2015年，第118页）

在美国，高考录取人员通过简历和成绩单来了解学生的学业能力和经历，通过作文来了解学生的性格和成熟程度。他们非常看重学生表达自己观点的能力。

我的学生哈维申请大学的作文，写的是他怎么享受自己刷牙的过程。我一开始知道他写刷牙时，惊讶得差点坐在地上，也太不励志了！可是你不得不承认，独特啊！人家美国人要的就是这个独特劲儿！否则每一个人都是一个模子印出来的，这世界就不好玩了！

我女儿申请大学的作文，写的是她的钢琴和步枪。她说弹钢琴有时需要猛烈地

第七章 余论：人格是西方教育追求的核心目标

撞击琴键，人看起来有暴力倾向；而打步枪时则需要心平气和才能把握稳定，人显得温文尔雅。这样的对比说法，令人眼前一亮啊！（画云博士著，《我把美国教育方法带回国》，作家出版社，2015年，第118页）

陈麦克也说：

所有大学的校长都认为，写作一篇动人、有力的大学申请论文要经过摸索挣扎，要仔细聆听内心的呼唤，表达出个性、能力和兴趣。

……

大学申请论文是一个绝佳的表白机会，能使学生申请凸显个性化，传达个人信息。卡内基梅隆大学告诉申请人："请在文章中告诉我们你的其他申请资料所无法提供的信息，我们乐意知道你的个性。若学生从他们的嗜好、兴趣和个人背景里显示出洞察事物的能力，将对我们很有帮助。"

……

三一大学的招生办主任Ericmoloof把论文比做窗户，可以通过它透视学生的生命，他说："当我读到一篇好论文时，我会立即知道这是一个优秀的学生，而不会再参考其他的资讯。"（[美]陈麦克著，《论中美教育》，海南出版社，2016年，第155页）

这十分清楚地表明，美国大学是何等关注学生的人格特质。

我们还记得李稻葵教授曾谈到哈佛教育的特色是"敢问敢说敢'忽悠'"，以及那个特立独行的犹太女学生雪莉·桑德伯格，她后来竟成为Facebook的首席运行官的故事。（见附录十一：《哈佛教育最大特点——敢问敢说敢"忽悠"》，本书第327页）实际上，哈佛大学的招生标准正是招到最有特点的人，其他大学也基本如此。

哈佛对具有广泛兴趣与修养的学生最感兴趣，我们想要的是新鲜人，希望学生能具有这样的特质。因此，有些学生被录取是因为他们在学术或研究方面的经验和成就，展现了特殊的学术潜能；有些是因为他们具有广泛的兴趣和修养，对他们的学校和社区做出了许多贡献；也有一些申请人的兴趣是有偏向性的，他们在某些方面如学术、课外活动等表现杰出；有些学生通过个人的生活环境和经验，为我们带来不同的视野。哈佛和其他大学一样，我们想招收的是最有趣、最能干也最多元的学生。（［美］陈麦克著，《论中美教育》，海南出版社，2016年，第137页）

在芬兰，当教师是高中毕业生的首选职业，过去有很多高中会考成绩顶尖的学生报考教育系。但是，芬兰人发现，会考成绩很好的学生不一定适合当教师，而许多真正适合当教师的学生，会考成绩可能不够好。所以，芬兰改革教育系招生办法，不再考量高中毕业生的会考成绩，而代之以整合式测试方法，先评估学生是否具有广泛阅读能力与广泛常识，是否能够具体表达自我观点和表现出自我思想的成熟，然后通过心理测验确定人选。以著名的约瓦斯曲莱大学为例，他们从2008年度开始，就不再看任何会考的成绩了。他们在心理测验中，"会测试一个教育系学生的心理素质是否适合接受培育，此位学生的人格，能否胜任未来教学需求，以及在学校能否解决各项学生学习和学生群体中各项人际冲突与融合问题等"（陈之华著，《芬兰教育全球第一的秘密》，中国青年出版社，2016年，第164页）。

总之，独特的人格是大学录取的关键要素，而分数则越来越不受重视了。

第六节　高度重视社交能力

社会是我们每个人都无法回避的特殊资源，它是我们人生行为的舞台，是装载我们全部生活的容器，是我们选择发展的国家，是我们选择居住的城市，是我们选择工作的行业和公司。

在很大程度上，社交能力决定着人们在未来的生活是否成功和是否幸福。据说，哈佛大学做过一项长达70多年的关于人类生活的研究，他们追踪了724段人生，年复一年地询问他们的工作、家庭、健康。他们研究的724个人当中有少数人依旧健

第七章　余论：人格是西方教育追求的核心目标

在，他们大多数人都已经是 90 岁高龄了。这项研究的负责人都已经换了四任。他们现在又开始研究这 724 个人的 2000 多名子女。这项研究得出的最明确的信息是：良好的人际关系使人们保持健康与快乐。

社交能力也可以简称社会性，它是心理学关注的核心问题之一，更是完整人格的核心指标。一个社会性发展不充分的人，绝不能被认为是人格健康的人，他未来的人生历程会由此遭遇极大阻力。

社会性或社交能力又通常与社会感情、道德、情商、沟通、领导力等概念紧密相关，只不过它们表达的意思各有侧重而已。

中国教育通常不太注重社交能力的培养，我们的传统文化提倡"不争"，强调"谨守本分""讷于言""慎于言"，所以在一定意义上说，我们倾向于对社会采取消极躲避的态度。中国人不善表达、不善与人打交道，已是世人皆知。"在来自世界各地的留学生中，做领导和发言人的始终不是中国学生。毕业到了职场上，中国人也始终是沉默的一群。因此碰到'玻璃天花板'也是必然的。"（[美] 陈麦克著，《论中美教育》，海南出版社，2016 年，第 14 页）严重的结果是，中国学生到职场后，很多好主意被人剽窃，因为不善于处理人际关系，最后反而自己被开除。这种现象被画云博士称为"优秀人才的失败人生"（画云博士著，《我把美国教育方法带回国》，作家出版社，2015 年，第 311 页）。实际上，画云博士《我把美国教育方法带回国》一书，几乎全书都在讲社交问题，教人如何处理各种各样的社交难题。

西方教育高度关注孩子的社会性发展，希望孩子积极融入社会、参与社会，从很小的时候起，就把孩子的社交能力作为教育的关键目标。

在荷兰，孩子还是二三岁时，就通过游戏小组学习社交技能：

游戏小组懂得在儿童早期发展过程中孩子们社交能力的重要性——如何交朋友、学会轮流做事、友善待人，以及如何在一起玩。（[美] 瑞娜·梅·阿科斯塔、[英] 米歇尔·哈奇森著，《荷兰育儿法》，东方出版社，2018 年，第 72 页）

艾娜是一个聪明好学的孩子，在很小的时候，就因为学业进步快而连跳了两级，但老师与家长认为这种跳级不是好事，因为它有可能对艾娜的社交能力产生负面影响：

> 和其他荷兰家长、她的老师一样，对于我们来说，社交能力比学业表现更重要。当她11岁时，我希望她能跟朋友们愉快相处，而不要成为一个超前发展的、少年老成的孩子，总把大量时间花在做数学题上。跟学校老师商量后，我们决定让她在小学的高年级多读一年，这样她在十岁时就不会去上中学了。（［美］瑞娜·梅·阿科斯塔、［英］米歇尔·哈奇森著，《荷兰育儿法》，东方出版社，2018年，第74页）

这分明是为艾娜社交能力考虑而让她留了一级，由此可见荷兰教育对社交能力的关注程度。

在德国，从孩子很小开始就让他了解社会、认识社会：

> 三年学会初步认识社会。幼儿园里边玩边学外，孩子们还得走出幼儿园认识这个社会。他们参观警察局，学习如何报警，如何处理遇到坏人的情形，了解警察是用来做什么的；参观消防局，跟消防警察们一起学习灭火知识、躲避火灾的常识；参观邮局，看看一封信是如何从家里到达邮局，又被投递出去的；参观市政府，认识市长，看看这个为他们服务的市长是什么样子的……（青木，《德国的成功，从幼儿园就开始了》，环球网，2016年6月1日，http：//world.huanqiu.com/exclusive/2016-06/8999099.html）

日本的学前教育也高度关注孩子的社会性发展。罗朝猛在《亲历日本教育》一书中写道：

> 笔者到曾留学过的日本新潟大学、上越教育大学的附属幼儿园考察，开头便问幼儿园的园长："你们教孩子什么？"他们的回答使我感到很惊讶："教孩子们学会微笑。""还教孩子什么？""教他们学会说'谢谢'。"看似两个简单的"学会"，其实里面蕴藏着幼儿教育的朴素理念。用一句话概括就是培养孩子如何待人处事的生活态度，即养成教育。学前教育是人格教育及生活教育的养成阶段，生活即教育。日本人深知：六岁前是人格社会化的起始阶段和关键时期，是人的行为习惯、情感、

第七章 余论：人格是西方教育追求的核心目标

态度、性格雏形基本形成的时期，在人一生认识能力的发展中具有十分重要的奠基性作用。（罗朝猛著，《亲历日本教育》，海峡出版发行集团福建教育出版社，2015年，第80页）

旅华日本作家加藤嘉一在一篇《学前教育决定中国未来》的文章中写道：

笔者听到过一种说法："中国的幼儿园教小学的课程，小学教中学的课程，中学教大学的课程，大学重新学习幼儿园的东西。比如，对人讲礼貌，诚实，守信……"
……
日本孩子在3～6岁几乎都在上幼儿园。老师在实践中教的无非三项：一、如何与同学相处；二、如何礼貌对待长辈；三、如何靠自己解决问题。（加藤嘉一，《学前教育决定中国未来》，日本《新华侨报》，2010年8月16日）

在美国，则要求孩子从小注重领导力的培养，鼓励孩子参加各种社团和社会活动，学生也可以很随意地组织各类社团。

美国从幼儿园开始，就注重学生领导能力的培养，要求教师组织的活动愈少愈好，完全让孩子自己管理自己。美国小学到高中，学生组织强大，课外活动繁多，全是学生自主管理。我女儿的学校，学生组织有上百个之多。（［美］陈麦克著，《论中美教育》，海南出版社，2016年，第14页）

到中学阶段，美国的学校要求孩子必须参加社区活动才能毕业。申请大学时也要提供社区活动的证明，可以去图书馆、医院、学校等机构当义工，也可以在家里为非营利性机构做社会调查，甚至可以去各种场合当志愿者。所有的这些对学生的人文关怀、社会责任、善心、创造力和行动能力的发展都有帮助。（［美］陈麦克著，《论中美教育》，海南出版社，2016年，第11页）

美国大学录取时非常看重学生的社团活动和领导能力，这一项在大学录取中大约占到30%的比重，比高考（SAT和SCT）成绩比重都高。

到大学以后，学生则通过游学或打工接触社会、了解社会。在校打工是美国的特色，亿万富商的孩子打工也是常见的事。

女儿大一的暑假里找了三份工。一份是在巧克力店；一份是给中央公园附近的一个家庭做家教，一小时60美元；还有一份是义工，帮助今年纽约市长候选人中唯一的女性柯魁英竞选。

……

她们这一代人，几乎不用自己挣学费，社会已极大富裕，上大学已不是难事。但她们仍然心甘情愿地走入社会，去干各种工作，去挣自己的学费，去体验工作的滋味，为未来的职业生涯奠定必要的心理基础。（［美］陈麦克著，《论中美教育》，海南出版社，2016年，第70页）

如今全世界已经公认，高智商未必能保证一个人成功，成功的要素中80%取决于情商。美国心理学家曾经做过一项研究：

1981年，他们挑选了伊利诺伊州某中学81位毕业演说代表，这些人的平均智商在全校是最高的。研究发现，这些学生进入大学后，在校期间都取得了很好的成绩，但大学毕业进入社会，在工作中却表现平平。从中学毕业算起，10年后，当中只有1/4的人在本行业达到了同龄段的最高阶层，很多人的表现甚至远远不如同辈。（西武著，《哈佛情商课》，辽宁人民出版社，2017年，第6页）

中国中央教科院对中国从1977年到2006年30年间3300多位"高考状元"进行了跟踪调查，调查结果显示，这么多曾经让人惊羡的高考状元，却没有一位成为顶尖人才或行业领袖。他们如今都过着平凡的日子，职业成就远低于社会预期。我们也经常听说有一个"第10名"现象：一个班级学生，最能成才的不是前几名学生，而是第10名左右的学生。我们通常都知道，越是成绩好的学生，可能越是埋头读书，两耳不闻窗外事。这是一个明显的社会性不足的表现。这些"状元"们后来的表现应该与此有很大关系。

第七章　余论：人格是西方教育追求的核心目标

总之，在美国等发达国家的教育体系里，情商教育已经"登堂入室"，成为少年儿童的必修课程。

第七节　不过分注重文凭和学历

文凭和学历固然是重要的，但是从人格型教育的角度来看，也没有重要到决定一切的地步。在美国，这一点表现得非常鲜明。

在美国，招聘职员并不看重学位要求，在《纽约时报》的招聘广告中，99%都没有学位要求。求职网络公司的CEO瑞奇说：

公司招人时越来越不看你的专业水平。是否能从整个小组的角度做有系统的思考才是关键。学习和发现新点子只是其中的简单部分，如何运用你所拥有的知识和技术，执行它，让它变成企业资产和正能量，才是招聘者重视的地方。（[美]陈麦克著，《论中美教育》，海南出版社，2016年，第173页）

在这样的社会环境下，大学生们当然不会过分注重文凭，他们一旦发现自己想干的事，就会立即退学，投身其中。教育的目的本来就是发现自我，哥伦比亚国际大学的校训就是"Find You Way"。他们既然已经发现了自我的发展方向，目的也就达到了，有没有文凭并不重要。

斯坦福每年有上百名学生退学创业，他们在斯坦福发现了自我，找到了自己的目标，毅然退学去实现理想。（[美]陈麦克著，《论中美教育》，海南出版社，2016年，第48页）

苹果、微软、戴尔、脸书、Twitter（推特）和Tumblr（汤博乐，社交网站），一代又一代休学和退学创业成功的企业创始人已成为无数青年学生的楷模。华裔的雅虎创办人杨致远及 Youtube 创办人之一陈士骏也都有类似的休学经历。（［美］陈麦克著，《论中美教育》，海南出版社，2016 年，第 23 页）

有一个有趣的现象，美国前 50 名的富豪，几乎有 60% 以上是退学生。从盖茨到 Facebook 的老板，乃至苹果的乔布斯，他们都是退学生。（［美］陈麦克著，《论中美教育》，海南出版社，2016 年，第 54 页）

更令人吃惊的是，在美国，在 100 位大学入学生中，有 40 人不能毕业，这些人很多是退学创业去了：

40% 不能毕业的学生，更是在大学期间就投入创业，进入社会；他们不把大学文凭当回事，因为从小到大，这个世界就教育他们成为领导者，而不是劳动者；他们的人生目标不是找工作，而是对世界做贡献。美国人已经习惯了，以世界为己任的职责和教育，让他们成为真正的世界公民。（［美］陈麦克著，《论中美教育》，海南出版社，2016 年，第 280 页）

一个人只有真正钟情于、痴迷于自己想做的事，并全身心投入其中，才会不计较文凭和学历，这正是形成人格同一性的人所具有的典型特征。对他们来说，只要忠诚于自己的人格，做自己想做的事，文凭和学历等外在标签已经不重要了。

第八节　追求快乐教育

成长是人格的成长，只要关注人格的成长，那成长就一定是快乐的。我们已经讨论过，人格是在自身需要不断得到满足的过程中逐步成长起来的，如果人的需要

第七章 余论：人格是西方教育追求的核心目标

得不到满足，人格就会扭曲，甚至产生精神疾病。所以，成长一定伴随着快乐，人格型教育也一定是快乐的。

看看与人格教育有关的这些词汇，就知道成长应该是快乐的，如自由、爱、兴趣、满足、浪漫、游戏、玩、独立、游学、不竞争、没有作业、成绩不公开、上课时数少、以学生为中心、假期长、生活教育、社会实践、社团活动等等。

再看看《荷兰育儿法》一书的部分目录：

- 发现荷兰：平常心是幸福之源；
- 关怀母亲：幸福的妈妈，幸福的孩子；
- 安抚婴儿：平静轻松的育儿法；
- 学前儿童：只玩耍不识字；
- 学校教育：毫无压力；
- 童年：自由玩耍才是最好的学习；
- 快乐的父母，快乐的孩子；
- 青春期：不叛逆的孩子。

（［美］瑞娜·梅·阿科斯塔、［英］米歇尔·哈奇森著，《荷兰育儿法》，东方出版社，2018年，目录）

从这些标题中，你能看到厌学、逃学、痛苦吗？这其中分明可以看出，荷兰儿童的成长一定非常快乐。难怪这本书的副标题是"养育全世界最快乐小孩的秘密"。"让孩子在学校感到快乐，这是绝对至关重要的。"（［美］瑞娜·梅·阿科斯塔、［英］米歇尔·哈奇森著，《荷兰育儿法》，东方出版社，2018年，第86页）这是一个荷兰小学校长的话，可以看出，快乐是他们教育的重要目标。

也许快乐的秘密正是来自我们很难理解的自由：

荷兰的孩子能够享受到最大程度的自由：他们能骑自行车去上学，能在街道上玩耍，能在放学后找朋友玩，而且这些都不需要大人陪在身边。当家人共进晚餐时，每个人都可以畅所欲言，常常一起做事情。小学生们不会被要求做家庭作业，不需要为了考试而刻苦读书。（［美］瑞娜·梅·阿科斯塔、［英］米歇尔·哈奇森著，

《荷兰育儿法》，东方出版社，2018年，第10页）

陈之华说：

我感受最深的，是芬兰和西方式的教育方式不一定是最好的、最了不起的，因为没有任何一种方法是绝对的好，或绝对的差。但学习过程与效果，却可能因为基本理念和教育出发点不同，而产生了截然不同的两种结果："快乐"和"痛苦"！（陈之华著，《芬兰教育全球第一的秘密》，中国青年出版社，2016年，第31页）

芬兰式的教学目的，是希望每个孩子都能有自己的思想，而读书的动机和学习方向的选取，是依照孩子的意愿，而不是采用揠苗助长的方式从师长教导出"终身职志"。希望父母能陪着孩子一起，找出孩子心中的兴趣与志向，从而能自动自发地去学习。

从尊重人性、自然养成的某些角度来看，这是相当独立自由，也比较"人本、人性"的教育哲学。老师逼不得，家长也干预不了太多，许多事务由学生来做主。（陈之华著，《芬兰教育全球第一的秘密》，中国青年出版社，2016年，第171页）

这样一种"许多事务由学生来做主""找出孩子心中的兴趣与志向，从而能自动自发地去学习"的教育，当然能够让孩子快乐成长。

在美国，禁止老师和父母对孩子做任何形式的虐待和体罚。老师虐待孩子，有可能被吊销执照；父母虐待孩子，会导致孩子被政府带走，或取消对孩子的监管教育权利、罚款甚至坐牢。

美国的中学生其实一点都不轻松，整天忙忙碌碌，除了上课，还要做课题研究，参加各种社区活动和社团组织，晚上忙到凌晨一二点也很正常。但是，这些活动都是自己愿意参加的，是自己的兴趣所在，所以他们忙得开心，辛苦而不痛苦。

就如前面讲过的那个访问南京的美国女生，她经历的"最恐惧的事情"，就是与几个10多岁的孩子一起，被送到原始森林里进行生存训练。这种训练固然很恐惧，但是却未必很痛苦，一旦完成极限挑战，反而是一种莫大的满足。

真正痛苦的是没有自由，是自己内在力量得不到释放。

第七章 余论：人格是西方教育追求的核心目标

快乐教育也能带来终身学习。正因为人格型教育着力于"找出孩子心中的兴趣与志向，从而能自动自发地去学习"，所以学习对孩子来说，是发自内心的和快乐的，这种自动自发的学习才能成为孩子终身的追求，使孩子形成终身学习的习惯。

芬兰教育体制专注于培养孩子们终身学习的能力，而唯有一个与生活教育充分结合的学校教育，才能达到让孩子永续学习的基础。（陈之华著，《芬兰教育全球第一的秘密》，中国青年出版社，2016年，第53页）

如果学习总是伴随着枯燥、乏味甚至痛苦，谁能坚持终身？那些高考结束就在操场上集体烧书、撕书的孩子，那些盼着早一天逃离学校的人，能指望他们终身学习吗？

第九节 追求大格局

人格有一个格局问题。什么是格局？格局就是视野，就是心胸。视野越宽，心胸越大，格局就越大。

格局决定了一个人在多大范围内来定义自我、定位自我。一个人可以用家来定义自我，他做的一切事情都为了这个家；也可以用工作单位来定义自我，他做的一切事情都围绕单位转；也可以用国家来定义自我，他做的事都是为了国家发展；也可以从人类来定义自我，他希望所做的事对人类有所贡献；还可以从宇宙来定义自我，把宇宙作为自己思考的对象，确定人类在宇宙中的位置。

格局越大，他思考的范围就越大，做的事情就越为高远，于是越能够成就伟大——创造伟大的成就，涌现伟大的人物。我们提倡仰望星空，提倡诗和远方，实际上就在倡导大格局。

一些关心教育的专家学者一再指出，一部分甚至大部分中国大学生的人生目标，就是找一份好工作，有一份好的薪酬，然后安安心心过日子，说到底就是脱离不了自己的小家。郝景芳说：

……教育眼界太窄。从老师到家长都相信，教育就是学好课内知识，考试考好，上一个好大学，找一份好工作。

……

学习的明确目标是提高成绩，提高成绩的目标是考学，考学的目标是稳定工作，稳定工作的目标是提高收入。经过这一整个过程循环，一个人苦得蜕了一层皮，也总算是熬出来了，家和万事兴，再把这套吃苦的哲学灌输给孩子。

那我们的教育弱的是什么呢？是理想境界。一个人接受教育，最终的目标是什么？学习想要达到的境界是什么？为什么不辞辛苦爬山，山顶究竟有什么风景？我们接受教育要解决的问题究竟是什么？这些问题都没有回答。（见附录十二：《中国教育还缺什么》，本书第329页）

应该说，郝景芳揭示的这种现象，在中国具有很大的代表性。施一公在一次演讲中也说过，知足常乐的文化，让中国在美留学生只配给人打工，出不了大人物：

知足常乐用在对生活、对物质利益的追求上没错，但是我们这些其实接受了大学文化教育的、得到一些特殊教育资源的中国人知足常乐，这就有大问题。所以我心里一直不平衡，这就是为什么我自己想回清华。

……

清华每年三千学生，如果他们没有在满足小我的同时能够把大我、把这个社会放在心上，没有这种心怀社会的浪漫情怀，这就是非常令人遗憾的事情。（施一公，《为什么极优秀的中国学子到国外脱颖而出的非常少？》，http://www.sohu.com/a/193317368_659084）

陈麦克说：

我上大学是想改变自己的命运，我的女儿想上大学是想改变世界的命运。这就

第七章 余论：人格是西方教育追求的核心目标

是中美教育的分歧。（［美］陈麦克著，《论中美教育》，海南出版社，2016年，第177页）

79%的美国大学生认为热爱工作比赚钱更重要，86%的大学生希望有一份对世界有帮助的工作。

……

比较之下，南京有个调查公司发现，中国90%的大学生认为赚钱是最重要的，希望找一个能帮助世界的工作的比例不到10%。（［美］陈麦克著，《论中美教育》，海南出版社，2016年，第278~279页）

郝景芳说：

牛顿是如何产生的？他的目标并不是在中央造币局找一份好工作，而是试图用数学解释整个世界运动的原因。

达尔文是如何产生的？他的目标并不是拿一份水手的高工资，而是在纷繁复杂的动植物中找到共通的特征。

艾伦·马斯克是如何产生的？他的目标并不是找一个微软的铁饭碗，而是不断想探索新的方式，解决人类陆地交通、太空交通问题。

这些人物，他们要解决的，是属于全人类的大问题。

解决人类大问题，才能成为影响世界的杰出人物。这正是我们的教育中往往缺的一环。人类有什么大问题？世界有什么大问题？很多人面对这两个问题是回答不上来的。

……

伟大的人物，思考的是世界的本质、万物的终极规律、人类文明的由来、历史的原因、科学的方向、技术与社会的关系、人类的相处方式、世间苦难的救赎、更理想的社会变革。（见附录十二：《中国教育还缺什么》，本书第329页）

这都说明，不同的教育造就了不同的格局。

西方教育为什么能够造就大格局？这是由人格型教育决定的，人格型教育必然追求大格局。

  人格型教育肯定人内在的需要、愿望，既承认本我需要的合理性，又鼓励自我实现的需要。人的需要一旦上升到自我需要的层面，他的格局就豁然开朗，他就要寻求从小我中走出来，去拥抱世界、拥抱人类、拥抱宇宙。一种非人格型教育，则总是有意无意地忽视甚至压制人内在的需要、愿望，而首先被压制的就是自我层面的需要，本我的需要却总能够顽强地保留下来，于是人就生活在一个小我之中。

  西方教育崇尚孩子到自然中去体验生存极限，到社会中去参加社区活动和社团组织，到世界各地游学，他们是在拥抱世界、拥抱人类、拥抱宇宙，努力拓展自己的格局，那位到南京游学的孩子就是一个范例。（见附录十三：《中国教育沉思》，本书第337页）与此同时，中国的孩子则在家庭、学校、补习班中转圈，到了高中，甚至连操场都不怎么去了，甚至到了国外，中国孩子最大的问题仍然是习惯于自己的小圈子——一个熟人圈子：

  留美学生的最大问题是"出了国反而信息闭塞"。欧伦斯说："以前美国的中国学生少，所以中国学生必须和美国人交往。现在中国学生越来越多，来到美国后，仍然是和中国人打交道，这是不容忽视的最大风险。"（[美] 陈麦克著，《论中美教育》，海南出版社，2016年，第177页）

  通过生活实践拥抱世界、拥抱人类、拥抱宇宙，可以理解为"行万里路"。西方的"通识教育"则可以理解为"读万卷书"——通过知识体系去了解世界全貌。通识教育的本质是让人了解人类完整的知识体系，从而扩展自己的格局。

  我所说的大部分美国大学都以通识教育，即文理教育为主，其目的是以广度的教育为学生奠定未来的基础。（[美] 陈麦克著，《论中美教育》，海南出版社，2016年，第21页）

  可见，通识教育是一种培育知识格局、思维格局的教育，是培育广度的教育。这也是一种"先见林，再见树"的教育——先把格局放大，把兴趣养成。

  通识教育的知识体系包括人文科学（文学、艺术、哲学、宗教等），历史和社会

第七章 余论：人格是西方教育追求的核心目标

科学（经济学、政治学、社会学、伦理学等），数学和自然科学（生物、化学、物理等）。

西方教育从小学到大学，一直都在不断地进行通识教育。耶鲁大学原校长理查德·莱文曾说过，如果一个学生从耶鲁大学毕业后，居然拥有了某种很专业的知识和技能，这是耶鲁教育最大的失败。财新传媒的执行主编王烁对此有深刻体会：

这是大战略的第一堂课，讨论全球化。很荣幸，这个论题是我在求见耶鲁著名学者约翰·加迪斯时提的。我问他：前两年还显得无可阻挡的全球化势头，为什么此刻已停顿，甚至可能正在逆转？加迪斯主持大战略课多年，刚刚把主持人的角色转给另一位教授。他非常喜欢这个问题，建议这学期第一课就讨论全球化。

主持这节课的伊丽莎白·布雷德利教授，开场提了三个问题：

——全球化确实是在逆转中吗？

——如果是，是因为全球化这件事本身就难以持续？

——还是说全球化可行，但被谁在什么地方搞砸了？

然后，整堂课就是学生发言。

我看着40多位学生争相举手，一个一个地站起身来，侃侃而谈，言之成理。这个问题是我提的，自然有一些思考，但这些学生看问题的角度整合起来，远远超出了我的幅度和深度：他们自如地运用统计学、经济学、政治学、历史学知识，结合自己的观察——几乎每一个人刚刚过去的暑假都在海外某个地方度过——然后互相驳难。

教授只需要把学生们的发言在黑板上整合成为一个思维导图——是的，学生们用一个小时，初步描画出了研究全球化问题的思想地图。

我曾在国内最好的高校讲过课，然而对比过于强烈，不多说了。

结束之际，加迪斯教授站起身来：同学们，你们忘了一件事：政策决定是人做的。你们不能只从政策对国家的长期利弊来思考问题，必须还要从决策者的个人角度来思考。政策不仅要对国家有利，还要决策者能接受。政治，政治，政治，重要的事情说三遍。

事后，我跟加迪斯教授说：这些学生水平太高了。加迪斯挤挤眼，哈，我们精心挑选过。

我稍微松了口气。即便如此，我也知道，这些学生来自历史系、文学系、政治系等等，不一而足。他们都至少已初步掌握了当代作为一个知识人必备的思维框架和表达能力。无论将来在什么领域开始职业生涯，他们只需要补上特定的专业知识即可，而这不难。

在成为专才之前，先成为通才。这是耶鲁通识教育的精髓，我刚刚见识了它的力量。（王烁著，《在耶鲁精进》，民主与建设出版社，2018年）

陈麦克说，中国高等教育最缺的一环就是通识教育。（［美］陈麦克著，《论中美教育》，海南出版社，2016年，第256页）其实何止是中国高等教育，整个中国基础教育不也是严重缺乏通识教育理念吗？通识是现代完整的人格应该具备的视野和知识体系，它体现了人的内在丰富性和人类文明的广博性。

第十节　培养独立生活能力

独立生活能力是指自己选择生活方式并解决生活问题的能力。

人终究要在社会中独立生活，独立面对生活环境的各种变化。具有健康人格的人，他应该是自己生活的最后裁量者。他的自我目的性和存在意义要求他自己必须这样做。所以，人格型教育非常注重培养孩子的独立生活能力，选择自己独特的生活是人格型教育的最终落脚点。

独立生活能力首先意味着选择自己想要的生活。自主选择——无疑是独立生活的第一步。这也是西方教育中非常关注的。

在幼儿教育阶段，就要把选择权交给孩子，着重让孩子发挥主动性，减少群组教学，扩大孩子的活动空间，增加孩子活动的玩具和道具。

孩子们自由参与，自主学习，能促进他们的思考能力，比如通过商量玩什么，如何玩，孩子们可以练习沟通；玩家家时决定谁扮演什么角色，孩子们则是在练习

第七章　余论：人格是西方教育追求的核心目标

计划与协商。也就是说，尽量让孩子们自己选择要做什么，玩什么，而不是把他们组织到一起进行群体活动和学习。（［美］陈麦克著，《论中美教育》，海南出版社，2016 年，第 132 页）

在荷兰，崇尚让孩子们自由自在地玩，并且最好不受大人监督：

以伊拉斯谟为首的人本主义学者，极力鼓励孩子们全年都要进行户外游戏，在外面玩，并且不受成人监督。（［美］瑞娜·梅·阿科斯塔、［英］米歇尔·哈奇森著，《荷兰育儿法》，东方出版社，2018 年，第 131 页）

在没有父母监督的情况下，让孩子与其他小朋友在一起嬉戏打闹，有助于孩子的社会性发展。他们将学会与人争辩和靠自己解决问题。父母产生焦虑，在孩子周围左右徘徊，或不断确认孩子的情况，这些行为都可能对孩子产生负面影响，使他们变得紧张和谨小慎微。（［美］瑞娜·梅·阿科斯塔、［英］米歇尔·哈奇森著，《荷兰育儿法》，东方出版社，2018 年，第 135 页）

荷兰父母认为，家长应当给孩子四处游荡的自由。即使这意味着孩子们可能会摔跤，甚至让自己受伤。……他们必须学会跌倒后重新爬起来。……父母的一项工作就是不要不断地取悦孩子。孩子需要找到让自己忙起来的方式，发现娱乐活动，这将会激发他们的创造力和聪明才智。（［美］瑞娜·梅·阿科斯塔、［英］米歇尔·哈奇森著，《荷兰育儿法》，东方出版社，2018 年，第 136 页）

在孩子自由自在的活动过程中，孩子实际上时时刻刻都在进行自主选择。孩子更大些以后，选择的机会就更多了，他们有机会选课、选择社会活动、选择社会团体、选择游学或休学甚至退学。通过对这些小事的选择的积累，最后形成自己人生的选择。西方教育从小就注重给孩子创造选择的机会，并尊重孩子的选择。

下面这个例子虽然有些极端，却能说明西方人是如何尊重孩子选择自己生活的态度。

我在微软公司有个同事,他非常优秀,是个很出色的计算机科学家。而他的哥哥是个乞丐,真正的乞丐,整天在外面流浪,依靠别人的救济和施舍生活。

有一天,我对他讲起中国孩子的成功观念,他就给我讲了他哥哥的故事,讲的时候脸上没有任何尴尬或者不光彩的表情。看得出来,他不觉得有这样一个哥哥是一件丢脸的事情。他承认他哥哥生活得非常开心:"可以想上哪儿就上哪儿,想干什么就干什么,没有任何压力,也不对任何人负责,所以他认为自己才是真正自由自在的人。"

"那么,你父亲呢?"我知道他的父亲是个律师,很体面,也很有钱,于是问,"你父亲怎么看待你们兄弟俩?"

他告诉我,他父亲一点也不干涉大儿子的选择,从来不会骂这个大儿子不争气,从来不会说"看看你弟弟多有出息,就你不争气"这样的话。

有一次大儿子回家,父亲看他的衣服实在太破,于是给他200美元让他自己去买新衣服。儿子问:"这是不是意味着我可以自己选择买什么样的衣服?"

"当然。"父亲回答,"你可以买一件200美元的衣服,也可以买很多便宜的衣服。"

结果大儿子买了一件200美元的衣服穿上了。父亲看了就说"很好",并没有说:"你这么穷还不知道节俭。"(凌志军著,《成长比成功更重要》,湖南人民出版社,2013年,第76页)

独立生活能力还意味着孩子要自己解决生活中遇到的各种问题。因为一个人的生活归根到底只能自己去面对。这种自己解决问题的能力也要从小培养。

在荷兰,即便是一年级的小学生,学校也不允许家长帮他们穿脱外套和鞋子,孩子会被要求自己的物品自己拿。孩子们从六岁开始,学校会推荐他们参加两天一晚的集体外出旅行。这通常是孩子们第一次离开父母单独外出旅行。在旅行过程中,不允许带手机,不能跟自己的父母联系。随着孩子们的年龄增长,这种外出活动的时间会逐渐延长。孩子在很小的时候,就被允许自己骑自行车上学。

我读到的一本荷兰育儿书中这样写道,当孩子们背着沉重的书包,冒着风雨,艰难地骑车上学时,你不需要对你的孩子感到愧疚。反过来想想,这会让他们多么

第七章　余论：人格是西方教育追求的核心目标

富有责任感与独立性。这位作者还建议，如果你的孩子忘了带午餐，你不应该给他们送过去，而且绝不要开车送他们上学。（[美]瑞娜·梅·阿科斯塔、[英]米歇尔·哈奇森著，《荷兰育儿法》，东方出版社，2018年，第122页）

在德国，这种自己解决问题的能力，也是在幼儿园就开始培养了：

但在玩中也要学会各种能力：自理能力，如饮食、睡眠、排泄安排、自理能力训练；规则意识：盛入自己盘中的食物一定要吃光；比如尊重，告诉孩子要尊重别人的隐私；爱心，养小动物，如小狗、小猫，让孩子在亲自照料小动物的过程中，懂得体贴入微地照顾弱小生命；坚强，孩子摔倒后，只要不是很严重，不会马上去帮忙，而是让他们学会自己站起来；礼貌，在寻求孩子帮忙时会说bitte（请），之后会说danke（谢谢）；诚信，要遵守约定，不能轻易发誓言，答应过的事情，要在规定的时间内做到；合作，有意地去为孩子们组织一些集体活动等。

……

孩子们在"社会大家庭"里训练各种能力：去超市和菜市场，拿钱怎么买东西；去花圃，认识花草树木，学种植物；参观图书馆，学会借书、还书；坐有轨电车，学会记住回家的路线；他们还去看马戏、儿童歌剧和魔术；等等。幼儿园老师还特别唤起孩子环境保护的初步意识。通过去森林漫步，让孩子接触大自然；到垃圾处理厂参观，懂得避免垃圾的意义，参与分拣垃圾等。

难怪，一位德国家长说，3年过去了，孩子学会了自己修理玩具，自己管理时间，自己约会，自己制订计划，自己搭配衣服，自己整理东西，自己找警察……孩子们在活动中，一天天长大，一天天成长。（青木，《德国的成功，从幼儿园就开始了》，环球网，2016年6月1日，http：//world.huanqiu.com/exclusive/2016-06/8999099.html）

美国学生的打工文化、生存训练、社团活动、游学、志工等，从某种意义上说，都是在锻炼独立生活能力。

孩子终究要从父母身边走开，走向世界，去寻找他们自己的生活。孩子与父母、家庭分离的过程，正是其走向独立的过程。

第八章
结论： 中国教育需要浴火重生

教育就是传承文明，它体现了一种文明的最本质特征。文明的品格决定了教育的品格。中国教育也必然深刻地烙上了中华文明的印痕。从历史的角度来说，中华传统文明与中国的教育无疑会具有相似的命运。

近代以来，中华传统文明经历了鸦片战争、洋务运动、戊戌变法、新文化运动及五四运动的洗礼；特别是新中国成立以及改革开放的历程，使中华传统文明与世界先进文明互相碰撞与融合，促使我们的文明形态发生了显著的改观。中国也从一个落后的农业国家变成了一个基本实现工业化的现代化国家，从世界边缘逐步走向世界舞台的中心。中华民族正在迎来伟大振兴的历史时刻。

目前的中国文明某些表层的、世俗的元素已经具有世界性的特征，这表现在我们日常生活的方方面面。但是教育作为一种文明最底层、最核心的部分，似乎还没有发生根本性变革。中国教育还顽固地坚守着某些使中华传统文明逐渐走向衰败的落后文化观念。然而全球化的大势和中华民族振兴的使命正在倒逼中国教育，中国教育正在经受全球化的最终考验。教育将最终决定中华民族、中华文化能否站稳在世界舞台的中央。

第八章 结论：中国教育需要浴火重生

第一节 教育应该创造幸福

前面我们已经谈到过幸福问题。我们提出，"幸福是人生的终极追求""幸福源于健全的人格"。我们也讨论了人格的构成以及人格成长的规律。如果说前面我们讨论幸福的时候还比较抽象，现在我们可以有更加清晰具体的感受了。

健全的人格应该由本我、自我和超我三部分组成。

本我构成人格的基础部分，它体现了一个人最基本也是较低层次的需要，由生理、秩序和被爱的需要构成。具体地说，它需要一定的生理满足，需要一个稳定的环境，需要被一些重要的人接受。这种人格状态很像"三亩地一头牛，老婆孩子热炕头"的生活氛围，也可以说是小农经济式的生活氛围。中国人自古推崇的桃花源式的生活，正是本我人格的理想追求。在本我阶段，由于对自己生活的要求不高，实现这种生活只需要调动一小部分外部资源（包括自然资源和社会资源），因此显得格局很小。本我人格注重于改变个人境遇，以求得个人的安稳生活。它更多追求一种闲适的、平静的、田园的生活，知足常乐、小富即安。它对更大的世界不感兴趣，它不愿意打破眼前平静的生活，闯入一个不确定的未知世界。人是很容易满足于这个层次的生活的，因为再往前迈出一步，就有巨大的风险，那就需要很大的勇气和冒险精神。中国人在潜意识中，是比较欣赏这种生活的。然而本我层面的幸福终究只是一种小确幸、小格局的幸福。

自我是本我的升华，它要求人深刻地挖掘内在潜力，广泛地调动外在资源，成就伟大的事业，取得更大范围的他人的承认。自我由尊重和自我实现两种需要构成。自我的满足是精神的满足，是被更广泛世界承认的满足，它的实质是一种精神上的优越感。这种满足具有更高和更持久的幸福感，正如马斯洛所说，是可以产生"高峰体验"的满足，这种"高峰体验"深刻而崇高。自我要求人有更大的格局，因为它要求有更宏伟的目标、更广泛地调动外部资源、更大限度地挖掘自身潜力、面对

265

更多的困难和障碍。格局越大，幸福也越深刻而崇高。拥有自我的人，也拥有更高质量的幸福。

自我要求有宏大的眼界。人格一旦上升到自我层面，眼界就豁然开朗，视野将会涵盖更大的世界，乃至整个宇宙。美国华人教育家陈麦克说："我上大学是想改变自己的命运，我的女儿上大学是想改变世界的命运。这就是中美教育的分歧，她从小被训练，准备着有一天要做世界的领导者。"（［美］陈麦克著，《论中美教育》，海南出版社，2016年，第23页）

郑人元说：

既然如此，那就好好地利用大学四年的时间吧！给自己一个阅读和锻炼的计划；去勇敢地开口和陌生人交谈，接触各种各样的人，了解他们的故事；去积极地参与几个有意义的社团，或者组建一个自己的社团；去旁听各类入门的课程，打开自己的知识面；去逼自己跳出舒适圈，不要交那么多的酒肉朋友，独立地应对挑战，并且和优秀的、志同道合的人交朋友吧；去打工、实习，省下零花钱，去旅游和探险吧！（见附录九：《"中国状元"在美国读大学后对中国教育的感悟》，本书第317页）

郝景芳说：

如果我们给教育定的目标就是好工作和挣钱，最理想的实现也就是找到一份好工作，挣很多钱。比这个更大的目标是自己创业或者做生意成功，经济上的成功无疑更大，但仅此而已。比这个还大的目标就是为了中国命运救亡图存、振兴民族，这个宏愿很了不起，也很宽阔，但是放在世界范围仍然只是一国之梦，产生不了引领全人类的杰出人物。

真正的杰出人物是怎样产生的呢？杰出的历史人物，国籍民族家庭背景各异，成长路径也千差万别，但都有一个共通的核心的指引：解决人类和世界的问题。

解决世界的问题，在我看来是教育唯一真正的目标。我们为什么要学习？不是因为学习才能获得进大公司的能力，而是因为学习才能让我们理解这个世界，解决这个世界的问题，成为更好的人类。

第八章 结论:中国教育需要浴火重生

……

中国在过去落后挨打的年代,能够解决自身的生存问题和富强问题已经很了不起,但是我们目前已经重新回到世界巨人的舞台,这就需要有世界级人物,不仅仅懂得让民族不受人欺负,而更懂得站在世界的舞台上,引领人类向前。

伟大的人物,思考的是世界的本质、万物的终极规律、人类文明的由来、历史的原因、科学的方向、技术与社会的关系、人类的相处方式、世间苦难的救赎、更理想的社会变革。

伟大的企业,愿景是为人类开发新的能源方式、创造新的出行方式、建立新的信息沟通方式、寻找更好的计算方式、解决人类的食物与安全问题、产生更具有想象力的事物。(见附录十二:《中国教育还缺什么》,本书第329页)

自我要求人追求独特的人生。雷同的生活并不值得敬佩,创造活动来源于独特性的追求,因此,自我总是导向创造与创新。鲁迅先生在100多年前就说过:"'个人的自大',就是独异,是对庸众宣战。除精神病学上的夸大狂外,这种自大的人,大抵有几分天才,——照 Nordau 等说,也可说就是几分狂气,他们必定自己觉得思想见识高出庸众之上,又为庸众所不懂,所以愤世嫉俗,渐渐变成厌世家,或'国民之敌'。但一切新思想,多从他们出来,政治上宗教上道德上的改革,也从他们发端。所以多有这'个人的自大'的国民,真是多福气!多幸运!"(鲁迅,《随感录三十八》)这里的"个人的自大"正是有自我人格的人,它是"独异"的,与我们说的独特性含义相同。鲁迅先生对这种"个人的自大"充满赞赏和羡慕,甚至可以说,鲁迅思想的核心就是提倡这种"个人的自大"。

超我是自我的合理延伸。自我要求"更广泛地调动外部资源",他人是"外部资源"中最重要、最核心的部分,与"他人"这个能动因素形成利益共同体,是自我实现的必要前提。破坏这个利益共同体,"自我"可能前功尽弃。所以,道德与自我实现,不是互相排斥,而是具有共生关系。我们过去排斥"我",多半是排斥本我,我们把本我当作全部的"我",从而也当然地剿灭了自我。这个道理或许我们从来没有明白过。

健全的人格意味着具有完整的本我、自我和超我。具有健全人格的人当然是最大程度实现幸福的人,同时也是最大程度创新知识的人,更是最大程度促进社会和谐的人。缺少自我的人格，其社会只能回复到较低层次的丛林状态，也不可能真正具有超我——道德。

健全的人格同时也意味着人性的完整实现。在本我、自我和超我构成的整体人格中，人的动物性、思维性、目的性、独特性、趋乐性、成长性、安全性、周期性、层次性、统一性等人性特征逐次得到发展、体现，人呈现出它本身应有的完整性和丰富性。

一种文明、一种教育，除了实现人自身的完整性，不可能再有其他的目的和意义。

第二节　中国教育需要浴火重生

在前面，我们已经用很大的篇幅来讨论西方教育。我们深刻地认识到，西方教育一以贯之的主题，就是帮助孩子发现自我，帮助孩子培养出独特的人格。这个过程要延续20多年，直到孩子成人。不管是家庭教育、幼儿教育，还是小学教育、中学教育和大学教育，始终没有背离发展人格这一主题。因此，西方教育总体上正是人格型教育。

人格型教育的目的是发现每个孩子独特的内在潜力，找到每个孩子独特的人格特征。一切教育活动都围绕这一点展开。由于每一个生命的历程都是独一无二的、不可替代的，因此，这样的教育活动，一定表现为连续不断的"求异"过程——追求独特的兴趣、独特的价值和独特的人生目标。教育只是帮助孩子完成这个"求异"过程。人们梦寐以求的创新和幸福，只是这个"求异"过程自然而然的结果。"求异"始终是西方文明的特征，也是西方教育的特征，从苏格拉底的"认识你自己"到罗杰斯的"成为真实的自我"，可以说在"求异"这一点上是一以贯之的。

反观中国教育，自古到今都在"求同"。几千年来的中国传统社会都在"求同"，这成了中华文明的强大惯性。

第八章 结论:中国教育需要浴火重生

中华文明是一种伦理文明。伦理表现为某些普遍的行为规则,它本身就具有"同"的特征。

《大学》开宗明义讲,"大学之道,在明明德,在亲民,在止于至善"。"明德"也好,"至善"也好,都有"共同"的特征,是人们追求的共同目标。从孔孟到程朱、到王阳明,也始终在追求某种共同的东西。孔、孟的仁义,程、朱、王的天理良知,虽然用词不同,但作为共同准则这一点则是一致的。于是中国几千年来的教育,实质上都在"求同","求同"思维已经深深镌刻在中国人的潜意识之中。

概括地说,儒家同于"仁",道家同于"道",释家同于"空",儒、释、道三家虽然"同"的标准不一,但是在"求同"上、在否定百花齐放的"自我"上,则是一致的。而现代教育的本质恰恰是"认识你自己""找到自我""发现独一无二的自我"。

这种"求同"的伦理教育,固然有效地维护了中国社会的稳定,但却很难为中国社会的发展提供动力,因而这种稳定在某种意义上说也是一种停滞。

近代以来,随着西方科学文明的传入,中国教育的内涵已经发生了很大的变化,由追求仁义、良知等道德规范,扩大到现代科学知识上。由于科学知识具有客观性和普遍性,因此天然具有"共同"的特征。这样,中国人"求同"的思维就找到了新的载体。由此可见,中国教育的内涵虽然变了,但是"求同"的深层逻辑和文化嗜好却没有变。

著名教育家顾明远曾经说过:"我国在清末民初就引进了西方的教育制度,教育内容也几经更新,但是教育观念却没有彻底转变。"(顾明远著,《中国教育路在何方》,人民教育出版社,2016年,第163页)诚者斯言!说实话,我看不出来"培养德智体美全面发展的社会主义建设者和接班人"与我们古人讲的"修身、齐家、治国、平天下",在教育的内在逻辑上有什么根本的区别。

分析当今中国教育的特征,从学校到老师、从家长到学生,我们看到的几乎所有的教育和学习行为,都在"求同"。大家追求一样的目标,使用一样的标准,千军万马挤在一座独木桥上。我们现在极力提倡的素质教育和最近出台的"中国学生发展核心素养",总体看仍然在"求同"。目前的很多教育改革措施,不是从"求同"改向"求异",而是在更加"求同"的道路上狂奔。教材、讲课、试卷不是更加多样化,而是更加统一化,连减负都是全国一盘棋——真的是所有学生都需要减负吗？这些貌似合理的政策，也许本身就有问题。

中国人喜欢讲求同存异，这句话本身意味着"同"是我们意欲追求的，"异"则是无奈的妥协，只好"存"之，我们绝不会把"异"作为追求的目标。

正如凌志军在《成长比成功更重要》一书中所说的："事实上，与众不同在西方文化中总是被看作一种正面的品格，受到鼓励。但我们中国人往往相反，一个与众不同的孩子总是给父母和老师带来烦恼（也给社会稳定带来麻烦——引者注）。当大人对孩子说'我从来没有见过你这样的'或者'怎么就你特殊'的时候，脸色一定非常难看，那是在表示一种强烈的斥责。"（凌志军著，《成长比成功更重要》，湖南人民出版社，2013年，第63页）

也许有人会说，孔子就讲过"因材施教"，怎么能说中国教育是"求同"的呢？对此，我们认为，孔子所谓因材施教，主要是指教育的方法，而不是教育的目标。在孔子那里，教育的目标永远只有一个，即传播仁义思想。我们所说的"求同"，是指教育目标上的"求同"。

有一个小故事很能够说明这个问题。

有一次，孔子讲完课，子路匆匆走来讨教："先生，如果我听到一种正确的主张，可以立刻去做吗？"孔子看了子路一眼，慢条斯理地说："总要问一下父亲和兄长吧，怎么能听到就去做呢？"子路刚出去，冉有也走到孔子面前，恭敬地问："先生，我要是听到正确的主张应该立刻去做吗？"孔子马上回答："对，应该立刻实行。"孔子的另一个学生公西华就觉得很奇怪，问："先生，一样的问题，您的回答怎么不一样呢？"孔子笑了笑说："冉有性格谦逊，办事犹豫不决，所以我鼓励他临事果断；子路逞强好胜，办事不周全，所以我就劝他遇事多听取别人意见，三思而行。"

由此可知，孔子所谓"因材施教"，是在方法层面讲，而不是目标上。

也许有人会说，西方教育中的通识教育，不也是知识型教育，不也是"求同"的教育吗？这样问的人，显然没有真正理解西方教育。西方教育强调通识教育，但绝不会满足于通识教育，停留于通识教育。通识教育的目的是让学生掌握人类既有的、广博的知识体系，以便在此基础上寻找那个真正属于自己的"异于他人"的独特定位。耶鲁通识教育的精髓在于"在成为专才之前，先成为通才"。通识教育是给人才成长奠定一个高起点，它最后的目标还是"异"，只是寻求一个更大格局上

第八章 结论：中国教育需要浴火重生

的"异"。

如果我们把以"求同"为价值导向、以掌握知识为目标的教育称为知识型教育，那正是我们中国教育的现状。我们的一切教育活动，包括教育思想、教育制度、教育方法在内，都是围绕掌握知识这个目标来展开，学生、家长、老师、学校、教育主管部门都以学生考高分为唯一目标，可以说全社会齐心协力在"求同"。

我们发明了很多掌握知识的方法，例如，反复的课外辅导、高强度的家庭作业、无穷无尽的练习题、知识点教学、对记忆与考试方法的高度重视、根据考试成绩排列名次、对高考"状元"的高调宣传、排斥家务劳动、陪读、拒绝社会活动，如此等等。正是在这种长期、反复的知识型教育的"磨炼"下，孩子的兴趣、想象力、主动学习的精神全被磨掉了，独立思考和怀疑精神因毫无用武之地而永久性地萎缩了。

这样一种划分，让我们陡然吃惊地发现，对人格型教育非常重要的事情，比如玩耍、做家务、独立思考、课堂讨论、个人兴趣、自我价值等，对知识型教育简直一文不值；相反，对知识型教育来说非常重要的某些事情，比如满堂灌、根据考试成绩排列名次、大量的家庭作业、高度重视考试成绩好的学生等，对人格型教育来说，简直成了毒药。

在这种知识型教育体系中，老师不可动摇地处于中心地位，学生只能是处于从属地位，因为标准答案全在老师那里。

在这种知识型教育体系中，学习可能变成了一件痛苦的事情。当学生毕业的时候，他们是逃离学校的，一旦他们到了大学，自然有一种解放了的感觉，于是很多大学生沉迷于睡懒觉、打游戏的"快乐"生活中。

在这种知识型教育体系中，教师与学生往往关系紧张，教师可能成为学生人格的"杀手"，"师道尊严"找不到了，甚至学生杀死老师、杀死父母的不幸事件也时有所闻，因为学习成了学生苦不堪言的事。

在这种知识型教育体系中，学生处于被动学习状态，对学生来说，学习是一件无可奈何的事，他们只是出于应付差事而学习，当他们走出校门、走向社会的时候，他们也只是为了生存而工作，很多人一辈子都不知道自己真正想干什么，因此他们不会全身心投入去干一件事，更谈不上创造发明、涌现大师级人物。这正是中村修二说的"东亚教育浪费太多生命"。

在这种知识型教育体系中,很多人的内在潜力并没有得到真正挖掘,大量人力处于低水平生存状态,很少有人会执着于某一种爱好——他们从来就没有机会产生让自己为之疯狂、为之奋斗一生的爱好(释家不正是要人们"破执"吗?),而这种执着正是创新、创业、创造者的核心品质。放羊娃的故事正是这种社会的真实写照:"放羊干吗呢?""赚钱呢!""那赚钱干吗呢?""娶婆姨呢!""娶婆姨干吗呢?""生娃呢!""生娃干吗呢?""放羊呢!"……这样的社会,怎么可能有大发明、大创造、大思想?

在这种知识型教育体系下,绝大部分学生不可避免地要被这种教育俘获,当然偶尔也有少数人成才了,做出了比较大的发明创造,但这样的人少之又少,因为他们反而可能是例外,是传统文化和传统体制的"漏网之鱼"。所以中国偶尔也可以有个别人获得诺贝尔奖或成为创新人才,但与我们的人口规模相比,简直可以忽略不计。

中国人很喜欢"努力"这个词,我们喜欢努力学习的孩子,我们总想急迫地告诉孩子:少小不努力,老大徒伤悲。可是杜威早就说过,努力有两种:一种努力是由于我很喜欢做这件事,所以我自然而然、发自内心地努力去做;另一种努力是我很不喜欢做这件事,于是我克服内心的拒斥力,努力去做这件事。西方教育追求的是第一种努力,中国却格外看重第二种努力。

怀特海曾经说过,"如果一本书和一些讲座的目的,是要使学生能够记住所有在下次考试中可能会出现的问题,那么这本书或是这些演讲就代表了这条邪恶之路"([英]怀特海著,《教育的目的》,庄莲平、王立中译注,文汇出版社,2012年,第8页)。

如果用怀特海的观点来衡量中国当今的教育现实,那将会得出一个可怕的结论——中国教育正在邪恶的道路上狂奔!

60多年前,罗杰斯也曾经面临与我们现在相似的问题,即一种以"教师强加于学生的讲授和解释,以及教师对学生实施评价"为主要特征、以事实性知识为目标的教育方式大行其道。他说:"在今天,教师、教育家与学生家长、国家领导人站在一起,坚持认为学生应该受到指导;必须把我们已经为他们组织好了的知识传授给他们;我们决不相信学生们会根据实用的要求来自己组织知识。"(卡尔·R.罗杰斯著,《个人形成论:我的心理治疗观》,杨广学、尤娜、潘福勤译,中国人民大

第八章 结论：中国教育需要浴火重生

学出版社，2004年，第269页）罗杰斯发现这种传统力量十分强大："我们的整个文化——通过风俗、法律、工会与行政部门的努力、家长与教师的态度，等等——从根本上致力于实现这一任务，即阻止年轻人去接触任何真实的问题：不要让年轻人去担负实际工作，不要让他们去承担实际的责任，他们在公民和政治问题上没有任何发言权，在国际事务中没有任何插嘴的余地；通过严密的监管，防止他们直接接触任何个人与社会生活的真实问题。人们不喜欢年轻人去帮助做家庭事务、谋生、从事科学研究、对付各种道德伦理问题。这样一种已经一代一代延续下来的根深蒂固的势力，有可能在朝夕之间得到改变吗？"（卡尔·R.罗杰斯著，《个人形成论：我的心理治疗观》，杨广学、尤娜、潘福勤译，中国人民大学出版社，2004年，第269页）

我们现在发现，西方教育已经超越了这个阶段。中国教育的问题是，我们才刚刚意识到这个严重问题，还没有厘清超越这种教育方式的思路。

中国教育目前的主要矛盾是：随着改革开放的不断深入和经济社会的不断进步，在一个全新的社会环境中，孩子的自我意识逐渐觉醒，但是，我们的教育思想和教育体制并没有真正适应这个觉醒，甚至仍然在使用传统教育方法压制学生的自我觉醒。

有人会问，难道知识型教育就一无是处吗？当然不是。知识也是人类的重要追求，不是有一句话叫作"知识就是力量"吗？如果中国十几亿人用知识武装起来，那一定会迸发出巨大的力量！新中国成立以来，我们从一穷二白的基础上起步，向现代社会迈进，如今已经成为世界第二大经济体、第一大制造业大国，国家正在工业化和城市化的道路上大步前进。所有这些都有知识型教育的功劳。知识型教育为中国经济建设培养了大批高质量的劳动者，使中国人脱离愚昧状态，使中国从一个半殖民地半封建社会初步进入一个现代工业社会。

这个成就堪称巨大。

然而，"知识就是力量"这句在西方文艺复兴后期提出的话，本身具有很大的历史局限性。随着历史的发展进步，教育早就超越了对知识的简单追求，现在更重要的是追求智力和人格。真正的力量不是知识，而是自我的觉醒。现代化是以人的觉醒为前提的，这种觉醒的标志就是对健全人格的追求，而健全人格的核心是自我的成长。知识型教育只能是教育的初级阶段。知识型教育的问题在于：它只能培养劳动者，而培养不出创造者。当中国经济还处在小农经济时代和劳动密集型经济形态时，知识型教育是与之相适应的；当我们跟随他人、学习他人创新的知识走向工业化时，知识型教育是有效的。但是，当中国提出要建立创新型社会时，知识型教育是无法适应这个要求的。具体来说由三大要素决定，知识型教育已经无法适应我国当前经济社会总体发展的需求。

一是当前的中国经济要提质增效，必须从劳动密集型经济向知识密集型经济过渡。劳动密集型经济已经难以支撑中国经济的持续发展，知识密集型经济替代劳动密集型经济已经不可避免。但是，知识密集型经济的前提是要有强大的知识创新能力。知识型教育能够接受知识，却不太善于创造知识。这是中国教育面临的第一个挑战。

二是中国已经逐渐走向世界舞台的中央，中华民族越来越接近实现伟大复兴的梦想，我们有责任为世界创造知识。也只有能够创新知识的民族，才能让其他民族信服。很难想象，一个复兴的中华民族却总是跟随在其他民族后面，享用其他民族创造的知识，而自己却没有创造知识的能力。真正的崛起要引领世界，而不是满足于跟随。美国梦归根到底是靠美国的知识创造能力支撑的，中国梦也必须靠中国自己的知识创造能力支撑起来。这是中国教育面临的第二个挑战。

三是人工智能时代来临极大加剧了知识型教育的危机。"阿尔法狗"已经战胜了顶级的人类棋手，翻译机器人即将替代人工翻译，医疗机器人已经可以代替人类医生看病，如此等等。人工智能时代正在迅猛到来，那些只会学习知识、模仿别人而不会创造知识的国家、民族和社会，可能再一次沦为被殖民的命运，而这一次殖民的形式可能是占领知识，而不是土地。这是中国教育面临的第三个挑战。

这三个挑战，每一个都很重大，每一个都很关键。但是，中国教育似乎还承受不了这些挑战。

邓小平当年提出"教育要面向现代化，面向世界，面向未来"，这句话毫无疑问具有历史的穿透力。现在我们需要搞清楚，"现代化""世界""未来"这些概念究竟意味着什么，如何做才能"面向现代化，面向世界，面向未来"。

当海尔公司的家用电器产品都开始根据用户需要实行个性化生产时，中国教育还能永久保持"流水线"的"批量"生产模式吗？

不是说中国的传统教育一无是处，它在维系传统社会方面当然有它特定的作用。

第八章　结论：中国教育需要浴火重生

但是，中国是一个满怀憧憬、奔向未来的国家，教育要助推国家前进，就不能停留在过去，除非中华民族永远满足于当二流的民族。

历史的机会之窗是否能够向中国打开，教育将起到至关重要的作用。

中国教育正面临一场严重危机。

中国教育也面临一场浴火重生。

那么，中国教育究竟路在何方？

教育就是追求知识——当一个国家的普罗大众都是这种认知的时候，教育就只能淹没在这个汪洋大海之中。这个汪洋大海构成了一种独特文明现象，我们沉迷于其中而其乐融融，尤其是这种现象的深层逻辑竟然还是几千年传统文化的延伸，要不被淹没就更为困难了。我们绝大多数人并不知道教育还有另外一种类型和境界，即那种基于"求异"导向的教育——人格型教育。纵然有少数人洞察到，我们的教育处于某种初级状态，还有很大的提升空间，但是由于他们人数较少，因此也无力回天，难逃被大众淹没的命运。

很多人认为，中国教育的问题是体制问题，甚至连著名学者周国平都持这样的观点。但实际上，根本就不是体制问题，而是文明问题。文明问题就是我们大家的问题，我们每一个人的问题。清华大学鲁白教授的观点是对的，他说："中国的教育问题不出在教育部，而是出在我们自己身上。"（见附录十五：《教育最大的问题是我们自己》，本书第350页）无独有偶，复旦大学葛剑雄教授也发出疑问：中国的教育问题还是教育的中国问题？所谓"中国的教育问题"，是发生在中国的单纯是教育方面的问题。但"教育的中国问题"就不单纯是教育的问题，而是在中国有关教育的各种问题。我们认为，教育与整个文明有关，某种意义上说，教育就是在复制我们的社会和文明。"我们自己"——我们每个人都是自身文明的载体——可能都是中国教育存在问题的推手。可能我们的文明还需要真正建立现代意识，至少在人的问题上。若全社会都没有确立现代的人的意识，自然也就没有现代的教育意识。

这是中国教育问题的核心——我们不懂什么是真正现代的人；我们不懂人的本质在于其个体性和独特性，而不在于其普遍性。

对于"中国教育路在何方"这个时代之问，我们的答案是：中国教育的根本出路在于从传统的"抑我""无我"转向"贵我""崇我"，鼓励孩子追求自我。因为只有自我实现，才能以人为本。

2018年以来，国家出台新的减负政策，但是老百姓不领情。本来学生减负以后，可以给孩子的人格成长腾出时间和空间，但是广大家长理解不了这个政策的设计意图，他们没有这样的教育思想。有些家长甚至自发组织起来，集体对抗减负。（见附录一：《你们敢动老师，我们就去上访！家长组团补课为哪般？》，本书第278页）

鲁迅先生在小说《狂人日记》中描述过一个现象。主人公时刻怀疑周围很多人都在密谋把他"吃掉"，可是后来竟发现，自己可能也"吃"了人。有人把这种现象称为"剧场效应"，即每个人既是观众，又是演员。中国教育正深陷知识型教育这个"剧场"中，而我们大家既是观众，又是演员。作为观众，我们似乎有所警觉；作为演员，我们都在参与制造且加重这种氛围。

当大家都在演同一台戏的时候，你要怎么把这台戏停下来？

毫无疑问，中国教育需要一场革命，让全民告别知识型教育的习惯思维，树立人格型教育的先进思想，从"求同"转向"求异"。中国教育的出路在于从"求同"思维中解放出来，确立"求异"新思维。更明确地说，中国教育的出路在于以完整的人格作为核心追求，让每一个人都能够"找到自我"。

我们不妨把这场教育革命看作中国近代革命历程的收官之作——即完成人自身的现代化。这场革命可能也是中国文化走向世界中心的关键一役，因为，教育的现代化就是文化的现代化，就是人的现代化。

那么，有什么力量能够推动大众脱离传统习惯思维的泥潭呢？我们愿不愿意、敢不敢于、善不善于以完整的人格作为教育的核心追求呢？毕竟这个转变极其重大，从一定意义上说，它需要我们与传统决裂。

结论似乎比较悲观，因为教育的进化首先要有文明的进化，"剧场效应"毫无疑问又阻碍了文明的进化，这似乎是一个"死循环"。但是，联想到近代以来中国从几千年封建泥潭中逐渐挣脱出来的历史，似乎又还有一线希望。想当初，中国共产党带领文化程度较低的无产阶级完成了新民主主义革命，当前的教育革命也许并不比当时更困难。

但是，谁是这场革命的"星星之火"呢？这场革命的根据地——"井冈山"又在哪里？

第八章 结论：中国教育需要浴火重生

现在我们需要破局，需要一些敢于"吃螃蟹"的人，需要一些先知先觉的呐喊者，更需要国家高层的集中与决断。在现实中，我们欣喜地看到，朱清时、施一公、马云、陈一丹、凌志军、李开复他们从不同的职业视野不约而同地关注中国教育，并在实践中迎难而上，寻求中国教育的蜕变。

这使我们看到了一些希望。

我们祈愿中国更多有志气、有雄心、有担当的人，都来思考和探索中国教育这个大课题，共克民族崛起的最后堡垒。

附录一
你们敢动老师，我们就去上访！家长组团补课为哪般？

蒋　芳　陈席元

攒班，请假，逆托管，"教育低保"下的无奈选择？

随着课外辅导热愈演愈烈，"公办省钱，民办省心"的传统模式崩盘，攒课、请假、逆托管等新现象频出。光环褪去的公办学校，如何满足日益多元化的需求？

互相担保请求"攒班"

《半月谈》记者近日在采访中听到了这样一件怪事：

江苏一家公办学校的家长们要求老师给孩子补课，既不能让老师白干活，又不能给老师惹麻烦，家长们想出了一个"好办法"：由家长委员会找场地、看场地，并组织收费，然后将补课费"捐赠"给老师个人。

然而纸包不住火，被举报发现后，老师和学校面临处罚。家长们情绪激动地表示："你们敢动老师，我们就去上访！"对此，当地相关主管部门束手无策，只得将此事上报，随后处理意见搁置。

此案例虽然极端，却仍然反映出一个清晰且严肃的事实：真正要求课外辅导的往往是家长，禁令终究难敌需求。

一位公办中学的数学骨干教师透露，总有家长托各种关系找他，近乎"哀求"地希望孩子能跟着他补习。"我只要负责讲课，其他什么都不用管。"

南京的一位家长坦言，十来个人，商量好了，组好班，找口碑好又靠谱的老师过来上课。"自己攒班能省去中介的费用，当然也不仅仅是为了省钱，关键在请到的都是教学经验丰富的任课老师，而不是培训机构包装出来的名师。各得其所，大家都开心！"

附录一 你们敢动老师，我们就去上访！家长组团补课为哪般？

家长拼命、老师犹豫，担忧校内吃不饱，于是校外偷偷"组团"，勾勒出公办学校的一种特殊生态。

"逆托管"的新现象

一段时间以来，"三点半现象"引发社会关注，为此多地出台"弹性离校"的政策。但是，公办学校能够提供的服务显然有限，一种"逆托管"的新现象随之产生。

南京一位二年级学生的家长王女士最近选择放弃弹性离校，继续报了个学校附近的校外机构托管班。王女士发现，原本寄希望留在学校的孩子能在老师的看管下，至少完成当天的作业，却没想到事实上孩子们只是不准出校门，在学校里面疯跑，老师们则各忙各的。

另外一所学校的家长周舟则遭遇到了老师的"暗示"。"就是希望家长不要报弹性离校，去上补习班更好。"周舟说，自己亲戚也有当公办小学班主任的，知道老师们平时工作很辛苦，内心很不情愿承担这些额外的负担。

将校内视作"零食"，把校外当成了"正餐"

"社会都关注三点半接太早，其实还存在另外一种现象，就是不到三点半就有家长来电话说，孩子还有其他课要提前接走。"某公办小学的校长告诉《半月谈》记者，部分家长"跑偏得厉害"，将校内视作"零食"，把校外当成了"正餐"。"对此我们也只能睁一只眼闭一只眼，毕竟每个家庭对教育都有不同的认识和个性需求。"

对此，有家长这样回应："有的公立学校一天排满六七节课，但科学课是体育老师教的，劳动课只教剪个纸，书法课的水写布是坏的，体育课经常是枯燥的练队列，数学课、英语课即使全会了也只能看课本，午休一个半小时孩子还不能进行室外活动……"

一些家长表示："现在小学初中都在推行'就近入学'，不准考试，可将来上北大清华难道也能按片划分？为了自己孩子的未来，公立学校不教的，我们只能自己找人教！"

在部分家长看来，辅导班的小班化、分层化教学，是弥补公办学校应试教育不足的一种无奈选择。

公办越发难办？

江苏某区一位派驻教育系统的纪检监察组组长说，他所在的派驻地区已经形成了"民盛公衰"的教育格局，民办学校掌握优质的师资、优质的生源。例如，某民办中学 2017 年秋季招收新生 960 名，有 630 名来自苏北其他市县。在这种跨区域"掐尖"的情况下，本地学生竞争更加激烈，只能求助于课外辅导班。

同时，公办学校和民办学校在管理政策落实上也存在差异，公办学校下午三点半必须放学，民办学校延迟补课两不误。

要想彻底打破这一怪圈，必须综合施策。

一方面，要打破"姓公姓私"，探索建立公平、统一的招生平台。义务教育阶段，公校、民校就应该在同一平台招生，民办初中可探索实行免试、免证入学政策，有效切断公校、民校联合培训机构考试招生的利益链条。

另一方面，尽快缩小义务教育阶段办学差距，只有不断增加优质教育资源供给，弥合义务教育阶段办学差距，探索符合国情的教育模式和招考体制，才能从源头上破解课外辅导班盛行的"顽疾"。

(《半月谈》2018 年第 9 期)

附录二
中国教育的首要问题是如何培养真正的人

钱颖一

我是一名经济学者,有三个原因让我对教育问题有极大的兴趣:

一是我的求学经历(清华、哥伦比亚、耶鲁、哈佛);二是我的执教经历(斯坦福、马里兰、伯克利加州、清华);三是我在清华经管学院担任院长至今8年多的经历。

我并没有受过教育学系统训练,所以不熟悉教育学的方法和分析框架。我是一名教育实践者,所以我就从直观的观察开始。

首先,我们不能完全否定中国教育的成绩。中国过去30多年经济高速增长,如果教育完全失败,这是不可能的。不过,肯定成绩是容易的,但是肯定到点子上并不容易。

我的第一个观察是,中国在大规模的基础知识和技能传授方面很有效,使得中国学生在这方面的平均水平比较高。用统计学的语言,叫作"均值"较高,意思是"平均水平"较高。这是中国教育的重要优势,是其他发展中国家,甚至一些发达国家都望尘莫及的。这从"国际学生测评项目"中上海学生的表现,在三个科目(阅读、数学、自然科学)中都名列前茅可见一斑。当然这并不代表中国的平均水平,但是在这个测评中,农民工子女比美国中产阶级子女、艺术院校学生的数学比美国学生平均水平都要强,这更说明了问题。

我们是如何做到的呢?政府和民间对教育的投入,中国传统文化对教育的重视,中国学生在学业上花的时间多,都是原因。经济学家研究发展中国家的基础教育,通常衡量的是教师是否准时上课、学生是否有课本等十分初级的要求。虽然中国的基础教育还存在很多问题,但教师的敬业程度还是令人钦佩的。即使是高等教育,在基础知识和技能的传授方面，按平均水平来看，都是可圈可点的。

这种教育优势对推动中国经济在低收入发展阶段的增长非常重要，因为它适合"模仿和改进"的"追赶"作用（但是不适合创新），特别是在与开放结合在一起的时候。开放让我们看到了先进，加上我们的毕业生基础知识扎实，模仿能力强，挣钱动机更强，员工队伍整齐，就有了很强的执行力，就追赶上来了，这在制造业中非常明显，即使是服务业也一样。在引进先进的IT（信息技术）和管理流程中，超级市场的收银服务、银行的柜台服务、医院的挂号和收费、出入关的检查等重复性的、规律性的大规模操作，中国服务人员的速度和精准程度，甚至超过发达国家。

不是我们的学校"培养"不出杰出人才的问题，而是我们的学校"扼杀"潜在的杰出人才的问题。

我的第二个观察是，与"均值"高同时出现的另一个现象是"方差"小，也就是杰出人才少。"方差"是统计学的概念，是衡量一个随机变量偏离平均数的累加起来的程度。简单地说，"方差"小就是两端的人少，出众的人少，杰出人才少，拔尖创新人才少。

我们都知道，杰出人才的出现是小概率事件。如果说"天赋"的分布在不同人种之间没有太大差别的话，那么出现杰出天赋的概率就应该与人口正相关。中国有13亿多人口，但是至今没有中国学者在中国大陆的研究获得诺贝尔科学奖（2015年以前——引者注），这就说明了一个问题。还有其他证据说明问题。我们不用去同发达国家比，与印度的比较更有说服力，因为两国的人口基数差不多，而且印度的人均收入比中国低。印度教育的平均水平肯定不如中国，但是它在出现突出人物方面比中国显著。从我自己平常接触到的例子看，全球著名商学院中的哈佛商学院、芝加哥商学院、康奈尔商学院、华盛顿大学商学院的院长都有过印度裔；全球著名大跨国公司中，微软、百事、德意志银行、万事达卡的CEO也都有过印度裔。但是目前还没有或很少有中国人担任这类商学院和跨国公司的CEO。

我们不否认中国人才缺乏创造力、缺乏领导力、缺乏影响力。钱学森问：为什么我们的学校总是培养不出杰出人才？我的直觉是，恐怕这个问题本身就有问题。杰出人才是"培养"出来的吗？也许不是。杰出人才很可能是在一种有利的环境中"冒"出来的。所以创造环境（或者说"培育"）远比"培养"更重要。这里有深层次的原因。

附录二 中国教育的首要问题是如何培养真正的人

我在 2010 年 8 月清华大学本科生开学典礼上和在 2011 年 2 月黑龙江亚布力中国企业家论坛上,都强调了中国学生缺乏好奇心、想象力和批判性思维能力的问题。好奇心和想象力部分来自天生,至少有一些人是这样,但是后天会把它们磨灭。完全有可能的是,受教育越多,好奇心和想象力就变得越少。由此来看,正是我们的教育把人先天的好奇心和想象力给"扼杀"了。再加上学生的批判性思维能力得不到培养,那学生怎么可能有创造性呢?

因此,不是我们的学校"培养"不出杰出人才的问题,而是我们的学校"扼杀"潜在的杰出人才的问题。在好奇心和想象力被扼杀、在个性发展受压抑的情况下,人与人之间的差别就减少了。

"方差"小对经济发展的影响在不同发展阶段是不同的。在低收入阶段,经济发展主要靠模仿和改进,人才"方差"小无关大局,甚至还是长处,只要"均值"不低。但进入中等收入水平阶段后,当需要以创新驱动发展时,"方差"小的后果就严重了,因为这影响创新,特别是颠覆性创新。这样,我对中国教育问题的第一个和第二个观察,即人才的"均值"高和"方差"小的特点,既能解释中国过去 30 多年经济发展的成就,又能预示在未来经济发展"新常态"中可能出现的问题。

中国教育的问题,决不仅仅是培养不出杰出人才的问题,更严重的是"造就"了不少没有人格底线的人。

如果说在知识和能力上是高"均值"、低"方差"的话,那么我的第三个观察是,在人的素养、价值等方面,我们的问题就是低"均值"、高"方差"了。

低"均值"是指人们经常批评的人的素养平均水平低。而人的素养的"方差"大,是指太差的人不在少数。这从反腐中暴露出来的案件规模、程度中可领略,多么让人触目惊心、不可思议。这其中很多都是那些高智商、低人格的人做的。知识水平高,做人很差的,就是钱理群先生讲的"精致的利己主义者"。

中国教育的问题,决不仅仅是培养不出杰出人才的问题,更严重的是造就了不少没有人格底线的人。这就要来审视我们的"人才"观了。正因为我们对培养不出"杰出人才"有紧迫感,所以就特别重视"才"。这种急功近利的结果是什么呢?不但"杰出人才"的培养仍是问题,而且轻视对"人"的素养的培养会造成更严重的问题。我们讲人的素养,是一个真正的"人"所应具备的基本做人准则,是人格底线。爱因斯坦早就说过:"学校的目标应该始终是:青年人在离开学校时,是作为一个和谐的人，而不是作为一个专家。"戴安娜王妃也多次对她的长子威廉说："你在成为王子之前，先要成为一个人。"他们讲的都是先做人，再成才。因此在我看来，中国教育的首要问题，还不是如何培养"杰出人才"的问题，而是如何培养真正的"人"的问题。

以上是我对当前中国教育问题和这些问题对经济和社会发展影响的三个观察，可以用"均值"和"方差"来概括：

一是我们的优势是基础知识和技能的"均值"较高，这对过去30多年中国经济增长起了推动作用。

二是我们的劣势是基础知识特别是能力的"方差"太小，杰出人物太少。这就导致创新不足，对未来中国经济以创新驱动发展非常不利。

三是教育除了有为发展经济服务的功利作用之外，教育对人的素养培养和人的价值塑造以及对文明社会建设更为重要，而人的素养的"均值"低却"方差"大，是中国实现"人的现代化"的重要掣肘。

（选自"搜狐网"，http://www.sohu.com/a/147740418_658762，有删改）

附录三
在德国学做父母

恩　丽

学做父母？初听起来，做父母谁不会，还需要学习吗？俗话说：会生就会养。一个人成年了，结婚生子了，养孩子一切都水到渠成。

可是做自然父母和做合格的父母这之间还是有区别的，在德国做自然父母如果不合格，国家是会把你的孩子带走的，不是你认为的"我生的孩子就是我的"这么古老简单。

所以，德国国家青年局管的就是这些不合格的父母，而被领养的孩子就是从这些不合格的父母身边带走的。

事实上，在德国，作为亲生父母，国家在他们成为父母之前也是有培养他们的。首先，新妈妈在围产期时，就有学习班，教新妈妈们怎么喂奶，怎么换尿片，怎么抱婴儿，怎么处理婴儿的哭闹，产前产后都有国家医疗保险公司安排助产师来家指导，特别是对产妇的心理支持，这一切都是为了孩子，让孩子有一个合格的、有心理准备的父母。

尽管这样，在养育孩子的漫长道路上，父母们还是会遇到很多问题，所以，父母们需要不断地学习，不然真有孩子被带走的可能。就是在物质条件上，如果没有足够的空间给孩子，两三个孩子在一个狭小的房间，国家也会把孩子带走；如果你的孩子在青春叛逆期谈恋爱，父母强行阻碍，孩子告到青年局，青年局也会把孩子从父母身边带走……

亲生父母尚且如此，那养父母们就更应该学习了。事实上养父母们的确遇到了很多问题，因为养子女们的问题确实比一般的亲生子女问题多，因为他们来自问题家庭，他们的心灵或多或少都有伤痕。

所以，在德国，在成为养父母前，除了需要在等待的名单上排队，而且在排队期间还需要参加"学做父母"学习进修班，以等将来迎接孩子到来后应付可能遇到的各种问题，因为，你不知道孩子会来自一些什么问题的家庭，所以，你必须具备应付各种问题的能力。参加学习得越多，就越有希望早日得到孩子。

就算孩子到了你家，也不是说万事大吉了，除了国家青年局每年来检查两次，还得每年参加一两次的学习进修，学习怎么做养父母，怎么处理和养子女的关系，怎么处理养子女的特殊情绪、特殊行为。

回想起来养女到我们家已经六年了，经历了各种磕磕碰碰，的确需要学习。首先，孩子和原生态家庭分离，不管是出于什么原因，对孩子都是伤害。所以，这些孩子的行为时而很怪异，时而胆怯恐惧，时而大胆妄为，时而愤怒发火，时而沉默不语……所以，养育这些孩子很不容易，青年局深深知道。因而，青年局为领养助养的家庭举办学习班，为他们提供解决问题的各种理论和实践支持。

回想起来，我们已经参加过多次学习班，印象比较深刻、觉得很有帮助的有三次。其中一次就是如何处理有"噩梦"的孩子，这些孩子都是来自被虐待的家庭，他们常常还处在被虐待的心理阴影里，这样的孩子有严重的不安全感，最难的是，这些孩子他们往往不会说出来，所以，你不知道他们的问题在哪里，因此这样的孩子需要心理医生的协助治疗。确实，有些养父母说过，他们的养子女会莫明其妙地发火甚至暴力对待养父母。但因为养父母们不知道孩子曾经经历过什么，所以他们不知道怎么对待孩子，这个时候就需要心理医生了。

还有一次，就是中国春节之际，参加的学习班题目是：如何树立新权威。看题目以为是教我们父母如何树立权威威信，于是很期待，积极参加。一整天学习下来才知道，所谓的"新权威"就是，不要命令孩子做什么，而是要孩子做什么时，父母和孩子一起做，以身作则地指导。这种"新权威"模式特别是对养父母与养子女有指导意义，因为养子女常常会这样想：你们又不是我的亲生父母，凭什么教训我？在孩子有这种情绪的情形下，养父母和孩子一起来做，就能取得比较好的效果。

通过这次学习，我深深体会到，教育不是命令也不是盛气凌人，而是俯下身子来和孩子平起平坐，只有这样才能达到最佳效果。

这个学习班才过去一个月，我们又收到了一个新邀请，4月28日将有一个"如何与胆怯和愤怒的孩子相处"的讲座学习。

我们对这个题目又充满了期待。所以说,怎么做父母也是需要学习的,活到老学到老。

(公众号"德国华商",2018年3月29日,有删改)

附录四
我国教育特别需要一场"童年革命"!

佚　名

中国自古有"不打不成才"式的强制读书,有死记硬背的正统教育。过去以"读经"为基础的"童子功",发展到如今"小升初"的疯狂竞争,乃至幼小的孩子居然被要求用英文来背诵奥巴马的讲演。而在西方,曾发生过一场"童年革命",这一革命摧毁了成人优越论,把早期教育从"以成人为中心"转化为"以孩子为中心"。

卢梭确立了"童年本位" 教育学说

"童年革命"乃是伴随着工业革命的一场文化和社会革命。卢梭(1712—1778)的《爱弥儿》,无疑是"童年革命"的开山之作。他在书中哀叹"我们对儿童一点也不理解",总是把小孩子当大人看,根本不考虑孩子的特点。他把童年和成年明确地区分开来,确立了"童年本位"的教育学说,即通过给孩子最大限度的自由来调动其自身的潜力,把他们从课堂中解放出来,追寻着内心的渴求,大胆任意地探求世界。老师的使命不是传播知识,而是帮助孩子们发现这种内心的渴求。

裴斯泰洛奇的"实物授课"

不过,卢梭只是个哲学家。真正开始在教育实践中应用他的原则的,是瑞士教育家裴斯泰洛奇(1746—1827)。他在瑞士的伊弗东创办实验学校,收纳包括孤儿和农民子弟在内的各类学生。他的第一个原则就是自然教育:培养孩子们内在的学习冲动。当时欧洲的教育方法都是老师满堂灌式授课外加学生背诵课文,不好好读书的学生甚至要面临体罚。裴斯泰洛奇则彻底废止了这些,代之以"实务授课",

书本的重要性被降低了。算术课引进了石头、苹果等实物,用以发展孩子组合(加法和乘法)、分离(减法和除法)、对比(多和少)等概念。地理课以野外考察为主,孩子们要自己测量地形、收集矿石和植物,并在课堂上进行描述……这种先实物、后词语和概念的教学原则,符合儿童的认知能力。

福禄贝尔和幼儿园

德意志教育家福禄贝尔(1782—1852)将裴斯泰洛奇的儿童教育原则进一步发展,最终创立了幼儿园。幼儿园改变了人类的教育体系。在此之前,7岁前的孩子是不上学的,一上学就要读书写字。福禄贝尔则第一次把学龄前儿童组织在课堂上。但他不是让孩子们读书写字,而是强调他们自发、自由活动的重要性,把游戏作为幼儿教育的核心。为此,他发明了"福禄贝尔礼物"。其中占最重要地位的就是积木,其功能是让孩子们利用几何立方体来构造自己的世界。

蒙台梭利彻底颠覆了成人优越论

如果说福禄贝尔是早期教育的教父的话,意大利女教育家蒙台梭利(1870—1952)就是教母。在"以孩子为中心"的教育理念上,她比卢梭、福禄贝尔走得更远。蒙台梭利指出,孩子学习最有效率的时期,也恰恰是他们还不能和成人进行有效的语言交流、成人无法对之施加直接影响的时期。婴儿能在短短几年无师自通地掌握语言等最复杂的交流工具,这是成人在有老师的情况下也望尘莫及的。成人在婴幼儿期不能指导孩子,实在是孩子之幸。这样他们就可以免于成人的污染,按照自己更聪明的方法来学习。因此,一个人教育的最关键时期是零到六岁,而不是大学。创造一个人的,是零到六岁时的孩子自己,而不是其父母。因此,父母不要试图当孩子的老师,而要当他们的伙伴,满足他们的需要,为他们提供自然生长的环境。

"童年革命"从来没有在中国发生

"以孩子为中心"已成为西方早期教育的主流。遗憾的是,中国自晚清以来有过多次学习西方的浪潮,虽然有梁启超的《新民说》,有鲁迅的《我们怎样做父亲》,以及"改造国民性"的高远理想,西方的"童年革命"却从来没有在中国发生。最让人感慨的是，当我们读卢梭、裴斯泰洛奇、福禄贝尔、蒙台梭利这些早期的儿童教育家对旧欧洲教育的抨击时，每每感到他们所抨击的现象仿佛就在我们的身边，仿佛中国当今的教育还像 18 世纪的欧洲！不仅是学校，整个社会都以教材为中心，在孩子的心灵中强制灌输成人的理念。一个没有"孩子们的自由共和国"（福禄贝尔语）的社会，还算是一个现代社会吗？这是每一个中国人都应该自问的。

（选自"今日头条"：《谈文化论教育》，2018 年 1 月 25 日）

附录五
成都学霸收到美国 9 所大学录取通知书

华西都市报记者 张峥

"两个月前我还担心自己没有书读。"4 月 1 日是美国常青藤名校放榜的日子，当日凌晨 5 点打开邮箱收到写有"祝贺"的录取通知书时，赵珈钰忐忑的心终于放下了。

这个成都外国语学校的高三学生，用 6 年时间，"磨"出了去年成都唯一一个托福满分 120 分的成绩，获得的奖牌厚厚一摞：国际太空城设计大赛最佳女演讲人，美国学术十项全能比赛数学、科学金牌，社会科学银牌，同时收获了哥伦比亚大学、宾夕法尼亚大学、约翰霍普金斯大学、卡耐基梅隆大学、纽约大学、弗吉尼亚大学、加州大学洛杉矶分校、加州大学圣地亚哥分校、加州大学戴维斯分校 9 所美国大学的录取通知书。

托福满分秘诀：上台演讲练胆，课堂大胆敢说

赵珈钰参加了三次托福考试，去年 9 月第三次考了 120 分满分。她成为成都去年唯一一个中学生托福满分获得者。对这样的成绩，赵珈钰自己也惊呆了："我很少做出登峰造极的事情。"赵珈钰坦言，来自同学的羡慕、老师的期待，让她有了压力，她甚至猜测：可能考官那天心情好到爆吧！

回忆起刚刚进初中的赵珈钰，英语老师林春的印象是：害羞，喜欢躲在人后。"我小学五年级才开始学习 A~Z。"赵珈钰说。虽然小升初她幸运地考上成都外国语学校的英语高起点班，但是在高手林立的成都外国语学校，她觉得自己太普通了。起初，英语课每天一次的话题讨论最让她纠结，几分钟的演讲往往让她一晚上睡不好觉，"后来我成绩的提升全靠参加各种演讲比赛、配音比赛、模拟联合国演讲，

'磨'出来的"。

成都外国语学校的初中生活很有规律,早上晚上英语自习听发音、模仿语音语调;每周上课,总有两三次被逼着上台演讲,每次的上台都是一次心理上战胜自己的过程。赵珈钰的英语成绩进步很快,初三就名列前茅了。"我不是很喜欢语法,我觉得学英语最关键的是敢说,敢于大胆发表自己的意见,只要克服了心理上的障碍,学习上的难题就迎刃而解了。"她说。

喜欢挑战新事物: 曾经参加哈佛大学、康奈尔大学夏校

"优秀的学生太多,今年申请美国名校的形势特别严峻。"对赵珈钰而言,能申请到哥伦比亚大学和宾夕法尼亚大学已经让她非常满足。赵珈钰第一次出国是小学三年级。因为想念在曼彻斯特大学进修的妈妈,她第一次和爸爸到了英国,大学里的一切让她感到好奇。高中时,当她跟父母提起要出国读书时,父母持保留意见,她试着说服家里人,"我的性格喜欢挑战新事物,出国能让我看到一个更大的世界"。

在申请大学时,她有被录取的,也有被拒绝的。参加麻省理工学院面试时,校友面试官对她说:"我觉得你更适合常青藤大学。""可能我的性格比较多面,不太适合麻省理工、加州理工这样的纯工科学校吧。"

不过,面对录取与拒绝,赵珈钰已经显得很平静。她曾经分别参加了哈佛、康奈尔大学夏校,学习法律心理学、天体物理学和辩论,"一切都是因为好奇,想知道不同学校引以为傲的各色学科是什么样子"。名校学习经历让她对所谓名校学生有了新的认识。"当时的宿管是一位哈佛大三学生,她性格很好,就是个普通人。"当这个学姐得知她被录取的消息,竟然比她还要激动,第一时间就给赵珈钰发来邮件:"天哪,你被这么好的学校录取了!我太为你感到骄傲了!"

从小出入实验室: 搭建"太空城堡", 获全国亚军

"理工科很务实。我跟别人没什么不一样。"在选择专业时,赵珈钰选择了材料工程,"我对实验室的东西感到很好奇"。赵珈钰的父母是西南交大的教授,父母和长辈几乎都是从事工科研究。很小的时候,她就跟着父母出入各种实验室。从事物理研究的妈妈和从事化学研究的爸爸是一对很好的搭档,让她记忆深刻的是父母在

一个高铁轮对探伤项目（高铁提速最大难题之一）里，爸爸妈妈那种攻坚克难的精神让她深受感染。

好奇各种科技上的突破，引力波、火星上有液态水这些科学发现都让她激动。去年，在带队参加国际太空城设计大赛时，赵珈钰又当组织者又当设计者。"我们构想通过向心加速度充当重力，在太空建造城市，这样的想法很有趣。"她带领队员们完成3D建模，通过在网上搜索信息，构建一个想象中的太空城堡，然后通过演讲的方式告诉给评委。"我们队获得了全国亚军，我获得了最佳女演讲人。"

2015年4月，她和同学参加了美国学术十项全能比赛。美国学生每个州选拔一支队伍，中国有5支队伍参加。赵珈钰获得了数学、科学金牌，社会科学银牌。其中社会科学考查的是美国从20世纪70年代以来的能源改革法案，赵珈钰用了两周时间几乎背下了所有法案。

最大特点是好奇：一年时间看几十本推理小说

对全家人来说，好奇可能是一个共同的特点。"我爸爸去过珠峰5000米大本营，那些未知文化特别吸引我们。"赵珈钰很小的时候，父母就带她坐火车去西藏，全家人还跑去埃及看金字塔、帝王谷。

赵珈钰还是个侦探小说迷，她最喜欢英国著名侦探小说家阿加莎·克里斯蒂的小说。初一时，她曾经用一年时间看完了克里斯蒂的几十本推理小说，"推理小说能让我放松，一些严密的推理挺锻炼理科思维的"。而她的另一个爱好，是看美国国家地理杂志以及和家人一道旅行：人类第一次下潜马里亚纳海沟、第一次万米高空跳伞、西藏文化等都刺激着她的好奇心。

"那些挑战人类极限的运动、绝美的风景和神秘的异域文化，让人心灵干净纯粹。"赵珈钰说。

兴趣爱好：她有什么爱好？钢琴十级、国画八级、素描八级

赵珈钰的小学在西南交大附小度过，没有多余的作业补习，所有课余生活都用来发展兴趣爱好。钢琴十级、国画八级、素描八级，这些都是小学阶段完成的。4岁学琴，6岁学习国画，10岁学习素描。小时候，妈妈带着她去音乐城里玩，让她自己选一样乐器，赵珈钰选了钢琴，于是便"入了坑"，每天被"逼"着练一个小

时琴。刚开始觉得很难，坐在凳子上脚还够不到地，"我也想过要放弃，做梦都想劈了这台钢琴"。不过长期的练习让她逐渐感受到音乐的魅力，"我觉得练琴考验的是左右手默契度，琴声能让人平静下来"。

"刚开始学习画画是因为觉得好玩。妈妈出国交流时，把我的画送给别人，觉得很有成就感。"赵珈钰喜欢山水画那种大气磅礴的感觉，她每周花3~4个小时学习国画。她的妈妈去过很多国家，最喜欢去的就是美术馆和博物馆。她母亲的艺术修养非常高，"我曾经跟着妈妈参观巴黎罗浮宫、纽约大都会博物馆，妈妈是一进去看到一幅名画就能说出一大段历史，然后跟工作人员谈笑风生。"妈妈喜欢印象派莫奈、凡·高，而赵珈钰喜欢中世纪带有故事性的宗教作品。"有时候我在想，要不要学考古呢？"充满好奇心的她，其实挺想学习如何用现代化技术进行考古发掘的。

父母怎样管女儿？ 不问学习成绩， 只问心理状态

在初中、高中寄宿制的成都外国语学校，赵珈钰有点特别，她是一个半走读学生：初中中午住校、晚上走读，高中每天回家。"我跟父母的关系特别好。"在爸爸妈妈眼里，女儿就是一个不用操心的乖乖女。"家庭对我的影响特别大，我父母不过问我的学习成绩，但是过问我的心理状态。从小他们就坚信我是一个自觉的孩子。""记得每次考得不太好的时候，爸爸妈妈不仅没有责备我，反而对我特别好，还想尽办法安慰我。"

父母不想把女儿拿来跟别的孩子比，对她的成绩过问也挺少。"我不想做一件事情，没有人能逼着我做。"赵珈钰说。初三爸爸妈妈也想让她去补课，"我觉得没有特别大的必要，不是特别想把周末的时间浪费在这些事情上，就没有同意"。她坦言，高中开始决定出国后，时间安排更加灵活。"我晚自习10点下课，回家跟爸爸妈妈聊天，有时会刷刷题，但是不会晚于12点睡觉。"周末的活动安排就比较丰富了，看书、看电影、弹琴都是她的爱好。在这方面，父母和老师给了她很大的空间。

社会实践： 想当创客， 发起首场创意设计联赛

虽然考出了满分120分的托福成绩，赵珈钰所爱好的，却是当一名创客，"发挥

自己小小的创意,就能给生活增添一份乐趣,这种感觉真是棒极了"。

2016年1月23日,华西都市报记者在成都外国语学校见到赵珈钰时,她正在成都市首届中学生创意设计联赛现场忙得不可开交。作为这场活动的发起者,赵珈钰为此筹备了好几个月。

"我一直希望能有一个平台,集结一群有创意的朋友,大家互相交流,给生活增添一抹亮丽的色彩。"赵珈钰说。有了这个想法之后,她就自己先跑去了英特尔西南交通大学创客中心,"和创客中心的负责人交谈之后,他们觉得可以把我的想法落地做成活动,走入更多中学、小学校园"。

赵珈钰的想法也获得了成都外国语学校校长的支持,还同意提供活动场地。随后,赵珈钰又带着活动策划书,走进了成都石室中学、成都七中、成都树德中学、成都实验外国语学校等6所中学,组织起了10支参赛队伍。

终于,在赵珈钰的努力下,成都市首届中学生创意设计联赛如期举行。赵珈钰说,学校看到参赛同学的热情如此之高,决定今后在学校创办社团,将创意设计联赛保持下来,以后每年如期举行。

记者手记: 不喜欢叫她"学霸"

"我只是一个学习中上的学生。"尽管成绩名列前茅,但在接受记者采访时,赵珈钰一直强调自己不是个"学霸"。尤其是在说到自己的学习成绩时,她都不愿意透露具体的名次。和"学霸"比起来,她更像一个生活丰富的多面手。大学申请结束后,她报考了8门AP考试(美国大学预修课程,适用于全球计划前往美国读本科的高中生)——微积分、物理电子学、欧洲历史、宏观经济、微观经济、心理学、宏观科学、统计学,闲暇的时间还给别人补习英语。对一切未知感到好奇,这是她学习的初衷和动力。

她说自己是一个挺感性的人,珍惜同学情谊,和老师成为闺蜜;考差时也会崩溃大哭。用她的话说:"可能我就是一个感性的理科女生吧!"

(选自《华西都市报》,2016年4月2日,有删改)

附录六
什么才是真正有远见的教育

陈志武

只有硬本事没有软实力让高才生沦为平庸

我不是研究教育的专家,但是这些年看到国内的教育,特别是我自己从小在中国受教育,然后又去了美国,自然有许多观察和体会。

到目前为止,我还没有离开过学校。1968年在湖南茶陵县开始上小学,1979年读完高中在长沙上大学,1986年去美国读研究生,1990年毕业以后至今一直在美国的大学教书。我有两个女儿,她们在美国出生、长大、上学。

同时,我跟国内的一些大学有不少交流,所以基本能看到国内同行和教育界学者、业者每天的运作目标。

这些经历和观察让我感触颇多,特别是这些年看到,这么多从国内培养出来的杰出高才生,他们在专业上那么突出,但思维方式比较僵化、偏执,社会交往能力比较差,除了狭窄的专业,不知道怎么跟人打交道、怎么表达自己,让我非常痛心。

由于国内教育体系以及教育理念的僵化,绝大多数中国人再好也只能做些技术活,难以在美国社会或其他非华人社会出人头地,很悲哀。

原来没有全球化,不知道这些,但现在中国人走出去了,跟其他文化、教育背景的人在一起,就知道彼此的竞争优势与劣势了。

这些问题的根子都出在教育上,包括正式的学校教育、家庭教育乃至社会文化教育。

我们说,中国社会现在处于转型时期,尤其是经济领域面临很大的挑战。

现在提得比较多的是，要把中国建设成为创新型国家，但想想，中国为什么建设创新型国家这么难？光靠在街上挂横幅、标语，在核心报纸上发表社论，就能建设成创新型国家？

中国经济面临的挑战不少。比如，讲到中国的公司品牌，不管是广东，还是其他省份，都很难建立品牌，难以通过品牌赚更多钱，只能制造一些玩具或者衣服、鞋，甚至一些机器，只能卖苦力。

为什么难以建立品牌、难以实现产业结构转型？原因当然包括法治制度、产权保护以及国有制的问题，但也与中国教育体系的教学方式和教学内容有关。

耶鲁从不以培养专才为目标

中国经济今天以制造业为主体，需要很多工程院院士，大学要培养很多的工程师。相比之下，美国的服务业占 GDP 的 85% 以上，所以美国的教育体系侧重通识教育，培养通才。

在中国和日本变为世界工厂之前，几乎所有的美国州立大学和一些工程学院都侧重技能型的工程系科，像中国的大学一样侧重理工训练。

但是，过去的四五十年，随着制造业向日本、韩国和中国转移，美国大学的教育内容经历了一个全面的转型，转向通识教育。

在耶鲁大学，我们对本科生的培养理念是：

"任何一个在耶鲁读完四年大学的毕业生，如果他变成物理、电脑、化学或者是任何领域的专家，那都是一种失败。"

因为我们不希望四年大学教育是培养专家，让他们在某一领域里面投入那么深，而忽视其他更广泛的领域——做人、做公民、做有思辨能力的人的机会。

当然这也跟耶鲁这些年出了那么多总统有关系，以至于我们的历史系教授就想，既然以前出了那么多总统，说不定今天的学生里面也会出总统，怎么办？

于是就开一门大课，叫作"大策略"，由两个研究世界史最出色的教授轮流讲课。这门持续一年的课程，是一项综合型训练，涉及孙子兵法、管子经济、古希腊策略等等。

中国的教育侧重硬技术，由此搭建的人才结构，使中国难以实现从制造业往服务业的转移，产业结构受到教育内容约束。

在中国，从幼儿园到小学、大学，再到研究生，一直都强调死记硬背为考试，强调看得见摸得着的硬技能，特别是科学和工程，几乎为我们每个中国家长、每个老师所认同，这些教育手段和内容，使中国人差不多只能从事制造业。

为了向创新、向品牌经济转型，就必须侧重思辨能力的培养，而不是只为考试；必须重视综合人文社会科学的训练，而不是只看重硬技术、只偏重工程思维。

离开市场营销，离开人性的研究，就难以建立品牌价值。

通识教育让孩子成为更完整的人

为了支持以服务业为主的创新型社会，美国的学校是如何办的呢？

我的两个女儿，老大读高二，老二读初二。她们的经历大概是这样的：

从幼儿园一直到小学四年级前，没有家庭作业，下午放学就放学了，周末就是周末，不用担心学习。有作业，家长就会抱怨说："怎么布置这么多作业，孩子们还过不过日子了？他们一生的幸福是我们更关心的，你不要让他们回家后每分钟都花到作业上，最后他们变成了人还是机器？"

所以，学校与家长谈判后往往是这样一个结局：美国的幼儿园及小学四年级以前都不布置作业。有没有考试呢？初一之前没有考试。

而这一点，中国的老师和家长可能觉得奇怪，不考试学什么东西？你放心好了，美国学生学的东西很有意思，比如，从小学一年级到四年级，他们的课程安排往往比较广泛。

在幼儿园的时候，女儿他们每年都会有科学、一般人文社会、语言方面的内容，一共有三四门课程，每门课程完全由老师决定用什么教材，教什么内容。

比如，在人文社会课程方面，可能是今年重点了解一下亚洲历史，明年了解非洲、拉美等等。从幼儿园到小学，知识深度慢慢上升，但差不多每年或者每两年会绕着五大洲兜一圈，这是一种非常广泛的了解。

你想一想，如果这些小孩以后出去做服务业、做市场营销、做外贸，他们对其他国家一点都不了解，怎么行？而有了这些从小学到的知识，今后到哪里去"全球化"，都不是问题。

当然，沿着这种方式去培养，很容易让我们说："他们怎么能够做工程师、做专家呢？"这也没关系，美国本身不需要这么多工程师，因为制造业已经由中国和亚洲其他国家胜任了。

因此，一个国家的产业结构决定其教育知识的结构，反过来，教育知识结构又会决定其经济的产业结构。

教育有两项主要功能：一是为了职业，二是为了做人，尤其是为了做一个有意思、有趣味、有意义的人。职业培养是为了饭碗，而"做人"的教育是为了让人不只成为工具，更重要的是做人。

就每个人的生活而言，从幼儿园到小学、中学和大学都应该强化通识教育，也是为了让自己活到老幸福到老。

通识教育不仅能增加你的"软实力"，还会让你接触各种不同学科领域的知识与研究，激发你方方面面的好奇心和兴趣。

一旦你对许多东西有好奇后，一辈子中的不同时段总会有让你感兴趣、让你激动的追求和话题，不会过得枯燥，最大化一辈子的幸福感。

思辨和表达是美国孩子的核心竞争力

思辨能力的训练在美国是自幼儿园开始就重视的项目，具体表现在两方面：

其一是课堂表述和辩论，自托儿所开始，老师就给小孩很多表述的机会，让他们针对某个问题各抒己见，发表看法、谈谈经历，或者辩论。

其二是科学方法这项最基本的训练，多数校区要求学生在小学四、五年级时掌握科学方法的实质，这不仅为学生今后的学习、研究打好基础，也为他们今后作为公民、作为选民做好思辨方法论准备。

我们别小看科学方法训练的重要性，因为即使到现在，我经常碰到国内的博士研究生，甚至是所谓的科学家，从他们做研究、思考问题、写论文的方法上，很难看出他们真的理解科学方法的本质和基本做法。

这是什么意思呢？

在我女儿四年级的时候，老师会花一年时间讲科学方法是什么，具体到科学的思辨、证明或证伪过程。

他们就学到，科学方法的第一步是提出问题和假设，第二步是根据提出的问题去找数据，第三步是做分析、检验假设的真伪，第四步是根据分析检验的结果做出解释。

如果结论是证伪了当初的假设，那么，为什么错了？如果是验证了当初的假设，又是为什么？第五步就是写报告或者文章。

这个过程讲起来抽象，但是，老师会花一年的时间给实例，让学生自己去做实验。

这种动手不是为考试，而是最好的学习，让人学会思辨，培养头脑，避免自己被别人愚弄。

这种动手所达到的训练是多方面的，尤其是靠自己思考、找问题，会让学生变得非常出色。

实际上，如果按照我女儿他们在小学四年级就学到的科学方法标准去判断，国内经济学以及其他社会科学类学报上发表的许多论文，都没法及格，因为许多论文只停留在假设的层面上，然后就把没有经过数据实证的假设当成真理结论。

这些都跟我们没有从幼儿园、从小学开始强化科学方法的教育训练有关，跟没有把科学方法应用到关于生活现象的假设中去的习惯有关。

那么，在小学没有考试，学生还做什么呢？

我女儿他们每个学期为每门课要做几个所谓的"项目"，这些项目通常包括几方面的内容：

第一是围绕自己的兴趣，选好题目或课题；第二是找资料、收集数据，进行研究；第三是整理资料，写一份作业报告；第四是给全班同学做 5 到 15 分钟的讲解。

这种项目训练差不多从托儿所就开始。这一点很有意思，刚才讲到品牌跟市场营销很有关系，因为品牌、市场营销都跟表述技能有关。

未来社会需要头脑清晰、兴趣丰富的通才

正因为对这种思辨能力的培养，现在我跟女儿讨论问题时，她们一听到任何话，很自然地就会去怀疑、审视，然后找证据来证明这个话逻辑上或者事实上、数据上能否站得住脚。

这种习惯看起来简单，但是对于培养独立的思辨能力的学生，特别是在大学毕业以后不再让人成为简单的听领导的话的"机器"，这些是非常重要的自然的开端。

当然，思辨对于美国教育体系培养出来的人是很自然的。

有时候我也想，美国社会真有意思，不管是聪明的还是笨的人，不管有能力的还是没能力的人，每个人都觉得自己很厉害，每个人都觉得自己是个人物，对什么事都会有一番高论。

正因为这样，美国 100 个人里，随便挑 80 个，都可以把他的思想、想法和他要卖的东西表达得很清楚，能够给你足够多的说服力。这也是为什么市场营销这门学问是在美国出现、发生和发展的。

美国教育体系给每个人都提供了大量自我表述的机会，等他们长大后，特别是念完 MBA 以后，在介绍产品和自己的研究与想法时，至少不会站在一班人面前瑟瑟发抖，没办法说出话来。

中国经济转型需要教育的转型，需要培养兴趣丰富、人格完整、头脑健全的通识人才、思辨型人才。

如果不能做到这一点，中国恐怕只能继续是给世界提供劳动力的工厂。

（选自"搜狐网"，http：//www.sohu.com/a/225010397_100097755，有改动）

附录七
蓝军旅长

江永红

"踏平朱日和,活捉满广志!"

稍微关注军事新闻的人都知道:内蒙古有个朱日和,朱日和有个蓝军旅,蓝军旅现任旅长满广志。不用说,上述口号是前来朱日和与蓝军旅捉对厮杀的红军部队喊出来的。然而非常遗憾,从2015年至今,先后有20多个红军旅与蓝军旅过招五六十场,但至今鲜尝胜果,更不要说活捉满广志了。

满广志宛如手握金箍棒守在雄关前的孙悟空,公开告诫红军指挥员:"赢我才能过关,胜我才能打仗。"这两句话写在蓝军旅营区一块硕大的标语牌上。

要活捉满广志,首先得要研究满广志。他是个什么样的人呢?

"未来战场谁碰上这支部队都是可怕的对手。"说这话的是德军第10装甲师师长马库斯·本特勒。在一次代号为"野狼"的实兵演习结束后,这位西方将军对充当蓝军的原第38集团军某团和时任团长满广志作如是评论。现场观摩这场演习的有来自36个国家的100多名军官。

2015年,满广志从团长变成了蓝军旅旅长,不少红军指挥员已经在实战化演练中领教了他的"可怕":信(息)火(力)结合,立体攻防,不拘一格,神出鬼没,变幻莫测……但是许多人不一定明白他何以"可怕"。而你要活捉他,就必须搞清他何以"可怕"。

一

满广志的经历也许让有些人觉得不可理解。

1991年,还在上高二的他去报名参军,被人武部门委婉劝止:高中毕业后再来，我们欢迎。他为啥要这样急急忙忙呢？因为他视力下降得厉害，怕高中毕业时体检不过关。

1992年，满广志考上了国防科技大学指挥自动化专业。他当时是冲着专业中的"指挥"二字去的，以为毕业后就可以当一个带兵打仗的指挥员，未想到这居然是一个纯技术的专业。于是，他找到学员队队长，要求退学，宁可去当兵，再作为战士考指挥院校。

"幼稚！鲁莽！你以为学了理工就不能带兵打仗了吗？"队长是野战部队出身，批他批得很严肃，内心里却非常欣赏这种一心想带兵打仗的学员。队长告诉他："部队特别需要指技合一的指挥员，你先取得工学学士学位，再考军事学研究生，一样可以圆你的指挥员之梦。"国防科大毕业时，满广志以专业第一的成绩考上了军事科学院国际战略专业研究生。军事科学院外军部原部长蔡祖名作为他的导师，对这个跨专业的复合型人才寄予厚望，在研究生毕业分配预案上，把他留在了外军部。能够留在北京，在全军最高研究机关工作，是许多人梦寐以求的事，可谁也没想到，满广志给研究生队政委张兴龙递交了到基层部队任职的申请。这个学生有点怪！他爱人在北京工作，他却偏要离开北京去外地，这不是典型的犯傻吗？虽然他军装穿了六七年，取得了军事学硕士学位，但一天兵也没有当过，到基层部队能适应吗？真是幼稚！但满广志义无反顾地要下部队去追他那个带兵打仗的梦。

1999年7月，满广志被分配到原北京军区某装甲团司令部作训股当参谋。他这个参谋是超编的，那个年头，研究生在部队还凤毛麟角，团里以为他是下来"镀金"的，随时准备送走这位"尊神"。刚开始，他什么工作都插不上手，只能当"打字员"。领导让他赶制一份分队考核成绩表，他连夜加班，次日"交卷"，领导的评价却是："标准太低"；一次协助首长组织营连主官考核，让他讲解考核的有关事项，没想到他站在队伍前脸憋得通红，竟半天没有说出一句话来……然而接二连三的挫折没有冻结他的满腔热血，只是让他冷静下来客观地看待自己：哪怕你满腹学问，如果不与部队的实际相结合，融入不到基层官兵之中，最多也不过是一个赵括式的人物。于是，他向首长请求下去当连长。

硕士研究生的初始职位是正连职，满广志要求当连长不算过分。但是连长是你想当就能当的吗？战士、班长、排长你都没干过，缺的课不补上，即使给你下了连长命令也没人听你的。于是乎，满广志成了坦克一连的正连职排长。有人觉得委屈他了，连里战士却不买他的账：过去团里也来过两个研究生，带兵处处出洋相，最后没扛住，出去"高就"了。眼下，满广志也和他们差不多，如何带兵？如何训练？他一窍不通。他希望像战士一样从坦克驾驶学起，答复是："没有你的摩托小时（摩托小时是发动机运转的总时间，在坦克、装甲车辆等装备上广泛采用，引者注）。"然而种种困难没有让他退却，他放下架子虚心拜老兵为师，三个月后，摘掉了外行的帽子。战士说："这个研究生聪明又能吃苦，三个月就学到了别人三年才能学到的东西。"他很快赢得了战士的尊重和信赖，不久如愿当上了坦克连的连长。

2006年秋天，原北京军区作战部借调满广志来帮助工作，三个月后，部长对他的表现很满意，决定将其正式调入。可满广志却悄悄"溜"回了部队，他给部长留了一封信，信中说："三个月没有听到坦克的轰鸣，心里感到空落落的，如果将来有战事，我更希望在一线冲锋陷阵……我感到，目前乃至将来一段时间，军队更缺的是战术层次上的认真落实和创新实践。"就这样，他又一次主动放弃了留在北京工作和一家团圆的机会，回到了部队。在历任参谋、排长、连长、营长、师作训科副科长、团参谋长、师作训科科长等9个岗位后，2010年3月，满广志当上了某机步团团长。

一个两次放弃进高级机关工作和夫妻团圆的机会，而一门心思要下基层带兵打仗的人，你是否觉得他有点"可怕"呢？

二

在蓝军旅采访，我问官兵："你们与多个红军旅对抗过了，感到谁最难对付？"他们的回答竟是："满旅长。"这大大出乎我的意料。

把红军"逼到绝境、难到极致"，这是军委机关首长给蓝军旅定下的一条对抗原则。满广志说："要把对手逼到绝境，先要把自己逼到绝境；要把对手难到极致，先要把自己难到极致。"

部队流传着一个他掐着秒表抓坦克射击训练的故事：一块仅长1.5公里的冲击地域，他要求在×分钟打×个波次，从营长到战士都认为这是不可能的，即使射击成绩最好的炮手也实现不了这个目标。满广志给一台车的车长、炮长、驾驶员一人一块秒表，从发车、击发到最后完成任务，步步精确到秒，他自己也拿着秒表坐进坦克与大家一起训练，反复练的结果是，这个目标达到了！大家从中收获了一条深刻的体会：最大限度地发挥人的潜能就能让装备达到极限性能。这项训练成果在演习实践中发挥了重要作用，让对手感到猝不及防。

掐着秒表抓训练的做法在全旅各兵种推广开来。官兵们形成了一种自律：能一秒钟完成的绝不用两秒。

自行火炮以往都是先占领阵地然后发射。满广志提出了"即停即打"的要求，能做到吗？连装备生产厂家都说从来还没有人敢这么打，没把握。满广志说：不实打怎么知道行不行呢？练！掐着秒表练！满广志认为，深度挖掘装备的性能才能达到极致的效果。"即停即打、不设阵地"的结果，是完全打破了原有理念，射击效率比原来提高了3到4倍。有趣的是2015年的一场对抗演习，对手和蓝军旅原来同属一个装甲师，如今兄弟俩"拔刀相见"，没想到作为小弟的"蓝军旅"一下就摧毁了老兄的一个炮兵营，还在用传统手段的老兄不明白：老弟为什么反应这么快？

装步七连连长路林宽上尉对笔者说："我不怕和红军对抗，也不怕上级考核，而有点怕满旅长搞的内部对抗。他逼你练出'置之死地而后生'的本领，经过他的严格调教之后，在演习中遇到什么情况我都不慌了。"

合成三营营长王超少校战术运用非常熟练、演练经验十分丰富，自我感觉比较良好。有一次他的方案做好后，旅长指着地图问他："这个地方一个步兵班伤亡了4个人，另一个班伤亡了5个人，这两个班怎么合成一个班继续战斗，由谁来指挥？"王营长从没想过这个问题，一下就蒙了。旅长说："一定要关注班组，班重组、排重组、连重组都要有预案。"王营长认为自己的协同计划已经很周密了，结果想不到，满广志拿出的一份协同计划，整整50页还不含表格，几乎包括了可能遇到的所有情况。王超用两个字形容自己当时的心情："震撼！"

把自己"逼到绝境、难到极致"，当然要经历"山重水复疑无路"的苦恼，但更会收获"柳暗花明又一村"的喜悦。

旅、营、连的合成作战，确保通信畅通是个"铁门槛"。这个"槛"过不去，五个指头就攥不成拳头，而在现役装备还不完善的情况下如何做到通起来、合起来？还要能保密，还要能抗干扰，这是个难题。"这个问题必须解决！"满广志要通信科科长舒爱军拿出办法，带着舒爱军和有关军官，一个一个问题地研究试验，地面试验后还坐上直升机去试验。比如在某种情况下，多种通信手段究竟哪一种最可靠？哪些问题看似无法解决通过训练挖潜可以解决？哪种情况直通做不到拐个弯是否能够做到？……如此反复研究、试验、磨合，使这个困扰部队多年的问题得到初步解决，在对抗演习中发挥了关键作用。舒爱军举例说：有一次演习中，满旅长的指挥车与红军的一台运兵车相遇，他当即用指挥系统指挥距离此地最近的一个连长："距离你连××号车500米处有红方一台运兵车，立即摧毁！"连长一声："明白！"很快这辆运兵车被"报销"了，指挥车安全了。另一次演习城市战斗，三营的一辆坦克穿插中因建筑物遮蔽与营连指挥所通信中断，在直升机上指挥的满旅长直接指挥这辆坦克把前面的目标打掉了，还把情况通报给了坦克连连长。

人生最大的敌人是自己，最难的是战胜自己。一个主动把自己"逼到绝境、难到极致"的指挥员和部队是"可怕"的。

三

评估对手，不是看他的脾气，而是看他的底气，而底气是靠学习来提升的。

在蓝军研训中心的一间会议室里，满广志在主持研究某模拟对象的营以下战术，参加研究的有营长、连长和相关机关人员。在侦察科长和蓝军研训中心的研究员介绍完有关情况后，满广志说："这个模拟对象有一支执行特殊任务的分队，我们对它知之甚少。这个分队是什么编制？多少人？各带什么武器？什么情况下投入使用？一般部署在什么位置？如果长期防御，他们换不换班？多长时间换班？"这一连串的问题让大家一时答不上来，有人说："大约是连排级的编制，七八十人……""停！"满广志打断发言说："研究对手的编制、装备，要把大约、大概之类的词汇，从我们的'字典'中删除出去，是多少就是多少，这些基本问题都搞不清，你依据什么模拟？更不要说神形兼备了。"

他说话的口气很和缓，但与会者都感到了沉重的压力。有个连长说："我在××陆军学院学习时，有一位教员对这个问题有较深的研究，写过一篇这方面的论文。"满广志问："有这位老师的电话吗？"连长回答道："我可以查到。"满广志说："你现在就去给他打电话请教，或者我们立即派人过去当面讨教。"

侦察科科长李丙强对笔者说："在这个问题上满旅长显得相当固执，非要一点一滴都搞清楚不可。"据他介绍，前面说的那个连长打通了老师的电话，听说蓝军旅要资料，他非常高兴，颇有高山流水遇知音之慨，说："这些东西在我这里只能用于授课，用于写论文，说穿了还是死的，而给你们，就能把死的变成活的。"他十分慷慨地把他的研究成果和有关资料传了过来。这件事过后，满广志对大家说："我们有人老说有关单位的专家教授清高，不支持我们的工作，其实人家是要考察你，看是否遇到了知音。以后我们用了人家的资料，不能一句感谢就完了，要主动向人家汇报，我们是怎么用的，在蓝军建设和对抗演练中起到了什么作用，这样他就会愿意帮助我们。"就在这次研究会期间，他当场给有关单位的专家打了10多个电话请教、核实。满广志和大家一起，关在研训中心里整整三天，终于基本搞清了蓝军那个特殊分队的情况，然后满广志让结合战例，堆出沙盘，再把大家分为红蓝两方，先沙盘上推演，再带着分队到实地演练。

蓝军研训中心翻译了数百万字的外文原版资料，搜集的×军各类书刊、影像资料共8700余套，编出了《红蓝编制、装备对照参考》《模拟蓝军部队训练考核纲目》等，共3大类28种参考资料。人称"蓝军通"的徐武韬在接受采访时说："要说研训中心的最大贡献，我看就是把蓝军的旅以下战术大抵摸清了，可以说填补了一些空白。"这么丰富的资料是从哪里来的呢？徐武韬说：除了上级有关部门和军事科学院以及各类军事院校的慷慨支援外，就靠全旅军官从导师、同学那里"淘"。按照满旅长的要求，虚心求教，主动汇报。其实，做学问的人最大的成就感和幸福感，是看到他的研究成果被运用于实践。这样就会形成良性循环，人家就会主动帮助你。目前，研训中心已与数十个有关部门和院校建立了帮建关系，他们会定期给我们寄来相关资料。此外，还有不少资料是从公开出版物和网上"淘"来的。研究蓝军，就要像满旅长那样，形成一种条件反射，看到一点蛛丝马迹，就想探个究竟。

满广志来蓝军旅上任时，车上有个大箱子，沉得要命，什么宝贝？原来装的都是中外文书籍。尽管他的办公室和住的地方距离很近，他却在办公室的西南角支起了一张行军床。他每天看书到凌晨两点以后，困了就在行军床上休息了。高炮一连连长李青阳上尉去旅长办公室，看见他桌上摆着两本军事书，正在看的一本是《陆军直升机的运用》。旅长叫他来是要派他到防空兵学院调研请教，回来之后要把我们防空兵训练提高一个层次。他回来交给旅长一份7000字的调研报告，满广志认真看完后，批示给机关和防空营，要求认真研究，拿出改进我们训练的具体办法。他对李青阳说："搞信息化，打现代战争，第一就是要认真地学，把学习成果转化为训练成绩，再变成战斗力。"防空营根据这一调研报告，吸收院校的最新研究成果，改进了训练方法，在集团军组织的实弹考核中获得第一名，而其中两个连接收新装备仅71天。

原作训科科长贾剑玮等4人陪满广志去北京开会，坐一台别克商务车。刚一上车，满广志就随手给每人一本书或杂志，说："路上要走几个小时，时间不能浪费，看看书。"贾剑玮说："像他这样坐到车上都看书的领导非常罕见。一次我陪他在北京开会，一共3天时间，他有空就去国防大学或军事科学院的书店里面转，看有什么新书就买回来。我算了一下，3天中他逛书店的时间超过了1天。"

在红蓝对抗演练中，蓝军的营、连长明显比红军"牛"得多。"牛"在哪里？能指挥合成军也！装步七连连长路林宽上尉给我讲了他指挥合成军的情况："如果我负责打主攻，我至少要指挥五六个兵种，有步兵、坦克兵、炮兵、工兵、防化兵，经授权，还可以呼唤旅属炮群和直升机。"红蓝对抗，之所以往往蓝胜红败，这是其中一个重要原因，可以说是拳头打败了指头。一个连再怎么加强也不可能囊括这么多兵种，那就要靠委托式指挥，旅、营把部分指挥权委托给一线指挥员。说到这种指挥方式的来历，副参谋长董魏认为，这是贯彻满旅长提出的"知敌、像敌、学敌、胜敌"八字方针的结果。"在以往的演习中，旅级攻防战斗往往会编成多少群、多少队，每一个群、队都由旅里直接指挥，看似分工非常合理，包括了各个兵种和各种作战要素，似乎是合成了，但实际运用中往往还是单打独斗，捏不成拳头。通过借鉴外军和反思以往对抗中红蓝双方的教训，我们找到了一条按任务来合成的道路。接到作战命令后，根据敌情、地形等因素确定战术，确定每个方向的具体任务和指挥员，由这个指挥员提出兵力、火力以及协同、支援、保障的要求，旅里综合衡量和审核后，按他的要求配备兵力兵器，包括给他呼唤炮兵、直升机的权力，他指挥的是一支诸兵种合成的战斗群，什么破障队、火力队等，统统包含其中，完全有别于以往单一兵种的群队。"这样按任务合成编组，不仅大大减轻了旅指挥所的压力和忙乱，最主要的是，练出了营以下真正的合成战术，把营、连长练成了合成指挥员。

旅参谋长陈军这样概括满广志学习的特点："善于把理论运用于实践。在理论上他善于学习、善于研究、善于总结；在运用中他善于对接、善于创新、善于完善，用实践反哺理论的不完善。比如，对新型作战力量的使用首先必须弄通教材，但在实际运用中会出现很多教材中没有的情况，这就需要一个理论、实践，再理论、再实践如此反复的过程。满旅长就是按这个过程带着我们一步步提高的。现代战争是物质和精神的比拼。对指挥员来说，归根到底是学习力的比拼，善于学习的战胜不善于学习的，这是一个定律。"

四

一个老是把成绩挂在嘴边的人，是不可怕的，而一个不断吸取教训的人是可怕的。

蓝军旅有一部100多万字的反思对抗演习问题的《检讨汇编》，其中有1000多个纲目。这个做法不是满广志"发明"的，原旅长夏明龙就开始做了，但满广志在继承中又有发展：通过演习态势回放，从单兵、单车开始，组、班、排、连、营、旅逐级逐个战斗阶段"解剖麻雀"、拉单列表，把在演习中"阵亡""被俘""行动失利"的集体和个人拉回现地，进行情景再现，查找原因、教训，做到吃一堑长一智。

装步六连上士于辉告诉我：在现场进行情景再现时，每个人都得发言，你怎么"阵亡"的？你为什么没上得去？敌人为什么比你先开火？一个一个问题地分析。分析完后，两个班分为红蓝军进行对抗，这样检验的结果发现的不仅是单兵的问题，还有班、排的指挥问题。比如：一个目标几个人同时打，别的目标却漏掉了。班长对战场的判断不清楚，火力分配不科学，分工不明确。这样研究完了以后，两个班再来一次对抗，看原有的问题克服了没有。结果发现，分工不明确暴露出班长指挥手段上的问题，光靠嗓子吼，战士听不到，必须要配备一些通信器材；另外，班长、战士都要学习掌握传统的简易通信方法，随机规定通信的方法，还可以发明只有本班能明白的通信方法。于辉说："有时旅长会到班里面跟我们一起总结。有一次他问：'敌人的坦克或步兵都在掩体中，你一时弄不清楚敌人的火力、兵力该怎么办？'这次反思出来的办法，在后来的演习中就用上了。我迷惑对手，间隔一段距离，一会儿给他一枪，吸引他暴露火力，几下就搞清敌方的火力、兵力了。从旅长身上我学到了很多，其中一条是：对敌人一定要狡猾，考虑问题一定要周到，不能一厢情愿、挂一漏万。"

柯松炜中校在当营长时，一次演习担任主攻，被红军打得很惨，伤亡率达46%。演习结束后复盘检讨，找到了三大问题，其中第一个是驱警分队没有把警戒之敌清理干净，致使部队的侧翼和后方很不安全。为什么没有清干净？大家从指导思想和战术行动上一条一条找原因，有情况不准、判断不明的问题，有麻痹大意、搜索战术不到位的问题，等等。然后再一条一条地研究解决办法，在现地展开对抗，一方练警戒，一方练驱警，反复几次，部队对驱警战斗就比较熟悉了。

在总结反思中，满广志要求大家一定要实事求是，是自己的问题就是自己的问题，是上级的问题就是上级的问题，谁也不能护短。2016年，演习中暴露出野战化设施器材缺乏的突出问题。满广志在反思中指出：这个问题虽然上下都有责任，但主要责任在旅领导机关。一是只考虑了战斗，而对长期生存保障的问题考虑不够。二是只考虑演习，演习的准备做得较好，打仗的准备做得不足，因为演习毕竟时间有限，打完就可以撤走了，而战斗却可能是连续的、持久的。这次检讨的结果是完善了机关和分队的相关"库室"建设，配套了××类×××项野战化设施器材，包括制式的和自创的，在此后的演习中生存力提高了，"伤亡"明显减少。

记者翻阅蓝军旅的演习档案，发现满广志每次的检讨发言都有数千字，一般都有五六个大方面、30个左右的问题，每个问题都很实在，有事例为证。侦察科科长李丙强告诉我："每次检讨发言都是旅长自己写的，没有人捉刀代笔。"

这是一场一边倒的演习，蓝军几乎没有费什么力气就大获全胜，然而，满广志比对手还要沮丧，为什么呢？磨刀石的作用没有充分发挥出来。蓝军旅的神圣职责，是要当好磨刀石和陪练员。就像中国乒乓球队的陪练员一样，目的是练出世界冠军，而不是战胜你的陪练对象。这次复盘检讨，他心情沉痛地从5个方面检讨了没有当好磨刀石的问题，最后强调："对蓝军而言，练强红军才是胜利。"

满广志笔记本的扉页上写着诗人晓华的几句诗："我谨向世界提醒一句，从我们这一代起，中国将不再给任何国度的军人提供创造荣誉建立功勋的机会！"

（《解放军报》，2018年5月7日）

附录八
为什么教师家庭孩子心理健康问题高发

徐凯文

我在高校工作，是一个精神科医生，也是学校心理咨询师，临床心理学博士。我在高校除了为学生提供咨询服务之外，还有一份非常重要的工作是自杀预防和危机干预。所以我接下来的话题可能有一点沉重。

我今天讨论的核心问题是关于"空心病"的问题，这是我杜撰出来的一个词语。当然作为精神科医生，我似乎有权力去发明一种新的疾病，这种疾病跟每个人大概都有关系。

首先我想从今年发生的事情开始讲起。今年7月，我和太太、女儿在毛里求斯度假，大约是北京时间14时，我的一位高校的学生给我发来一条微信，内容是：我现在手里有一瓶神奇的药水，不知道滋味如何。他是一个有自杀倾向的学生，所以我赶紧回复。我问他这是什么水，他告诉我是氰化钾，十秒钟致命。这是我开展过的最长距离的危机干预，当然这个孩子救回来了，是一个非常优秀的学生。

今年5月，有一天我正在上晚课，一个校外的心理咨询师打来电话，他说有个来访者是学生，现在好像在宿舍服毒自杀，我问清事情原委，启动危机干预程序，在宿舍里找到这个同学，把他送到医院抢救回来。我认识他已经4年了，入校时他非常优秀。进了北大后第一个学期的成绩是学院第一名，但是就在那个学期，甚至在那个学期之前，他就有尝试自杀的经历。

他原本是一个特别优秀的，可以做很好的学术和科研的孩子。过去四年，我们心理咨询中心、他的父母，还有院系的老师都竭尽所能想把他引回正轨。四年了，住院、吃药，所有治疗手段都用尽了，他还是了无生意，最后他的父母决定让他放弃学业，退学回家。

我见过非常优秀的孩子，我要说的是，我现在所有说的学生在大学都是特别好特别优秀的学生。有一个理工科的优秀博士生，在博士二年级时完成了研究，达到了博士水平，这是他导师告诉我的。他屡次三番尝试放弃自己的生命。他当时两次住院，用了所有的药物、所有电抽搐的治疗方法。出院时，我问他现在情况怎么样，他说精神科医生很幼稚、可笑。"我表现开心一点，他们以为我抑郁就好了。"我要讲的是，他不是普通的抑郁症，是非常严重的新情况，我把它叫作"空心病"。我不认为只是学生空心了，整个社会空心了，才有这样的结果。我们经常会说这样一句话，如果孩子出了问题，大概家庭和老师都有问题，孩子本身是不会有问题的。这是我的来访者，我得到他们的许可，他们将亲身感受写出来告诉我。有个高考"状元"说，他感觉自己在一个四分五裂的小岛上，不知道自己在干什么、要得到什么样的东西，时不时感觉到恐惧。19年来，他从来没有为自己活过，也从来没有活过，所以他会轻易地放弃自己的生命。还有一位同学告诉我，"学习好工作好是基本的要求，如果学习好、工作不够好，我就活不下去。但也不是说因为学习好、工作好了我就开心了，我不知道为什么要活着，我总是对自己不满足，总是想各方面做得更好，但是这样的人生似乎没有头"。

我先简单说一下什么叫"空心病"。"空心病"看起来像是抑郁症，情绪低落、兴趣减退、快感缺乏，如果到精神科医院的话，一定会被诊疗为抑郁症，但问题是所有的药物都无效。

作为精神科医生，我们有个杀手锏，就是任何抑郁症患者如果用电抽搐治疗，他都可以在短时间内迅速恢复，但是电抽搐治疗对"空心病"没用。

他们有强烈的孤独感和无意义感，他们从小都是最好的学生、最乖的学生，他们也特别需要得到别人的称许，但是他们有强烈的自杀意念，不是想自杀，他们只是不知道为什么活下去，活着的价值和意义是什么。所以他们会用比较温和的方式，当然也给我们机会把他们救回来。

核心的问题是缺乏支撑其意义感和存在感的价值观。普遍现象是什么？有几位学生告诉我，"我不知道我为什么要学习，我不知道我为什么要活着。我现在活着只是按照别人的逻辑活下去而已。"其中最极端的就是放弃自己。

所以我们回到一个非常终极的问题，人为什么要活着？人生的意义是什么？对我们来说最重要的东西是什么？他们这种情况并不是刚刚产生的，他们会告诉我，

附录八 为什么教师家庭孩子心理健康问题高发

他们从初中的时候就有这样的疑惑了,直到现在他们才做了决定,要结束自己的生命。传统的西方的药物治疗、心理治疗对他们都没有效果。

对一个危机干预者和一个心理咨询师来说,我们也面临着从未有过的挑战。我们同样要面对同一个问题,就是人生的价值和意义是什么?我们内心当中有吗?如果我们没有,我们怎么给到他们?

我们来看看现在中国的情况。

我用了一个焦虑经济学的词。我确实觉得能够让人去花钱、去盲目花钱的方式会把人搞焦虑、搞崩溃、搞恐惧,这大概也是我们这个时代的一个特征。

我们看一下中国人精神障碍的患病率。20世纪八九十年代,100个中国人当中只有1个人患有精神障碍,而这个数据到2005年的时候已经达到了17.5%,表明在座的有1000个人,就会有180个人需要去安定医院,都应该看病了,而且未必能看好。

中国人精神障碍是怎么变得那么糟糕的?实际上我们并不是得了什么生物性疾病,像精神分裂症这样的发病率始终是保持不变的。在过去30年当中,什么东西变大了?焦虑和抑郁,焦虑症和抑郁症。我们可以看一下这个数据,焦虑症的发病率,上世纪80年代大概1%到2%的样子,现在是13%。我现在用的数据都是世界卫生组织发表在最高诊级医学刊物上、全国流行病院调查的数据。目前,至少每100个中国人当中有13个人是焦虑症患者。还有一个更糟糕的情况是抑郁症障碍发病率。我做了20年精神科医生。我刚做精神科医生时,中国人精神障碍、抑郁症发病率是0.05%,现在是6%,20年的时间提升了120倍。这是个爆炸式的增长,我觉得这里面有非常荒唐的事情。过去30年是中国经济高速发展的30年,焦虑抑郁的发病率也高速发展,发生了什么?

数据显示:美国人比我们更抑郁,他们的抑郁症发病率是9.5%。我为什么要谈到美国,是因为好像过去30年我们受美国特别大的影响,当然我们有自己固有的文化。我们来看看现在的教育,对不起,我接下来要说的话可能要得罪各位,我们的教育是在帮助孩子成长,还是在毁掉一代孩子?大约从2000年开始,每当寒暑假的时候,大量的学生会来住精神病院,他们网络成瘾、焦虑、强迫,他们和父母关系出现了严重的破裂问题,父母终于有勇气把孩子送到精神病院去,可见真的没有办法收拾了。我们处理问题的方式是什么呢?把他们送到网瘾学校,让他们接受电击的惩罚，这是教育吗？这是推卸责任，本身父母和教育是问题的根源，我们不看到自己的根源，只看到他躲到网吧去打游戏，他为什么要躲到网吧打游戏，是因为教育的失败。

我们教育的最大成就似乎就是成绩。有句流行语：提高一分，干掉千人。你知道吗？我做心理咨询最大的挑战就是怎么把同学这样的价值观扭回来，你周围的同学是你的敌人吗？他们是你人生最大的财富啊！我们的课堂是什么样子——不断暗示孩子自杀，为了好的成绩可以不惜生命。

整个国家自杀率在大幅度下降，但是中小学生自杀率却在上升。在这种情况下，我们孩子已经等不及进大学，他们在中小学就开始有自杀行为了。

我们来看看有些学校应对的措施是什么？所有的走廊和窗户都装了铁栅栏。我在精神病院里面工作，精神病院是这样子。我的博士论文在监狱里做的，监狱是这样子的。但是我们居然有本事把学校变成了监狱和精神病院。只要看住这些孩子，让他们考上大学，然后让他们成为我的来访者。

"精致的利己主义者"是怎么培养出来的？我接下来要谈的问题，会让大家更加沮丧。在一个初步的调查中，我对出现自杀倾向的学生做了家庭情况分析，评估这个孩子来自哪些家庭，什么样的家庭，父母是什么职业的孩子更容易尝试自杀——中小学教师。

这是一个38名学生危机样本，其中50%来自教师家庭，而对照组是没有出问题的孩子。教师家庭还是很成功的，其中（优秀孩子）来自教师家庭的占到全部家庭的21%，问题是为什么教师家庭的孩子出现这么多问题？

我觉得，一切向分数看，甚至忽视对学生品德、体育、美育的教育已经成为很多教师的教育观——他们完全认可这样的教育观，对自己的孩子也同样甚至变本加厉地实施，这可能是导致教师家庭孩子心理健康问题高发的主要原因。

当教育商品化以后，北大钱理群教授有一个描述和论断我觉得非常准确，叫作"精致的利己主义者"。

"精致的利己主义者"是怎么培养出来的？如果让我回答这个问题，我想说的是，我们这些家长和老师都是"精致的利己主义者"，他们向我们学习。我们为了一个好的科研成果，有时候会数据作假；我们为了能够挣到钱，可以放弃自己的道德伦理底线；我们作为医生，可以收红包拿回扣；有些老师上课不讲知识点，下班

附录八 为什么教师家庭孩子心理健康问题高发

时在辅导班里讲……教育究竟是为什么？学校究竟是为什么？大学究竟是为什么？我先引用一下北京大学校长林建华在新上任时做的演讲，他对此做了一个回答。他说北京大学能够为国家和民族的发展贡献一些什么样的力量，国家和民族需要北大做什么，这是北大的使命。他讲完这句话以后，全场800多人掌声雷动。

但是我们好像早就抛弃这些了，我们认为崇高的东西不值一提，我们需要的是"现在能挣到钱吗？"但是学生已经不认可了，因为他们不缺钱。这是我们社会的价值观，我们认为能够挣到钱才是人生更大的赢家。

曾经有一个学生，他退学的原因是，学习经济管理根本就不是他想要的。他高考填志愿想学历史的时候被所有人嘲笑，说脑子"进水"才会学历史。后来这个同学尽管经济学得很好还是要求退学。

十一假期，我带学生们去了万安公墓，因为我要和学生一起找寻生命的价值和意义。我们在公墓当中看到了一个很独特的衣冠冢，这上面是一个老师，叫尹荃。尹荃老师1970年在"文革"时含冤去世，她没有子女。

19年后她的学生为她在公墓买了墓地，写了这样的悼词：40年来，循循善诱，陶铸群伦，悉心教职，始终如一，无辜蒙难，备受凌辱，老师一生坦荡清白，了无点污，待人诚恳，处世方正，默默奉身教育事业，终身热爱教师生涯，其情操其志趣足堪今人楷范。

我不知道我们在座的教育工作者在人生走到尽头的时候，有多少学生会对你有这样的评价或者肯定。我要说的是，教师本身是非常神圣的职业，但是如果我们把进行教育活动只是当作来谋生、当作获得金钱的一个手段，或者实现自己其他目标的一个踏板的话，当然这是一种选择，但是我会觉得我们似乎放弃了最重要的东西。我在这儿还想提一个问题，这是我经过这些事情以后的思考。那些"空心病"的学生，他们为什么找不到自己？因为他们自己的父母和老师没有能够让他们看到一个人怎么样有尊严、有价值、有意义地活着。我想问大家也问我自己，我们尊重自己吗？我们尊重自己的职业吗？我们有没有把自己的职业当作是一种使命和召唤，去体会其中的深切的含义。这是个买椟还珠的时代，我觉得我们扔掉了很多东西。我们像婴儿一样，只追求即刻的满足。当我们把所有时间和精力都放在挣钱上，没有给孩子最好的陪伴和爱，这时候孩子不出问题才怪。所以作为一个高校的心理咨询师和心理科医生，我呼吁：真的要救救孩子！他们带着严重的问题进入高校、进入大学，他们被应试教育、被掐着脖子的教育摧残了创造力。

　　有一位研究生导师给我讲了一个真实的故事。他说一个学生做研究老出问题，是非常小儿科的问题。这个导师找他谈话，问他为什么出现这些问题？怎么办？这个学生是笔试第一进来的，他说："老师，那我把我犯的错误重抄一百遍。"一个研究生，用重抄一百遍的方式改正他的错误。我们这些孩子根本没有长大，还在小学阶段。教育干什么去了？我觉得无论是家长还是老师，要去做值得学生和孩子尊重的人，要身体力行，为人师表，要给他们世上最美好的东西，不是分数，不是金钱，是爱，是智慧，是创造和幸福。请许给他们一个美好的人生！

　　（选自"中国网"，2016年11月16日。本文整理自北京大学心理健康教育咨询中心副主任徐凯文在第九届新东方家庭教育高峰论坛上的主题演讲《时代空心病与焦虑经济学》，有删改）

附录九
"中国状元" 在美国读大学后对中国教育的感悟

郑人元

今天接到一个妹妹的电话,她刚查到了高考成绩,问我明天填志愿该填什么专业,她爸爸说金融工程好,以后去银行就业,收入稳定,要不要报金融工程?

我要怎么告诉她呢?我自己为了选择我的专业花了一两年的时间思考,到现在还没有给我自己的职业生涯下一个定论,我怎么样告诉她在一个晚上的时间里快速地判断学什么专业好呢?

中国的教育就是这样,中学时代的孩子什么都不懂,不知道各个专业到底是什么意思,社会上各种职业到底意味着怎样的工作状态,他们到底擅长什么,对什么感兴趣,终生的追求是什么,统统不知道……于是,就在高考分数出来之后的某一晚,在饭桌上和家长合计了一下,就胡乱报个金融、报个计算机、报个会计……可是这么重要的事情,怎么可以在饭桌上花一两个小时决定呢?

我决定整理一下电话里的内容,这些是我在美国四年对大学教育的很多思考,这一阵子一个接一个的社团听了我的讲座,邀请我去讲梦想,讲经历,讲选择,受之有愧,因为我毕竟没有那么多超出同龄人的见解可讲,但我又十分迫切地希望更多处在迷茫中的学弟学妹们得到一些正能量,面对压力和挑战更加坚定信心,去做最好的选择。

那么,我干脆写成一篇文章吧。也许在填报志愿这些日子,不经意间转发到某位大学新生的手里了,还可以给人一些启迪。当然啦,我不是教育学专家,一家之言,有些偏颇的观点还望指正。

一、 成功的人都在做自己想做的事情

我首先问她:你想做一个成功的人吗?她迫不及待地说:想!我说:那我告诉

你，所有成功的人，无一例外，都在做他们感兴趣的事情。如果你不喜欢金融，但是觉得金融好就业就填报金融，那大学四年会非常的难过，工作之后会觉得压力特别的大，生活质量也不高……

但如果你认为你真心地热爱画画，你可以不知疲倦地研究地图，谈到各种美食的烹饪方法就会眉飞色舞，那很有可能你就应该去学美术、地理或者烹饪，并且很可能会取得了不起的成就。哈佛大学的校长 Faust 曾在毕业典礼上说：你可以选择你的退路，但人生很长，先去做你最热爱的事情，不要一开始就选择退路。

对！人生还很长，即使你现在已经中年了，只要目标坚定，都是可以从头开始的！美国人一般会转行很多次，这也是他们反复探索自己兴趣的一个过程，但是一般对于东亚人来说，从头开始总被认为是特别困难而且丢人的。大家知道折纸原理吗？

50 年可以奋斗的人生如果是 50 张纸叠在一起，就只有几厘米厚，但是目标坚定的人，50 年都围绕着一个目标在生活，那么 50 年之后的成就就像一张无限大的纸折叠了 50 次一样厚！一张纸折叠 50 次之后一定会很厚吧？但你绝对无法想象，它的厚度竟然可以从地球伸到太阳！

那我们现在来想象，为什么有人一辈子对人类的贡献微不足道，有的人却可以改写人类的历史呢？这就是梦想的力量！

当然了，这个不适用于没有成功野心的人，很多人就是喜欢过安逸的小日子，那随波逐流地选专业、进体制，也未尝不可。但是我想说，社会永远都只有绝对的上游和绝对的下游，和一个正在缩小的中游，中国的经济脉搏一刻不停，而社会阶层在固化，不进则退的河流里，是容不下一条小船舒适地游弋的。

说到选专业这个事情，我认为就先不要考虑好不好找工作了，反正不好找！今年大学生只有 30% 不到的能找到工作，再说，找工作跟专业不相关也是再正常不过的事情。肯定会有人说，那找不到好工作怎么办呢？挣不够钱买不起房，丈母娘看不上娶不到老婆怎么办呢？其实这些不在本文想要讨论的范围，但如果允许我发表一些自己的观点的话，我觉得找不到工作的意思是说找不到好工作，但是即使是工地里的工作都可以至少让自己有饭吃啊，如果梦想够坚定，就能体会到一边流浪一边作画的乐趣，就不会把当下吃的苦看得那么重了，我相信好姑娘会欣赏有梦想有志气的男生的，喜欢这篇文章的人很多都是有能力有野心的人，我相信你们不会连

附录九 "中国状元"在美国读大学后对中国教育的感悟

自己都养不活的。

我高中是理科,我一直有种从政报国的念头,于是看着很多领导人的简历,感觉应该去学理科,于是大学也继续学习电子工程(真是一个很奇怪的逻辑,好在现在的领导人都开始变成文科出身了)。我修了很多的数理化,结果发现那些课学起来过于简单(可能是国内高中基础打得好),慢慢地越来越迷茫——我花了这么多的时间,付这么多的学费,到底要来美国学什么?我不想就这么稀里糊涂地念完大学的四年,最后像大多数华盛顿大学工程系的学生一样去微软、英特尔找个舒适的工作——我接触过这些公司里的一部分工科男,社交圈子非常的窄,每天和程序打交道,以至于英文都说不流利了(当然啦,真心喜欢这个行业的肯定也不少的)……我跟学校提出要休学,于是我去了中国的西部各省,开始穷游欧洲,后来决定要学社会科学——经济学和国际研究学。

可是在国内可等不得!读了一年多发现不喜欢了再转肯定是很困难的!我们还是先问问自己,本科学习到底意义是什么?英文里,之所以有 undergraduate 和 graduate 的区别,是因为西方人觉得研究生才算是真正的大功告成,本科只是打个基础而已。美国上层家庭的子女爱去文理学院,就是因为那里的基础打得好,什么基础呢?人文基础!

美国富人总觉得金融、计算机、工程、医学这种技术性很强的学科是中低阶层的孩子还有很多亚洲人爱学的,他们的孩子以后要做高管,要去政府,就必须学英文文学、历史、哲学、经济、政治、法律这一类的专业,因为本科毕业不用急着养家糊口,还可以体验几年社会,再继续深造,接着进入商界和政坛(这里是我与很多美国人交流之后的一个不具权威性的总结,并不代表对任何专业的否定,还是那句话,不管是数学、医学、工程……都是有价值的专业,你必须去学你热爱的东西)。中国的富人们也开始慢慢转变思维了,开始避免让孩子选择会计、工程等类似技校也可以学到的专业,而让孩子接受更好的人文教育。

二、千万不要继承父母不成功的思维模式

前些天看到一篇文章,是一个银行的人力资源经理写的面试大学实习生的感悟,说进银行的三类大学生特征明显:机关子弟、商人子弟、知识分子子弟和农民子弟。父母是公务员或者国企职工的,一般会搞关系,做事儿的时候爱耍小聪明;生意人的孩子显得自信而且做事认真；父母是知识分子的总显得有点傲气，不合群；农民的孩子不太爱说话，情商不高，但是做事勤快。接着作者说，最受欢迎的商人子弟一般都能留下，机关子弟有关系，也可以，知识分子子弟和农民子弟一般都很难留在银行……

每个人的父母都会不知不觉地把他们认为最正确的一套是非观和为人处世的办法教给孩子——如果他们认为不正确他们也不会那么干——结果就是孩子们完完整整地接受了父母的思维方式，造成很多人一辈子辛勤工作却仍然无法成功。

我认识的大多数同龄人，都处在父母粗暴的人生规划之下，小学入学那是父母决定的，选什么专业上什么大学是父母决定的，大学毕业马上读研究生或者考公务员是父母决定的，跟哪个女生在一起也是父母决定的——那人生到底还有多少是自己的？大多数的美国学生都不会在本科毕业之后立即读研究生（少数数学、物理等理论科学除外），而是进入社会体验个几年或者十几年，甚至有人在还没进入本科或者刚读了一两年之后中断学习生涯，花费好几年去做任何自己感兴趣的事情，他们总是认为带着经验阅历进入研究生院才能学到更多，在职业生涯里遇到一个学位造成的瓶颈了再去取得那个学位更有目的性。这样一来，他们可以尝试很多领域，真正知道自己喜欢什么之后，再带着自己工作中的实战经验去听课，真是把读研究生的时间和钱花在了刀刃上，再看看我们中国一窝蜂的读研大军，非常的盲目，大多数人都不知道自己想要什么！得到这样的学位如果以后再找一份跟专业不对口的工作，将会是怎样一番感受呢？

不知道自己想做什么？可以去做做职业性格测试，或者多接触各个领域的成功人士（比如参加各种论坛和聚会），听听他们的成长轨迹，也可以去禅修、去休学、去打工、去旅游，让自己的内心走出喧嚣的环境，听清楚内心的呼声到底是什么。知道自己想要什么了，再去读书，再去花时间培养自己那一方面所需要的所有素养，而不是盲目地去做。

好在，还是有人敢于去冒险，敢于挑战常规，来一次"说走就走的旅行"，去为了教育的理想建学堂，还有人耶鲁毕业去当"村官"……这些都是了不起的尝试，虽然在美国人看来可能都是身边随处可见的例子，但至少中国的"90后"们开始了对常规的挑战，这就是一个好的开始！对于父母的建议，很多当然都是宝贵的人生经验，但不要在自己独立思考判断之前就全盘照收，除非你不想发展得更好，只想复制你父辈的人生轨迹。父母永远都是为你好，没错！但是父母永远都不知道什么选择对你最好！作为司机的你，作为棋手的你，必须经过自己的思考，自己手握方向盘、自己谋划大的棋局，而不是和父母一起握着方向盘、在争吵声中落棋……

三、大学，不仅仅只是学好专业那么简单

在美国的大学毕业要求里，每个学生通常都必须修满定量的自然科学、社会科学和艺术课程，这三个领域也是构成一个人知识系统的基本分类，如果任何一个人，没有在这些领域都有过较好的教育，就很难称为一个成功的领导者。所以，不管你学的专业是什么，都去关心政治、历史、经济、法律、哲学、地理、天文、生物、数学、美术、音乐这些学科吧，为什么犹太商人是世界上最成功的商人？因为他们对各种学科求知若渴！据说犹太商人聚会的时候不怎么爱谈生意，话题通常会非常的广阔。一个人的视野决定了他的高度，决定了他可以成为一个多好的领导，其实你永远都不知道哪一天某一门知识就会在一个重要的时刻派上大的用场！乔布斯不就是从他感兴趣的大学书法课中获得苹果独创字体的灵感吗？

很多人都在花很大的气力提高自己的GPA（平均学分绩点），这样固然是好的，但是大学还有很多事情可以做啊。从一个懵懂的高中生，到进入职场，我们需要在大学里学到的东西还有很多——自然科学、社会科学、艺术、领导能力（包括演讲能力、写作能力和沟通能力）、批判性思考能力（你是否敢于挑战权威，永远保持冷静客观？尤其是在国内上学的学生们，更应该特别小心地呵护自己的批判性思考能力，害怕会造成非常大的遗憾）、社会责任意识、职业素养……其中的每一项都非常的重要，而且是很多大学生在毕业的时候还严重欠缺的。

既然如此，那就好好地利用大学四年的时间吧！给自己一个阅读和锻炼的计划；去勇敢地开口和陌生人交谈，接触各种各样的人，了解他们的故事；去积极地参与几个有意义的社团，或者组建一个自己的社团；去旁听各类入门的课程，打开自己的知识面；去逼自己跳出舒适圈，不要交那么多的酒肉朋友，独立地应对挑战，并且和优秀的、志同道合的人交朋友吧；去打工、实习，省下零花钱，去旅游和探险吧！

前些天我参加了一个活动的面试，被问到在美国的大学四年，最大的收获是什么？我想了一会儿，觉得是"包容"二字。我尽量避免过多和中国学生"扎堆"，花了很多的时间，去理解华大里的国际学生们背后的文化，去感受基督教、天主教、摩门教徒们的信仰，利用交流访问、会议、采访、背包旅行各种机会，到20多个国家，认识当地的人，感受他们的生活方式和价值观念……我认为避免"文明的冲突"需要包容的公民和包容的国家，增加对整个社会和世界格局的认识是一件非常美妙的事情！顺便说一句，去很多国家不是说需要很有钱才可以做到，很多人可以一分钱不带，靠coachsurfing（沙发客之旅）和打零工环游世界。你可以有一百个理由不去做，但如果要去做，那只需要一个理由，就是你真的想！

去年在东京UNIQLO（优衣库）实习的时候，亲自面试每一位实习生的总裁柳井正曾一度是日本首富，他年轻的时候在早稻田大学学习政治经济学，也正是因为这样的专业背景，他具有非常独特的视角和眼界。他不喜欢看人的简历，常常会问：你是哪里人？父母是做什么的？你曾经在哪里生活过？你童年的时候做过什么有意思的事情？他试图从文化和价值观的角度去理解一个人，因而会比别人看到的更深刻。也许，这就是为什么我认为大家需要多接触人、多关心时事、多认识世界——有容乃大，包容让人成为更出色的领导者。

四、做个"精致的利己主义者" 对自己没好处

现在大学毕业的时候流行说"感谢室友四年的不杀之恩"，其原因就是我们从小到大的教育机制让我们一直参与非常盲目狭隘而且没有意义的分数攀比，导致学生的心理和生理出现了严重的扭曲。生理上的教训就是现在学生的体质的严重下滑和近视的大规模发生。心理上，学生开始为了自己的一点点利益不择手段，甚至杀害自己的同窗好友，还有更多的人为了一些情感上的问题选择自杀！什么样的问题值得我们牺牲生命的代价呢！

北京大学钱理群教授说：我们的大学，包括北京大学，正在培养一大批"精致的利己主义者"，他们高智商，世俗，老道，善于表演，懂得配合，更善于利用体制达到自己的目的。这种人一旦掌握权力，比一般的贪官污吏危害更大。我们的教育体制，正在培养大批这样的"有毒的罂粟花"。

已经进入大学的各位，肯定深有体会，身边很多人是这样的吧！他们真的很聪明，有手腕，为了自己的保研、留学、奖学金、竞选真的可以不择手段。我在美国

附录九 "中国状元"在美国读大学后对中国教育的感悟

的体会是怎样的呢？我的国际研究课上有不少同学，他们在朝鲜进行过食品援助，他们积极地为无家可归者筹集物资善款，他们去非洲帮助难民解决用水问题……这些伟大的国际主义精神真的让我备受感动，尽管很多人是出于自己的信仰去实现他们的善举，但不管信仰如何，这样的力量指引着人们做真、善、美的事情，我们的社会就还有希望。我在云南看到干海子村的小孩儿们一年只能洗一次澡，几乎完全过着原始人的生活的时候，深深地不明白为什么同一个国家的教育会差得那么远……我们这边有很多人为自己没考上"一本"苦恼，那边的孩子上不上得了高中都是个大问题。

我总是在想，我去做公益，你们真的就觉得我不懂为自己捞利益那么傻吗？人活着的意义就是为了快乐，我们的任何一个举动，归根结底都是为了让自己快乐。要么直接取悦自己（比如游戏、吃喝），要么避免让自己陷于不快（比如赔偿、减肥）……但是你们想过人的终极幸福来自哪里吗？人的终极幸福感来自感觉到被爱和感觉到自己的重要性。如果不去亲自参与公益，不去亲自帮助那么一两个人，我想这样的给予所带来的幸福感，是没有办法体会的。正是因为这种对于最伟大的幸福的追求，才会有屈原、鲁迅、南丁格尔、甘地这样的人像灯塔一样照亮人类文明的前进方向。这样的幸福，可不是豪华的汽车别墅和万贯财富可以比拟的。

我一直很厌恶各种在网络上炫富的行为，一方面，这样的人没有思想，只有继承的一些财富和挥霍的暴发户习气；另一方面，我们的国家这么的积贫积弱，人均收入在非洲都只能算中等啊！你们知不知道，我们今天所拥有的生活，没有饥饿、战争，拥有住所、洁净的饮用水、充足的粮食，是多少人做梦都在渴望的生活啊！如果你知道这个世界上，某个角落，也许就在印度或者非洲，每四秒钟就有一个不到五岁的孩子因为贫困而死，你还会忍心浪费粮食吗？你还好意思去炫耀自己的包包和汽车吗？收入分配还这么的不公平，这样的人有什么资格炫耀自己的也很可能是不法所得的财富？施比受更有福，去关心一些更大的事情，去帮助别人吧！

（《成长研究》，2018年5月16日，有删改。作者是湖北当年的高考"状元"，曾收到美国9所大学邀请，后到华盛顿大学就读）

附录十
学霸为何不成功

曾经一则《30 年 1000 名高考状元无一成为顶尖人才》的新闻是多么令人感慨。然而贝拉想说的是"学霸们也是受害者。我们无疑是聪明的,但却被应试教育引入歧途。我们花了大量的时间和精力去修炼在社会中基本没有用处的考试技能。一整套的规定动作又早早地扼杀了我们的好奇心和独立思考的能力,更谈不上发展自己的爱好和做自己的选择"。作为学霸的代表、令人羡慕的麻省女博士贝拉(化名),又有着怎样的心路历程和反思呢?会给我们带来怎样的启示呢?

曾经的辉煌: 别人眼里的成功典范

在做妈妈之前,贝拉是个循规蹈矩的留美博士生。每天按部就班地到实验室做科研,周末开着自己的车买个菜,逛逛州立公园,偶尔找一群朋友到家里大吃一顿秀秀厨艺,或者去听听高大上的讲座,沉浸在世界名校的优越感里,生活平静而美好。

大宝的降生像投进安静湖面的一块石头。这个"小软香"首先带来的是母爱泛滥,但很快就抛给她一个将困扰她很久的问题:该怎样教育他?于是各种育儿书籍、全世界的教育理念、各个育儿公众号和论坛都赶快读起来。吃喝拉撒都有讲究,早期教育更是至关重要,和孩子在一起的每一分钟都不能浪费。自己学习的同时还要改造千里迢迢来帮忙带孩子的老人,其中的争执甚至伤害都不堪回首。

回想起当时近乎强迫症的状态,最根本的原因是潜意识里对自己的不满。几乎在所有人的眼里,当时的贝拉都是教育成功的典范:来自很小的城市,父母是普通的工薪阶层;从小学到初中都是年级第一名,保送进重点高中仍旧很"拽"地参加了中考,轻松拿了个"状元";千军万马中考进北大,接着申请到美国麻省理工学院的全额奖学金读博士;同时跑得了运动会,拿得起画画笔,还掺和在各种学生会里，真是德智体美劳全面发展！

"天之骄子" 走向 "苟且众人"

然而在这个近乎完美的学霸故事里，只有贝拉自己知道一定有哪里不对。因为随着学历的增加，她的自信心和学习效率都在急剧地消减。她频繁地做着重回高考考场却什么题也不会做了的噩梦。看看周围的同学，总觉得自己是最差的那个。每天起床去实验室干活都不情愿，甚至产生过许多次不想再读下去的念头。年少时大家都喊着的当科学家的梦想近在咫尺，可她一点兴趣也没有了，只想着能找到个工作就行啦。孩子降生后她急于教育他的偏执狂状态，突然让她意识到对这样的人生是不甘心的；同时也让她静下来思考，曾经意气风发的"天之骄子"，为何变成了只在乎眼前苟且的泯然众人。

回想起来，从进入大学的时候开始，贝拉的斗志就开始走下坡路了。因为在这之前，人生目标简单而清晰：考上名牌大学。即使是现在也有很多家长认同，只要实现这一目标，就可以 live happily ever after（从此以后一直生活快乐）。这一目标实现的途径也很明确——考高分。于是她不用思考上大学究竟是为了什么，也从未想过自己喜欢什么，只要修炼考试技能就好，其他活动通通是浪费时间。偏偏她又在考试上有些天赋，加上学校里"分儿高最牛"的氛围，她一路成就感"爆棚"，这又激励她继续埋头苦练，终于拿到了亮闪闪的北大通关证书。

可是通关之后，没人告诉她该干什么了，从来未曾独立思考过的她一下子迷茫起来。再说到选专业，更是一头雾水，除了考过的科目，其他的可以说完全没有概念，最后就选了一个容易出国的专业。没有了努力的方向，对专业又缺乏兴趣，贝拉和周围很多同学一样，大量的时间都在打游戏、看电影。坦白点说，大学生涯只留给了拖延症和隐隐的挫败感。学习动力不足带来了拖延，而挫败感就来自除了考试之外其他的评价体系的出现，比如科研成果。

毕业季的随波逐流

到了毕业时节，不知道该如何做选择的贝拉随大流来到了美国读博士。读博士一般意味着选择了科研道路，但当时的贝拉对此完全不知情。开始读博生活后才发现，考试成绩几乎没有任何意义了，投身科学研究所需要的基本素养贝拉又都没有训练过，加上在麻省理工这样的顶尖学校，周围同学全是精英，使得贝拉不得不接受更严重的信心打击。日复一日枯燥的实验室劳动加上学校之外相对安逸的生活条件，终于让她忘记了曾经的踌躇满志，觉得坚持熬到毕业，找个体面的工作，过衣食无忧的生活也很好吧。

这样的心路历程，并不是个例。她看到很多大学同学和从国内其他名校来美读博的学生，和她的状态一样。当然，能够在美国工作、定居，在很多人眼中已经是奋斗成功了。只是这样的未来，是否对得起当年埋头苦读12年为拼那万分之一甚至几十万分之一的机会而付出的努力？

梁启超在《学问之趣味》中写道："凡人必常常生活于趣味之中，生活才有价值。若哭丧着脸挨过几十年，那么生命便成为沙漠，要来何用？"而她最痛苦的时刻，是告诉她爸妈，她不喜欢她的专业，读不下去了。他们反问她："那你喜欢什么？"她竟然什么也答不出来，那种茫然令她近乎绝望。年过三十仍然不知道喜欢做什么的她，觉得自己离成功也实在太远。

毕业季的随波母亲的反思： 不让孩子做学霸

养育孩子，一方面能帮我们重温记忆模糊的童年，另一方面也给我们一个机会去修正自己成长过程中的错误。贝拉决定她的孩子绝不要再以考高分、当学霸为目标，这根本不应该成为教育的目的。尤其在这个生活正在被互联网颠覆的时代，原来需要靠高分才能获得的优质教育资源现在都可以从网络上轻松得到，学习的能力和效率将更为重要。她决定不会逼着孩子重复练习已经会做的题目，也不会上五花八门的补习班；不会为孩子考试得了99分还是100分而纠结，也不会追问他们拿到了什么名次；不会跟孩子说，别的什么都不要想，好好学习就行。

相反地，她要努力让孩子们成为一直充满好奇心并能自我引导的终身学习者，而不是靠别人设置好的目标才能前进；她要让孩子们有独立思考的能力并能在过剩信息的迷雾里看清这个世界，而不是人云亦云，被大众的观点绑架。而她最终的目标，是让孩子们找到他们所喜爱和擅长的事业，为之倾尽热情和汗水，享受过程中的磨难和收获。不管世界怎么改变，这都将成为能陪伴他们一生的幸福之源。

（http：//edu.163.com/18/0104/10/D7A39PHM00297VGM.html，有修改）

附录十一
哈佛教育最大特点——敢问敢说敢"忽悠"

李稻葵

我自己在哈佛大学读了7年的研究生、博士，也曾经辅导过许多本科生，近距离接触过他们，他们可能是最能代表美国精英青年的一群人。

曾有一位犹太女孩子给我留下了深刻的印象：那是1990年，她为了获得更高荣誉级别（Summa Cum Laude）的毕业生头衔，要完成本科论文撰写。一般学生都是随便套个T恤牛仔裤，但她总穿着价格高昂的外套，背着名牌包，化了精致的妆容；而第二个给人的印象则是她什么都不懂。

我那时的工作是在经济系的本科毕业生撰写论文时，为他们解决计量经济学技巧和电脑技术问题，她对这些基础学科几乎一无所知。但她什么都敢问，一点不羞赧，完全没有怕被人鄙视的感觉，更"无厘头"的是她还敢于向别人提要求。当时的计算机数据都存储在脸盆那么大的磁盘里，厚重的磁盘需要搁在磁盘机上操作，可她经常不动手，都是我们为她"卖力"。

每当看到实验室里散落着一堆磁盘，旁边搁着一个手袋，我们就知道"大小姐"来了……后来随着人事变迁，我也就慢慢淡忘了她。

第二个孩子是我的一位亲戚。她在中国上的中学，后回到美国上哈佛大学。她的学习成绩并不突出，刚开始在国内读高中时，数学还常常不及格。那么她有什么资格能入读哈佛？是她的思辨能力。她在国内最喜欢的课居然是政治课，还常常跟政治、文史哲各科老师辩论。加上阅读涉猎广泛，有独特的视角，令她轻松斩获了哈佛面试官的青睐，而其他一些学风严谨的学校却对她不感兴趣。

上了哈佛之后，她更是如鱼得水——代表所在书院参加划艇比赛；周末更是忙得脚不沾地，参加各种聚会、交流会，连老爸来都要预约时间；她在校园里行走时，经常是三步一声"hi"，五步一个拥抱，似乎认识全校的人。毕业时她已经写出了两部剧本，其中一部获得了某好莱坞制片人的录用。

当然，也不是每一个哈佛生都这样雄心勃勃，自如地游走在各种人际关系里。我曾经遇到过一位哈佛生，他的父亲是美国联邦巡回法院的大法官，也是哈佛校友。他本人毕业后，就在哈佛校园附近当起了按摩师，类似于我们的北大生卖猪肉，不过在美国这可不是什么大新闻，大家似乎都能理解认同。

话说回来，我的这位亲戚也曾向我坦言，哈佛的学生整体上和其他常青藤联盟的大学，包括耶鲁、MIT、普林斯顿的学生有点不太一样：哈佛生总是自命不凡，总有一股子干劲、冲劲，而且敢问敢说——不懂就问，想说就说。我恍然大悟。这可能是美国精英教育最具代表性的风格。

这种教育风格能够与东方教育风格融汇吗？

我最近负责清华大学一个非常重要的国际学术项目，目标是培养国际上一批了解中国、对中国有感情的未来领导者。有近一半的学生来自美国。上了几周的课之后，巨大的文化差异就显现出来：那些非美国孩子抱怨连连，说美国学生提问太多，老师讲课都变得断断续续。所以现在我把课程进行重新安排，前半段要求等我把观点完整地讲完，剩下的时间敞开来提问、辩论。算是中西教育的一种调和吧。

那么，第一个女孩子后来怎么样了？四五年前的一天，我突然在电视上看到她正在演讲——而她的身份是 Facebook 的首席运营官！她就是如今大名鼎鼎的雪莉·桑德伯格！

说起来，我也是她的半个老师。如果 20 年前，你问我，桑德伯格以后会不会有出息？我会断然否定。可事实呢？她不仅是哈佛最优秀的毕业生之一，还是福布斯最有权势的女性之一。

因此我一直在反思，我们对美国精英教育的理解是不是有失偏颇？在我们的传统教育里，学生从小就被要求要毕恭毕敬、谨言慎行，问了"低级问题"就要感觉羞愧，缺乏勇往直前、敢问敢说的精神。

而哈佛大学不仅是典型的美式教育，更是培养领导型人才的地方——领导者并不一定需要高深的专业背景，重要的是不懂就要敢于发问，敢于在众人面前表达观点，动员团队里的各色人等认同自己，鼓舞大家努力前行。这就是领导力的体现。

（《意林》，2017 年第 22 期，转载于《南航航空》）

附录十二
中国教育还缺什么

郝景芳

今天,我想聊聊我对中国教育的判断和展望。我以两重身份聊这件事。一是多年教育的亲历者:我从小学到博士(清华大学经济学博士)毕业,经历了22年中国公立教育系统,一直在观察、追问、思考;另外是三岁半女儿的妈妈,在两年之后,也要给女儿报名加入国内的教育系统,因此也会权衡。

有人会问:中国教育系统是不是很糟糕?你会让孩子从小出国读书吗?

首先,我并不认为中国的教育系统是糟糕的或者失败的。我完全不这样想。

从内容设置上讲,中小学的系统性学科设置还是很严谨的,打下的基础也扎实,让学生有比较好的基础进入高等教育。重视语数外也是合情合理的,北大哲学系一位教授在《理想国》课上说:"阅读能力和逻辑能力就是人一生最重要的能力,高考看重语文数学完全没毛病。"

从形式上讲,高考制度也算是公平合理,虽然僵化,但让有能力的学生可以凭能力脱颖而出,而不需要比拼父母对大学的赞助,即使穷学生机会在变少,但有钱人也不能随意操作。

其次,我也观察到中国的教育体系一直在革新。有的时候革新的方向是好的,有的时候革新的方向矫枉过正,或是带来新问题,但总体而言,革新一直在进行,并没有停滞不前。减轻学生负担、调整选课制度、扩大自主招生,教育部门也一直在出台新政策,并不是铁板一块。

但是,我心里也非常清楚,中国教育系统仍然有比较严重的问题。这问题并不像作业多、考试制度僵化这样一眼就能识别出来,它更难量化,但在我看来,它的影响可能更大一点,甚至影响到学生和整个国家未来成长。这个问题也是令我自己深有触动、想要投身教育领域的重要理由。

那么我心中的、中国教育系统最为欠缺的,究竟是哪一点呢?

一个视角: 来自以色列的对比分析

一年多以前,我和一位来自以色列的年轻创业家聊教育,他谈到很多事情,给我全新的知识和启发。

他首先讲到犹太民族的家庭教育和幼儿教育。他说犹太民族重视阅读经典和提问、辩论,小孩子从很小的时候就开始练习相互辩论,老师会提出一个问题,然后问"谁同意这个观点,谁反对这个观点",同意观点的孩子要列出一二三,反对观点的孩子要反驳一二三,然后,支持一方再对反驳一方一一给出回复。这样的辩论是对分析问题和逻辑思维的很好训练。

他接下来讲了他对中国和以色列教育系统的观察。他说,以色列的教育从小就非常自由,只上半天课,剩下半天就自由活动,而且对孩子的兴趣非常支持,压力也不大。这样的环境非常适合天生的 strong kid(优势儿童),因为这些孩子的学习是自我驱动,学习也比较轻松,总是自己去寻找想学的新东西,充满新的想法,需要空间去实现。

因此以色列经常能出各个领域中的杰出人物。以他个人为例,他 9 岁起开始自学编程,父母一点都不懂,他完全自己从计算机上寻找资源学习,后来二十几岁就有成功创业经验。

但是,他说,以色列的这种教育制度,大多靠个人推动,对于很多资质不高的孩子,就会变得非常平庸,甚至成年后的基本教育素质都较低,因此从大众来看,教育成果并不高。这一点和中国教育系统正好形成对立:中国的教育系统,很少给出众的孩子额外的自由度,但是能保证绝大多数学生最终的结果达到一定标准。

因此,在他看来,中国教育的集体性应该和以色列教育的个体性互补。

他的这番话,给我很多触动,其中也有不少共鸣的地方。中国教育系统,并不鼓励特立独行,如果你资质过人,要么跳级、升班抢跑,要么要求你与大家的步调相统一,做一样的事。并不会因为你有自己想探索的领域,就可以自己去探索。学会了就想去玩?不听课?门儿都没有。

这主要的原因是:教育眼界太窄。从老师到家长都相信,教育就是学好课内知识，考试考好，上一个好大学，找一份好工作。在这种情况下，如果学有余力，想要扩大学习范围，唯一能想到的方向就是提前学高年级的课本。也就是说，缺少广度的情况下，唯一的选择就是在单线上赶进度。父母和老师并不相信，对于学有余力的学生，完全可以玩出自己的世界，在学校课本之外，还有广阔的天地可以去探索。

中国的教育，并不利于资质较高的孩子。教育系统均值比较高，最终学生的差异不大，即使是最好的学生，一生的成就也就考试好。

以色列的教育，差异比较大，靠学生自身的天赋和兴趣，有自我推动力的学生，空间没有上限。

一个对比：来自美国的小学教育

最近和一位在美访问学者交流，她的女儿12岁，在美国小学读了一年多，目前六年级。她对比中国和美国的小学教育，发出感慨：美国的小学学这么多看上去没用但真正有用的东西啊。

她指的是什么呢？详细询问了一下，原来她女儿上的小学有四大主科，比重差不多，分别是：数学、语文（即英文）、科学和社会科学。后两者是国内小学很少有的。

其中科学按照主题探究世界，她女儿学习"水"已经学习了快一年，就一个小小的"水"，展开许多方面，从生活用水，到整个世界的水循环，还有与食物、工程有关的各种各样的水，她女儿小学就已经知道了不少化学概念。

社会科学学什么呢？他们用一年的时间"绕世界一圈"。学习世界各大洲各国文明，前两个月刚刚学过中国，学习了中国古代各个王朝和皇帝，还有风俗和科技，这个月要开始学习非洲了，从气候、地理到各国文化。他们还要写自己对不同文化的观点。

为什么她认为这些知识是"看上去没用但真正有用"的呢？因为她觉得这些知识和周围的真实世界相关，而且教会孩子具有思考问题的能力。

这让我想起我在英国读书的一年。我从9岁到10岁跟随父母到英国一年，在当地读书。读的只是普通公立小学，也不在富人区，更离英国的传统贵族教育很远。但就是这个破破的公立小学，我们在大半年的时间里，走过了埃及文明、古希腊文明、人体百科和鸟类百科。每一个主题下,我们会阅读、绘画、做习题、做设计、写文章。最后没有考试,而是每人都会做一大厚本"成果",包含自己在此主题下做出的所有内容。

所有这些学习和成果,了解水的知识、鸟类知识、希腊知识和人类知识,对于参与国际竞赛都没什么帮助,对我们中国父母在意的高考或者美国标准入学考试也没什么帮助。那么,他们为什么花这么多时间学呢?这些知识到底是有用还是没用呢?

有没有用,要看在学校里还是学校外。有很多知识,对于标准化考试不一定有用,但是对于真实世界的真实生活,却是用处极大。

我们在学校学习的知识,常常距离真实世界很远,以至学生常有"为什么学"的困惑。化学课上学了很多物质的化学式,学了配比化学方程,学会了看瓶瓶罐罐的小图,但是这与生活有什么关系?不知道。于是不知道为什么要学。然而另一种学法是反过来,先了解真实世界,理解真实世界是如何运作的,有什么现象、规律和困扰,然后思考解决方法的时候,遇到了化学公式。这个时候的化学公式是直接解决真实世界的问题的,将来走入真实世界,可以直接调用学过的知识来运用。

小学学科学有什么用?不是为了升学,而是从小建立未来科学家、工程师、创业企业家的思维方式,从小学会从周围的世界中发现问题、解决问题。

从小学习各国文化有什么用?不是为了升学,而是从小建立未来社会学者、政治家、媒体和文化人的思维方式,从小学会理解文明的渊源和传统,懂得与世界沟通。这些学习建立的视野和思维方法,可以直接带入长大后的工作生活。

这是中国教育系统的另一项缺失:过于注重纸面上的标准化题目,缺乏学习真实世界。我们特别重视考试的记忆和技巧,但周围的世界什么样?孩子不知道,父母和老师也不重视。我们常有一种"高考之前,活在真空里"的感觉,对大世界没感觉,也不知道时代面临哪些问题,需要我们做什么。这让我们在各种竞赛中领先,但却茫然无措踏入职业选择。

我们的教育,强在哪里,弱在哪里

前面说过以色列的教育。以色列的教育只是更大范围犹太人教育的缩影。犹太人至今出过189位诺贝尔奖获得者(其中180位科学、文学和经济学奖获得者,9

附录十二 中国教育还缺什么

位和平奖获得者），以色列建国短短几十年，已有 12 位诺贝尔奖获得者。

为什么犹太人的教育如此能孕育大师？依不少国人当今的想法，一切都是财富的结果：犹太人能挣钱，因此犹太人能得大奖。按照这样的思维模式，所有杰出成就都是金钱的堆积和金钱的幕后交易了。但如果抱着这样的偏见，而不去诚恳学习其他民族的思想精华，那么将永远没有思想提升的源泉。

除了学校教育，更重要的是犹太民族的家庭和教会教育。犹太人家庭教育有两个特征，是孕育杰出智慧的源泉：

其一是犹太人至今极为重视经典阅读，而阅读是最重要的智慧来源。没有任何一种形式能像文字这样传递思想，重视经典阅读，就是重视思想绵延。

其二是犹太民族的教育重视疑问和思考。从孩子小的时候，就鼓励提问、质疑、探讨、辩论。孩子需要思考和辩论经典中的问题，包括上帝创造宇宙、人类、犹太民族的故事，其中隐含大量关于世界起源、世界演化、世界规则的问题。经常探讨这些大问题，让孩子学会去思考对人类有重要意义的科学和哲学。

这对我们的启示是什么呢？

在我看来，中国的教育系统已经在很多方面做得很好了，但是缺的恰恰是一些灵魂性的东西：超越的思想。

我们的教育强的是什么呢？是技能训练。从一年级到大学，我们都强调把基础打扎实，先不管为什么学习一个知识，只要把它学好就行。无论是数学物理大量做题，还是语文英语的勤恳背诵，都是"头悬梁、锥刺股"的精神，把所有精力放在技能提升上。学习的明确目标是提高成绩，提高成绩的目标是考学，考学的目标是稳定工作，稳定工作的目标是提高收入。经过这一整个过程循环，一个人苦得蜕了一层皮，也总算是熬出来了，家和万事兴，再把这套吃苦的哲学灌输给孩子。

那我们的教育弱的是什么呢？是理想境界。一个人接受教育，最终的目标是什么？学习想要达到的境界是什么？为什么不辞辛苦爬山，山顶究竟有什么风景？我们接受教育要解决的问题究竟是什么？这些问题都没有回答。

如果我们给教育定的目标就是好工作和挣钱，最理想的实现也就是找到一份好工作，挣很多钱。比这个更大的目标是自己创业或者做生意成功，经济上的成功无疑更大，但仅此而已。比这个还大的目标就是为了中国命运救亡图存、振兴民族，这个宏愿很了不起，也很宽阔，但是放在世界范围仍然只是一国之梦，产生不了引领全人类的杰出人物。

真正的杰出人物是怎样产生的呢？杰出的历史人物，国籍民族家庭背景各异，成长路径也千差万别，但都有一个共通的核心的指引：解决人类和世界的问题。

解决世界的问题，在我看来是教育唯一真正的目标。我们为什么要学习？不是因为学习才能获得进大公司的能力，而是因为学习才能让我们理解这个世界，解决这个世界的问题，成为更好的人类。

牛顿是如何产生的？他的目标并不是在中央造币局找一份好工作，而是试图用数学解释整个世界运动的原因。

达尔文是如何产生的？他的目标并不是拿一份水手的高工资，而是在纷繁复杂的动植物中找到共通的特征。

艾伦·马斯克是如何产生的？他的目标并不是找一个微软的铁饭碗，而是不断想探索新的方式，解决人类陆地交通、太空交通问题。

这些人物，他们要解决的，是属于全人类的大问题。

解决人类大问题，才能成为影响世界的杰出人物。这正是我们的教育中往往缺的一环。人类有什么大问题？世界有什么大问题？很多人面对这两个问题是回答不上来的。

中国在过去落后挨打的年代，能够解决自身的生存问题和富强问题已经很了不起，但是我们目前已经重新回到世界巨人的舞台，这就需要有世界级人物，不仅仅懂得让民族不受人欺负，而更懂得站在世界的舞台上，引领人类向前。

伟大的人物，思考的是世界的本质、万物的终极规律、人类文明的由来、历史的原因、科学的方向、技术与社会的关系、人类的相处方式、世间苦难的救赎、更理想的社会变革。

伟大的企业，愿景是为人类开发新的能源方式、创造新的出行方式、建立新的信息沟通方式、寻找更好的计算方式、解决人类的食物与安全问题、产生更具有想象力的事物。

解决的问题越属于全人类，最终的成就也就越代表一个民族。

在我看来，我们的教育，所缺的就是这样一种"Think Big, Think Deep"的超越的思想。技能训练当然是重要的，若没有过硬的技能，什么境界也达不到。但是只有技能训练，没有思想引导，最终只是盲目奔跑。我把这种教育叫作一种"有脚无头"的教育，腿脚肌肉锻炼得格外强壮，就是没有方向，一直在等着有个人给自己指点方向，"让我去哪儿就去哪儿，比谁跑得都快"。可是究竟想去哪儿呢？说不上来。

与之相对的是另一种极端，"有头无脚"的教育：一些人让孩子退出学校，但是并没有给孩子足够指导，讲究不学习，不接触知识，自己在世界中悟道，这种状态下人确实可能想一些大问题，但是容易云山雾罩，不懂现代知识体系有什么深刻之处，最终停留在空谈，做事的行动力也就差了十万八千里。

理想的教育一定兼具思想与行动。思想是为人生寻找方向，行动是让自己到达目的地的工具。爱因斯坦的方向是他对光速飞行的思考，他的行动是他在学校不断寻找数学工具，二者缺一不可。我们太侧重后者，偏偏缺了前者。

有灵魂的教育目标是思考和创造。而思考和创造获得的收益，只是这个过程的副产品。

有的父母可能会说，像牛顿或马斯克这样的大人物，是另一个世界的天才，我家的孩子可没这天赋，能够自己养活自己就不错了，想大问题有什么用，离我们太远了；我们小时候也没学过什么世界的本质、文明的起源、人类的规则，不是也活得挺好的？

父母的想象力是孩子的上限。若父母的眼光已然局限于此，又怎能指望孩子飞到高空？这就是为什么我们一代一代培养全世界最优秀的学生，但总是难以培养出影响人类的大师级人物。成就的天花板是想象力，不要让我们的想象力局限孩子的未来。

Think Big。谷歌内部成立一个X-lab，谷歌对其的唯一要求是，解决10亿人以上的问题。不管做什么领域都可以，但前提条件是必须思考全人类问题，至少惠及10亿人以上。这种思想是伟大成就的前提。

这种思想不仅仅对一小部分资质超群的天才人物有效，事实上，它对于促进所有人的学业事业都有效。你只有有极强烈的问题思维，才能有学习动力；你只有有极广阔的世界眼界，才能建立知识图谱。最终也许解决不了人类的大问题，但一定能提升自己的学习效率。

Think Deep。你所设想的世界，是你最终能到达世界的最远边界。雄心壮志最大的问题也就是眼高手低，能力赶不上梦想的大目标，内心失落。然而眼高手低也强于眼低手低，若看不到远方，就不可能走到远方。思想的广度和深度是导航仪，手里做的练习是速度轮胎，永远让思想为速度导航，而不要速度茫然乱闯到极限。

我们需要什么样的教育

如果要问我，对于中国教育有什么期待，有什么革新的愿望，我的希望并不是推翻现有体系，而是希望给现有体系注入思想和愿景。

我们需要的是对现有扎实基础教育的拓展。我们需要给现有的教育一片更广大的天空，让我们的孩子具备思考大问题的能力，以问题和思考引导未来的技能学习。

我们希望我们的孩子能够具备：

宏观思想：让孩子看得再远一些，想得再大一点，以思想引领行动。希望他们不仅具备优秀技能，更能从宏观大局的角度选择方向，让优秀技能得到智慧的指引。

国际视野：让孩子理解世界、理解古今，具备思考人类问题的意识，未来做好准备走入国际舞台，让中国思考贡献到整个人类文明，成为人类历史真正的杰出者。

问题思维：让孩子了解真实世界的图景，理解当前社会和未来世界的科技、文明与困境，学会思考问题。通过未来反推现在，通过对真实职业的理解，制订个人成长计划。

跨界联系：让孩子能从生活具体的事物出发，超越学科界限，多角度理解事物，具有多方位联结、以小见大的洞察，能将生活具体事物与所学知识联系在一起，解决问题。

总而言之，我们希望孩子能够从广阔、真实的世界舞台出发，带着思考走入日常学习。视野与志愿会增加孩子的责任感和学习兴趣，让他们真正理解学习的意义，理解学校的学习不只是为了应付考试，而是为了应对人生；让他们理解人类的问题和自己的问题，主动承担解决问题的责任与使命，从而对学习和成长获得内在激情。我们希望孩子能真正仰望星空、脚踏实地，星空是脚步的理由。

以上就是我们对教育的判断与期望。中国教育系统有很多优点，值得巩固扎实，但缺点在于视野狭窄，过度强调技能、钻研题目，并没有给技能训练以充足思想指引，以至于学生长大之后技能优秀，但是对方向把握不足，选择自我人生以及解决真实问题的能力有限，在世界舞台的贡献受到局限。

（转自 WePlan 童行计划）

附录十三
中国教育沉思

佚名

我有幸,在家接待了一位来自美国的小女孩。早餐后,美国女孩跟我说:"这是我吃过的最好吃的早餐,非常谢谢您!"这个孩子这么会赞美别人,我第一次被惊到了。给我孩子做了十几年的饭菜,也没听到啥赞誉的话。被赞美的感觉,的确非常美妙,一下子就把我们的距离拉近了不少。

晚餐,我做了最拿手的西红柿炒鸡蛋、糖醋排骨等,三菜一汤,我们边吃边聊,非常开心。吃完饭,两个孩子依旧在聊天,我开始收拾碗筷,美国女孩连忙站起来,对我说:"Can I help you?"(我能帮着你干活吗?)我第二次被惊到,看着这个孩子真诚的样子,我连忙说:"不用了,你们聊。"我的孩子,看着我忙碌了十几年,都习惯了,基本是熟视无睹。而美国女孩,能为对方着想,瞬间做出本能的反应,看来是习惯使然。

第二天以后,大家就比较熟悉了,所以一般想问啥就问了。我看到美国女孩子的护照,已经很破旧了,就很好奇地问:"你走过了哪些国家?"美国女孩的回答,让我第三次被惊到了:"这是我的第三本护照,大概走过了 30 多个国家。"看着我惊诧的表情,她解释说:"一般假期,我们学校都组织同学,出去游学。这次是第一次到中国,主要去上海、南京、北京和西安。"这四个城市,是家长和老师们精心挑选出来的,基本代表了中国的过去和现在,我在暗自佩服的同时,不由得发问:"你们这样周游世界,学习怎么办?"要知道我们的孩子寒暑假,几乎都奔波在各个培训点啊。美国女孩看着我孩子一脸的羡慕,说:"我们平时的学习任务很重的,每天回家的作业量是 5 小时。"就这个"5 小时",使我的丫头震惊了。

在聊到业余生活时,我了解到美国女孩家庭的基本情况:爸爸在自己的企业工作；妈妈基本是家庭主妇，不上班，但是，美国女孩强调，她的妈妈很辛苦，要负责家里的日常生活、草地、游泳池和直升机的日常养护；哥哥负责洗碗和协助妈妈搞卫生；她则是负责家里两条狗和三只猫的衣食起居。一家人，各负其责，井井有条。我们家是爸爸、妈妈要上班，妈妈还要负责全家生活，孩子是两耳不闻窗外事，一心只管去学习。在对家庭义务和责任方面，很明显，我们的差距很大。

我第四次被惊到是听俩孩子聊天，我孩子问美国女孩子，遇到最恐惧的事情是啥？美国女孩子说：是有一年的暑假，几个家庭的父母，把几个10多岁的孩子，送到原始森林里，没给带水和食物，没有床和帐篷，跟孩子们相约一周后来接。那一周是这个孩子最恐惧的，也是最刺激的。她告诉我孩子，为了不挨饿，他们生吃过抓来的老鼠。这样的活动，家长们的出发点是锻炼孩子们的生存能力。

第五次被惊到是最后一顿晚饭。快要离开江苏省南京市了，为了尽地主之谊，给美国女孩尝尝最美味的中国菜，我们带她到了南京市最繁华的地段——狮子桥，点了获国家金奖的"鸡煲翅"，当美国女孩明白是鱼翅做的，她非常坚决地拒绝了这道菜："这道菜，我无法接受，动物需要保护。"没有任何回旋的余地，甚至是不近人情。我汗颜之余，敬佩之情油然而生。

饭后，几个孩子相约到附近的电玩城去玩，除了我孩子和美国女孩外，我们还邀请了女儿的两个好同学。整个玩的过程我是听孩子跟我复述的："妈妈，太可怕了，美国人，太厉害了！一进电玩城，我的两个好朋友，就上去玩了，什么好玩 玩什么。看得出平时繁重的学习压力，在这一刻被化解了。而美国女孩子，则拉着我边走边观察，什么游戏盈利最大，转了一圈，才锁定目标，美国女孩子，赢了很多游戏币，分给我们3个人，再去找自己感兴趣的游戏玩。"我这一次，不仅仅是惊了，简直是被震撼了：小小年纪，就知道如何做到利益最大化，处处深思熟虑，确实是太可怕了。

我孩子说了一句让我思考至今的话："妈妈，我们这样下去，以后真的，只能是给他们打工的啊……"

短暂的一周时间，给了我六次大大的惊诧。

我们的孩子，未来将要面对的是这样的对手！

而我们，一直在培养将来是什么样的孩子？

过分的溺爱、频繁的干预、过度的保护，导致了我们的孩子，无情和无能。目前的复印机式的教育，消耗着孩子们的精力，限制了孩子们的追求。

众所周知，自然是孩子的天性，自由是孩子的本性，扼杀天性和本性，就是扼杀成长的活力和动力。如此的教育，能培养出创造性的人才吗？

不一样的教育，决定不一样的结果，未来的主宰，属于什么样的人，相信大家都很清楚，而我们则是在为人家输送打工仔，再优秀，充其量，也就是个高级打工仔！

（选自"搜狐网"，http：//www.sohu.com/a/220587812_100024566，有修改）

附录十四
童年的力量

朱德庸

大家都认为,童年逝去了就再也回不来了,小时候的自己长大之后也就消失了,我也不例外。但在2000年,在我陪着我孩子玩耍的那年寒假,我意外地又重新过了一次童年。那一年冬天我40岁,我小孩9岁。

自从我跟小时候的自己相遇以后,我开始解开了很多谜,包括我是一个什么样的人,我是怎样一步一步走到今天的。其实一切都有脉络可循,而这个脉络都和童年有关。

很多人都问过我为什么能够创造出这么多题材,无论是爱情、婚姻、时代、社会、男人、女人,甚至人性,都能这么通透、讽刺,还能够非常犀利地把观点描绘出来,而且更重要的是充满着幽默。我以前一直很单纯地认为,可能就是因为我有才气,其实这一切都跟童年有关。

我跟大家描述一下我的童年。我小时候是一个非常自闭而且有学习障碍的小孩,没有什么玩伴,大部分时间都是我一个人度过的。尽管一个人让我比较自在,但是我对这个世界还是充满了各种好奇。于是我要怎么接触这个世界呢?我就开始用我的想象力。

一开始我对昆虫充满了好奇心,我在自己家里的院子里,把我们家院子所有的虫都玩了一遍。

我可以跟各位举例一下,我在我家院子里,用糖水把两个不同种类的蚂蚁窝连成一条线。线有时候会连得非常非常长,等蚂蚁发现有糖水之后,它们就开始出来。

它们会沿着糖水一直往前走,走到中间的时候,两种不同种类的蚂蚁就会相遇,而相遇之后,它们触角一碰,就会往回跑。我就像一个造物者在看着它们。跑回蚁穴后，不久兵蚁就开始出来了。我看着蚂蚁连成整整一条线，就这样打了起来。

我也试着去玩蜜蜂，因为我们住的那种日式的房子里面经常会有蜜蜂筑蜂窝。然后我开始去做实验，会走过去碰它们一下，这时候蜜蜂就会出来，我就看用什么东西能够保护我。

我试过非常多东西，有扫把，有水桶，也用水去喷，但所有的方法都是失败的，所以经常被蜜蜂叮得满头包。我后来发现一个方法，就是在它们都飞出来之后，用小时候玩的跳绳在它们面前甩，这时候跳绳就变成一个非常大的电风扇，所有飞过来的蜜蜂都会被跳绳弄的电风扇的旋转兜打死。

但是有一些蜜蜂是进化的，是有智商的，它会绕路，然后从后面叮我。我发现大部分方法都很难完全保护我，就想到了另一种方式。各位知不知道，以前的打火机是要灌液态瓦斯的，液态瓦斯其实是非常非常冰的，它可以让很多东西瞬间冻结起来。

这次我用网子把蜂窝套了起来，蜜蜂全部飞出来，都在那个网子里面，我就用液态瓦斯去喷它们，它们立刻就急冻了。急冻之后我把每一只很快速地拿出来，拿一根针压着它们的屁股，一压它们屁股的针就出来了，我就把针剪断了。

因为你不能把针拔出来，拔出来之后它的内脏会跟着出来，那只蜜蜂就会死亡，所以我就非常快速地按压每一只蜜蜂的屁股，然后把它的针给剪掉。它们大概在一分钟内就会开始苏醒，所以你必须非常快速地全部处理完，然后再放它们走。

剪完之后我会用水彩在它屁股上面涂颜色，涂成白色的。等我下次再从蜂窝经过的时候，它们在我的旁边飞，我只要一看它屁股上面有白的，就知道它没有针，所以完全不怕它。

我还试过蜘蛛。因为我们家有很多蜘蛛，我用试管把一只一只的蜘蛛都抓起来，以它们的大小、体形、种类分类，让它们一只一只对打。这个实验经历了两个月，我们家所有的蜘蛛大擂台全部打完了，最后剩下一只，我称它为蜘蛛王。

我小时候就是这样不停地玩各种虫子，但是在玩虫子之前我会想象各种情况。等我把院子里所有的虫都玩完了之后，我就开始想象更大的生物，那就是人。把人当作昆虫来看待之后，我就开始实验了。

我那时候把我们家附近每一户人家都调查清楚了，什么时候有人在，什么时候没有人在。我会去按他们家的电铃，每次一按我就跑掉了，跑到很远的地方，看着他们。他们出来开门发觉没有人，都会以为是自己错觉或幻听。

等他们回去之后，我再跑去按第二次。我发现大概按到第三次的时候，他们就开始发怒了，但是因为开门了之后看不到人，所以没有地方能够发泄。但我可以从他们的脸色分辨出来他们的愤怒程度：一开始是青色的，然后是红色的，最后就发白了。

当然我试验这些人的时候，也像试验蜜蜂一样失败过——当场被抓到，那我就不多说了。

我也会去假想人的各种可能，比如说我在巷子里面走的时候，对面走过来一个婀娜多姿的女郎，我会去想象如果突然她高跟鞋断了，然后摔一跤，她还会是我现在看到的样子吗？

我也会想象从我对面走过来一个道貌岸然的男子，如果我跳上去给他一巴掌，他是不是马上就会变一个样子？

每次一想到这些人的可能的表情跟行为的时候，我就会开心地一直笑。所以我小的时候在我们家那边是蛮有名的一个疯子，他们都觉得这个小孩疯了，因为这个小孩老是在巷子里边走边笑。

虽然是这样子，但是我还是必须要踏进真实的世界，我开始上学了。

大家可以想象，一个成绩不好又有学习障碍的小孩，当然不太可能受到老师、同学的欢迎，所以我永远都是被排挤的那个人。但这些却让我在很小的年纪就看到所有表面之下的另外一面，那一面我称之为真实——因为完全不需要重视我，这些人在我面前毫不隐瞒的真实。

其实这一开始让我产生了一种错愕。我随便举个简单的例子，我念书的时候经常被我的导师骂，说你这个笨孩子，没有看过你这么笨的人。直到有一天我父亲牵我在街上走的时候，很意外地碰到了这个导师，他们俩就开始寒暄。

这个导师就跟我父亲讲，你儿子非常聪明，你儿子是我见过的小孩里面最聪明的，他学习绝对没有问题。我永远不会忘记那个画面，我那时候还很矮，将头抬起来看着那个导师，我不知道我看到的人是谁。当然那是一种错愕，是一种反差，我觉得也产生了一种幽默。

我陆陆续续发现了越来越多的反差，这让我开始理解到人性的荒谬，而这种荒谬我觉得它形成了一种更深的幽默。这么说吧，我小时候的遭遇其实一直在训练我的幽默，我一直到很大才明白这个道理，而这幽默后来竟然跟我的漫画有关。

我在 28 岁那年选择了成为一个职业漫画家，我才发现漫画跟幽默的关系就像电线杆和狗的关系一样密不可分。幽默也是对无奈人生最后的反击——我失败了，但是我还是能笑得出来。所以我觉得幽默就是我们心中的那个小孩——小孩看事情永远都充满着幽默，因为小孩觉得所有的事情都很好笑。

我的童年充满了想象力和创造力。我从小住在一个有小小庭院的日式灰瓦的平房里，里面有我的画笔和我的小书桌，这也是我躲开外面大人世界的一个秘密基地。

除了我刚才讲到的蚂蚁军队、蜘蛛侠客，还有陪我在树丛里面的花精灵、床底下的梦妖精，还有每天在厕所里面跳舞的小怪物，那个是我全部的世界。我也可以暑假整整两个月都不踏出庭院一步。各位现在看到的下面的漫画也是我小时候想象中的童年怪物之一。

而且事实上，在我慢慢长大了之后，我觉得那些怪物并没有远离。像我小的时候，我觉得一直有一个叫作"找麻烦怪"的怪物，一直到我长很大了，我感觉那个"找麻烦怪"都还在我身边。

小的时候领营养饼干，排到我的时候永远没我的份；大了之后，所有的东西，当你需要它的时候你就找不到它。我相信各位也有类似的经验，所以我想在你们身边应该也有一个找麻烦的怪物。

在我 53 岁的时候，我意外地发现其实我小时候有亚斯伯格症，这个病症本身的特点就是专注和与世界隔离，就像一个玻璃球，把我小小的世界包得好好的，不让我受到大人世界的干扰。当然很多人小时候不像我有亚斯伯格症，但是应该也像我一样充满了想象力和创造力。

那为什么大多数的人在成长的过程中都失去了想象力和创造力？因为我们这个社会的教育并没有鼓励我们这些，老师、长辈们也没有鼓励这些。相反地，我觉得他们用社会流行的价值观和世俗的标准，一点一滴地剥夺了孩子们的想象力跟创造力。

我举个例子。我以前做过漫画评审，我发现小孩子在小时候充满着想象力跟创造力，但是在他长大的过程中它们就开始消失。我做评审的时候，我们有小学组，有甚至比小学还低的、入学年龄还没到的，也有初中的，还有高中的，最后还有大专组，也就是大学组跟成人组。

在做评审的过程中我发现，人的年龄越大，他们的想象力跟创造力就会越弱。你可以看到，小学组是充满着想象的，有一些画甚至连从事创作工作的人都未必想得到。

但是到了初中之后，你就会发现有一部分人的想法已经开始僵化。等到高中的时候，僵化的程度越来越严重，他们对事情已经没有太多的想象力了。

到了大学组跟成人组的时候，他们的想象力几乎变成零了，而且愿意来参加这个作品比赛的人也很少，因为也许他们觉得花时间在这些创作上面没有意义。

这些小孩的作品里，我曾经看到一幅画，画的全部都是圆圈的小点。我觉得这很有趣，就问这个小孩，你的画上面为什么都是小点，难道你没有想象一些其他的图像吗？

那个小孩就跟我说，我要画这些点，是因为这里面有大象、狮子、房子、飞机、火车，所有东西那小孩都讲了一遍给我听。我又问那为什么全是点呢？小孩跟我说，因为站在很高很高的地方往下看的时候，这些东西就全部都是点。

我记得毕加索以前好像也说过一句话，他说我花了30年的时间达到我现在画画的这个程度，将来要再花30年的时间让我再回到原来创作的那种感觉。

我觉得教育就是用一种容器，把不同材质的小孩全部都塑造成一样的，然后让"我"变成"我们"，从个人变成团体，于是我们就再也没有想象力了，也没有创造力了。

我们做着相同的事，过着相同的生活，然后做着相同的梦。我想也许我们已经没有什么梦了。我们想让我们的孩子成功，但是却要他们缴出武器，缴出他们的童年力量。

我活到这个年龄的时候，常常觉得其实生命是会发问的，它至少会在你的人生中提问两次。

一次会在你某个年龄时提出来，它会问你，这是你要的人生吗？有人被生命提问了之后会去反思，反思后有人就毅然决然地抛下现在的事业，然后去做一个别人觉得不可思议的决定。有的人会忽略这个提问，因为抛不下既得的一切。

如果你忽略掉了第一次提问，生命还会再问你第二次，这一次是在你即将离开人世的时候：这是你要的人生吗？有的人含笑回答说，这就是我要的人生；有的人会滴下一滴泪，然后咽下最后一口气，后悔地离开。

每隔一段时间，我们就会站在人生抉择的十字路口彷徨着，通常我们都会选择用社会或者众人的价值观去决定我们的未来。我们以为我们选了对自己最有利的决定，但其实我觉得只要没有顺从自己内心的声音，都会是一个错误的决定。

很多人会说，照着自己的感觉走将来会失败。那我告诉各位，很多人照众人的感觉走也没有成功。即使有人成功了，也是一个不快乐的成功。我想这就是为什么这么多年来，我看到了那么多成功的人不快乐。

那么我们要怎么样才能做对人生的选择呢？我的经验是，童年的那个自己就是我们人生的导师，在人生的十字路口，如果你和那个最了解你内心的小孩去商量，去选择，我觉得他会最懂你的天赋和你本人的力量。

就像我小的时候，其实我画画从来没有被鼓励过，几乎所有的大人都认为画画是错误的，画画是没有希望的。

我记得我第一次跟我舅舅说以后要靠画画为生。第二天舅舅就送了我一支金笔，我以为他是鼓励我，想告诉我如果你找到你的路，你就往前走吧。结果我舅舅跟我说，不是的，这支金笔送给你，是你决定当漫画家以后，饿得没饭吃的时候，可以拿这支金笔去典当。

我会跟各位说这些，是因为我自己曾经迷失过，我曾经不快乐过，所以我知道。在自己选择当职业漫画家之后，我一开始非常非常快乐，我每天想象、创造，用自己的兴趣还能够挣钱谋生，甚至成功，真的很好。

但随着越来越忙，尽管我还是想办法维持自己单纯的生活，我渐渐开始对很多事情没有感觉了，包括我的不快乐都没有办法感觉到了。

直到有一天，我的小孩过来跟我说，爸爸，你是在面无表情地画画。那个时候我才惊觉到，其实我已经变了。

我在不知不觉中已经用了社会化的方式，而不再用我童年的直觉去看，或者去决定事情。于是我就停下来了，我把手头上所有的工作都放下，停掉了印书像印钞票一样的日子。

我开始花大量的时间去打造我的世界。我和我的太太、小孩一起，在熟悉的城市里行走，也在陌生的城市里行走，慢慢慢慢在行走的过程中，一点点一点点地，

附录十四 童年的力量

再去找回内心那个有童年力量的小孩。现在无论去哪我都会带着我的世界。

我一直觉得我们这个时代是一个贪婪的时代,也是一个匮乏的时代。现在的人拥有了一切,但仍然不快乐;现代人拼命地索要,但是仍然不满足。我觉得是因为我们内心匮乏,而这种匮乏在童年的时候其实是不存在的。

每个人小时候都拥有一个属于自己的小小的梦,那个梦似乎微不足道,但是现在回想起来,却是足以支撑我们的一股很大的力量。我觉得有的时候,人就是靠那个微不足道的小小的梦过下去的,有的时候人也是靠着那个微不足道的小小的梦成功的。

大家一定会想问我,童年的力量到底是什么?你们可以看我的漫画《绝对小孩》,你们就会了解了。其实讲到这里我还蛮开心的,偷偷打了一个小广告。但我现在先试着简单地告诉各位,我觉得童年的力量其实就是想象力、创造力和幽默。

什么是想象力呢?我只能试着这么说,想象力就是绕到所有的人、事、物的背后,去看见一个截然不同的景象,然后颠覆所有既定的事实。

接下来看一下我准备的这两幅四格的漫画,你们会发现因为有丰富的想象力,所以小孩的世界和大人的世界真的是不一样的。

我再讲一下什么是创造力。创造力就是更加深化和落实你的想象力,让那个想象具体可为,从一样东西变成另外一样东西,再从另一样东西变成一个和原来截然不同的东西。创造力其实是非常抽象的,它的变化是很难解释的,我用一些图来解释给大家看。

这个就是从一个鞭炮变成工厂,变成船,再变成蛋糕。(此处有图,略去)

这也是一样,从两片叶子变成虫,变成蝙蝠,变成一个胖子,再变成帽子,然后有一个人戴着它。(此处有图,略去)

最后我讲一下幽默。幽默只是一个心态,就是一颗对人、事、物的体谅包容的心。当你拥有了那种心态,你就拥有了一个心情的旋转门,它能够让你从冰冷的地窖转瞬之间就到一个艳阳高照的海滩。

而幽默其实就是你心中的那个小孩,小孩看所有的事情都觉得很好笑。

我讲的这些就是每一个人的童年力量。我把幸福分成两种,一种是看得见的幸福,一种是看不见的幸福。这中间有什么差别?我觉得我们现代人的幸福都是看得见的幸福,我们住很好的房子、吃很好的食物、开很好的车,我们也穿着很漂亮的衣服。

附录十四　童年的力量

那什么是看不见的幸福呢？看不见的幸福就是我小的时候，甚至我的祖父辈他们那时候。其实他们过着非常非常简陋的生活，但他们带着一颗满足的心，我称那为看不见的幸福。

当我们把这两个年代放在一起做比较的时候，就可以看出来看得见的幸福和看不见的幸福的差别。各位现在应该常常会担心，我们喝的水干不干净，我们吃的食物有没有毒，我们呼吸的空气好不好。

但是我可以跟你们说，在我小的时候，我们的水都是没有污染的，我们的空气都是新鲜的，我们吃的食物全部都是现在卖得非常贵的所谓的有机食物。一比较你们就会知道，我们的上一代也许过得很贫乏，但是其实他们一直享有着看不见的幸福。

我们现代人如果想要自己的家里有一个小院，可能要花非常非常多的钱。但是在我小的时候，所有人家前面都有一个小小的院子，我认为那就是看不见的幸福。

我们现在教育下一代的全部都是看得见的幸福，而我们已经没有办法提供给他们看不见的幸福了。这种事事都需要购买来的童年，我觉得是不对的。

我们不要再用更多工具化的教育方式来教导下一代，我们要留给小孩能够去做梦的权利跟环境。他们有一天会让那个梦实现，然后获得他自己想要的人生。

而这个时代的大人们可以随着小孩的梦，找回自己心中躲起来的那个小孩，抱一抱小时候的自己，和他一起并肩面对这个世界。其实那个童年、那个充满想象力的你并没有远离，他就在每一个新的梦的拐角。新的生活方式，在那里等你。

谢谢你们。

（本文摘自微信公众号"一席"，文章原名《我们想让孩子成功，却要他们缴出武器，缴出他们的童年力量》，有修改）

附录十五
教育最大的问题是我们自己

鲁 白

中国的教育问题到底出在哪儿?

大家都对我们的教育有很多抱怨。有人说望子成龙的风气造成我们教育很大的问题,有些家长觉得他这一辈子不行了,就把希望寄托在自己的子女身上,所以他们倾其所有,把所有的资源用在怎么来教育下一代上;有的说,我们的学生负担实在太重了,要减负;还有的说,我们太看重知识,觉得我们的教育讲得更多的是知识,而不看重能力的培养;还有人说,我们的教育方法落后,现在是"互联网+"时代,要通过各种先进的手段来进行教育。最后大家都集中在了同一个地方,就是应试教育的问题。

十多年前,那时候我还在国外。我们去了周光召先生家里拜访,我们兴高采烈地对他说,我们找到了一个办法可以解决中国的教育问题,就是改变"一考定终身"的高考制度。大家知道,在高中我们全部的资源都在应对一件事情,就是怎么让我们的孩子考出一个好的分数,因为一旦考到一个好的分数,就可以进入一个好的大学,就可以有一个很好的未来。所以我们全民有这样一个非常强的信念,就是一定要高考。

那么一系列的问题就来了,就是我们的教育偏重背诵,课堂则围绕老师转,高中就为了一件事情——怎么考出好的分数,我们的学校评价标准就是高考录取率、有多少学生上了北大清华,我们读好的小学是为上好的初中,上好的初中后还要上好的高中……而要解决这一系列问题就是要把高考这个制度给改了,不要"一考定终身"。

附录十五 教育最大的问题是我们自己

美国 SAT 不是考试，但考智商，它包括一个全面的考察，如成绩单推荐信，面试，你有没有在中学期间展现出你的领导力，有没有为大家服务，是否能够号召大家一起做个事情，看音乐、美术、体育怎么样，最后还要写一份非常漂亮的个人自述。我们用美国这套衡量标准不就行了吗？我们把这个想法告诉了周老，周老说你们真的是这样想的话可以写一个报告，我给你递交到中央去考虑一下。

台湾的李远哲教授提出的教改，最后他自己都认为是失败的。其中的一点原因就是部分中国人的诚信度不高，对于衡量标准，有些人会用一种腐败或者欺骗的方法将其污染。比如你要推荐信，有人可以把他的推荐信写得比谁都好；你要社区活动，他可以编一个社区活动出来。各种各样的事情都可以家长、学生、老师一起合作，把这个事情给你搞定。所以单纯靠一套全面的衡量标准进行教育改革有很大的挑战。

后来又想了另外一个办法，我们不能在全国改变这种情况，那我们可不可以在一些少数特别好的高校进行改变，所以就有了所谓的自主招生这样一个想法，中国在有些高校已经开始实现了，但在很多学校还是出现了问题。

所以想来想去，今天我想跟大家讲的第一个观点是，中国的教育问题不出在教育部，而是出在我们自己身上。我们有很久远的历史，但我们的国家没有经历过启蒙运动，也没有经历过工业革命，我们的文化是头悬梁、锥刺骨，还有一个学而优则仕，这让我们今天的应试教育愈演愈烈。

我们到底要教育孩子们什么？

1. 大学教育是让学生发现自我

大学到底要学什么，或者教育到底要教什么东西？我是清华大学的教授，也是《知识分子》的主编。但我今天有一个非常特殊的身份——我是一个家长。我有两个孩子，一个孩子今年考大学，另外一个已经从普林斯顿大学毕业，我想讲讲我孩子在普林斯顿成长的过程，跟大家分享一下。有趣的是，当我第一次进入普林斯顿大学的时候，普林斯顿大学的校长给我们讲了很多，我们家长则反反复复问普林斯顿大学怎样做以能够保障我们的孩子进华尔街的问题。

她给大家回答，她说大学四年是一个人人生当中最美好的时光之一，你现在想的事情不是四年以后你将来会做什么，而是怎么好好利用我们今天所有的资源，我们现在有最好的老师、最好的资源，你要想的是怎样在这边好好学习、好好发展，而不是说我将来要做什么。

大学有四年，她说大学的功能，第一是发掘你的兴趣，点燃你的激情；第二就是你要了解自己的个性，了解什么是你的长项；第三是发展技能，发掘你的潜能，有些能力是你自己都不了解的，是潜能，好的大学要能够发掘一个孩子的潜能；第四就是把握机会，关注新兴学科，一个好的大学能够帮助学生发掘找到他自己最感兴趣的、将来特别有前途的领域，让他能够从事这个工作。

总之一句话，就是发现自我。说起发现自我，这个校长讲了一个很有意思的故事，她说普林斯顿曾经有一位学生，他后来当了美国第四任总统，他在普林斯顿学习期间，学了拉丁文、自然哲学、数学，他变成一个非常能够辩论、写文章的好学生，当他毕业了以后，他不知道要干什么。他跟校长说，我可不可以留下来再读一年，他又学了政治，学完以后，还是不知道要干什么，所以他就出去旅游，最后住在父母家里。后来他发现他最终的激情，就在于参与爱国的行动，变成一个领导者。最后他就变成了美国的一个领导者。所以你看这个故事，就是一个学生他本来不知道想要做什么，通过大学几年的学习才明白自己想要的是什么。

2. 教育要教人知识技能、道德和礼节

刚才我讲的是大学学习，现在我讲一下中学怎么学习，我的儿子在小学的时候，他的学习成绩还不错，但是非常调皮捣蛋，我经常被老师叫去。他中学的时候，上了一所私立学校，我到了那就问你们这个学校怎么进行教育的。学校回答说，教育无非是三点：第一点，学习知识，学习技能；第二点，学校说他们非常重视道德教育；第三点，学校说了一个单词，叫 etiquette，是礼节，包括羞耻感、正义感、诚恳、尊重他人等。

我说你这个道德教育是怎么来培养的，学校说他们非常重视体育，他们每一个学生都必须参加体育，各科老师除了教一门课，都必须是一个教练。为什么这么重视体育？我后来跟中国著名高校的领导谈话的时候我得到了一个很深刻的理解，他说体育不等于锻炼身体，大家都理解错了，体育是有体育精神的，我们现在大学的校长、领导，很多都知道怎么去抓德育，但是不知道体育是什么，体育是无法在课堂上讲的，你必须要参与其中才可以知道。这个体育有一种体育精神，主要表现在团队精神、永不气馁、顽强拼搏、按规则来玩、公平竞争、守纪律、输得有风度

附录十五　教育最大的问题是我们自己

等上。

我们面临的挑战！

我们现在处于一个飞速发展的时期，我们面对着很多很多挑战，总结起来大概表现在四个方面：

第一，互联网实现了全球化，使得大家的沟通变得非常快速。

第二，我们现在面临环境污染、贫富差距、公共卫生安全风险等挑战。这都改变了我们的经济模式和生活模式，甚至改变了我们的社会结构，对于这样一个快速变化的过程，我们新的领域层出不穷，对我们人才的要求也不一样，人才成长的方式也与过去不同，这是我们另外一个挑战。

第三，中国的崛起。我们中国经济改革的深化、创新驱动的发展以及经济方式的改变，对我们的人才培养均提出了一个完全的新的要求。未来我们更需要的是领军人才，需要有新的知识结构、能力以及价值观，我们需要自己能够解决中国自己的问题。

第四，经济的快速发展，科学技术的革命，先进教育技术的不断涌现，冲击了现在已有的教学方式，我们看见了社会各个方面的努力，都在推动教育的发展。现在创新创业已经变成了一个全民的口号，那么在这样一个大趋势下，我们需要的是顶尖拔尖的技术人才，需要有创新创业的人才，需要有企业家精神的人才，需要能够快速适应变化的人才。而这样的人才，用现在的一般的教学方式还能够培养出来吗？所以这个是我想留给大家思考的。因此，面临这样一个新的形势的变化，我们的教育怎么来应对，对我们的家长、学生、老师都提出了新的挑战。

（选自"搜狐网"，http://www.sohu.com/a/46659588_105067，有删改）

附录十六
不尊重孩子生长规律的教育，早就让孩子输在了起跑线上

郑也夫

我是一个小人物，今天斗胆谈一个天大的问题——中国教育。今天我只分析几个关键词，这些关键词全都是教育领域我们中国人耳熟能详的，但是，我们对这些关键词，有天大的误解。由这些误解，可以看出中国教育的大问题。

素质教育

在激烈的竞争当中，所有的"素质教育"都是空谈。

在我看来，我们一向鼓吹的"素质教育"，是个根本不能完成的目标，因为这个概念本身，是一个文理不通的说法。

"素质"两个字是什么意思？就是"基因给你的东西"，或者说，就是天赋，是先天的，而教育是后天的。"素质"不是后天的教育所能教出来的，能说有一种教育叫"天赋教育""基因教育"吗？

从中小学教师到家长再到学生，这个鼓吹也是不能落实的。

很多时候，我们说"素质教育"，就是要学生多学点音、体、美，这个真的很荒诞，按他们这个说法，素质等于能力，可事实上，素质和能力根本是两回事。

退一步说，就算"素质"是一种能力，难道说音乐、美术是一种能力，语文、数学就不是能力吗？语文、数学是一种更要紧的能力。你怎么能说这个能力需要重视音、体、美，其他的就不需要重视？

另外一个更大的问题：在现在这种教育竞争激烈的情况下，任何愿望良好的能力训练，到最后都变成了应试工具。

素质教育提倡音、体、美，但只要不列入高考项目，根本不会有人重视；一旦

附录十六 不尊重孩子生长规律的教育，早就让孩子输在了起跑线上

列入高考，又一定会走向反面。

打个比方，如果体育列入高考，学生一定会问："考什么？"如果考游泳，那绝对不练跑步；如果考拉单杠，那绝对不练撑双杠。

在激烈的竞争当中，所有素质教育都会变形的，你考什么我就干什么。为了身体健康？以后再说吧！这就是素质教育这个说法的荒诞。

不要输在起跑线上

不尊重孩子生长规律的教育，早就让孩子"输在了起跑线上"。

中国家长最喜欢说，不要输在起跑线上。可是多大岁数算是起跑线呢？十岁？已经晚了。小学六七岁？也晚了。所以我们从幼儿园开始就要识字，就要学英语，就要上补习班。

然而在发达国家是有立法的，幼儿园不准识字、不准教算学。为什么不准呢？是因为孩子的心智在这个阶段还没有发育起来，不要给孩子这么大的负担，而是要让他玩耍、让他自立。

外国的教育更重视另外一些能力的培养。

比如在日本幼儿园，小孩子每天带着好几套衣服上幼儿园，随时训练孩子们脱衣穿衣，一个是为了不使孩子丧失让自己的皮肤和身体来调节温度的功能，二是为了培养孩子的自立。

我们中国的孩子，依赖性太强，唐诗能背几十首，英语单词认识几百个，可是自己不会系鞋带、穿衣服，这种依赖会给孩子的性格打上深深的烙印。

在不该的年龄认字、在不该学算学的年龄学算学，美其名曰"不要输在起跑线上"，最后的结果是我们整个民族都输在起跑线上，在不该干这件事的年龄干这件事，极其荒诞。

德智体全面发展

"德智体全面发展"，是一句空话。

我们先说"德"。我们当下的道德品质教育基本上是一种伪道德教育。

孔子说：巧言令色，鲜矣仁。最坏莫过于伪善，我们的教育基本上是在助长伪善。

如果一个孩子做了一件好事，就得到了表扬或奖励，这其实就是在助长伪善。

我不相信道德是说教可以提升的。我对于夸奖有很大的警惕，夸奖一定是高位人夸奖低位人，在夸奖的过程中就会把自己抬高，夸奖是一种控制手段，是别有用心。

日本有一个叫远山正瑛的治沙圣手，八十多岁到中国来治理沙漠，功德无量。记者问他：我们听说日本人的孩子的环保意识那么好，怎么来的？远山回答：日本的孩子环保意识好，因为他们是看着父亲的背影长大的。

这句话值得深思，父亲的行为会影响孩子的行为，如果孩子看到父亲的一切行为，父亲不用说什么，孩子慢慢也会这样做的；相反，如果父亲没有环保的行为，但是一直叫孩子去做，孩子会觉得父亲非常虚伪，就会叛逆。

人会被他人的行为感动，人不会被他人的说教感动。

再说"智"。"智"的本质应该是知识，而不是能力，知识不等于能力，知识要转化为能力有一个复杂的过程。

我们在"德智体"上对"智"的理解是非常偏颇的，但是即使对"智"的理解很正确，也还有非常重要的情商，"智"不能包打天下。

最后再说"体"。

我们高三基本上就没有体育了，我们对"体"轻视到何种程度啊，其实"体"是太要紧的事了。

及格

学习是个长过程，而我们的教育只追求99%的正确率。

念过书的、教过书的、当过家长的，没有人不懂得这两个字，但我们现在已经忘记了"及格"的原初意义。其实及格是一个大的达标，最重要的指标就是及格。我们走到了这样一个误区，把及格污名化了。

其实在有些学习项目上，及格了家长就可以释然、可以放心，不需要太高，因为教育是一件长远的事情。

我们为什么要求一个一年级的孩子把一个学期学习的生字的98%、99%都要记住呢？以后学新带旧，慢慢总会认识的，学习是个长过程，这实在是个无所谓的事情，及格了就可以。

附录十六　不尊重孩子生长规律的教育，早就让孩子输在了起跑线上

基础教育阶段，把各学科的基本道理学到手，及格了就挺好的。

大大地超过了及格线，达到了99分、100分那又怎么样？时间久了总会遗忘的，不要苛求也没有必要苛求，大概东西掌握了，至于最后走哪个方向，在以后不断学习相关学科的过程中就会加固知识。

所以在这个方面来说，我们是违背教育的真谛的。花费巨大的精力来达到大大超过及格线的目标，这是荒诞的。

我们特别爱评比，在两个层面上：

一个评比学生，使学生内心受挫折，其实对学生有极大的摧残。

除了学生评比之外，我们还有教师的评比。

世界上有一个国家是联合国教科文组织教育的样板——芬兰。

芬兰从来不对教师进行评比，因为在他们看来，只要评比就要制定原则和标准，而定了标准以后一定就会败坏教师的心性，教师们就会总想着，"我怎样才会成为优秀"？这就麻烦了。

教师教得好坏自己明白。教师对学生是一个全面的教育，绝对不是以一个单项的标准对学生负责。教师应该对一个活生生的人负责任，教师这个职业不能用一把尺子衡量谁是良好、谁是优秀。

贪玩

一个孩子不贪玩，比不爱读书更可怕。

贪玩说明孩子对一个游戏有热情，如果一个孩子对于任何一个游戏都没有太大的兴趣，老师让干什么干什么，一点不贪玩，对其他事情没有格外的兴趣，其实这真的是一个麻烦——因为日后的发展是要靠人的兴趣来指引我们朝这个方向发展的。完全不贪玩，久了以后人就没有了兴趣。

我小时候是一个极端贪玩的人，虽然那时候空间比现在要大很多很多，但是我还是觉得很受压抑，现在的小孩子简直就是苦不堪言。我觉得日后有出息的人其实小时候都是比较贪玩的。

贪玩是对某种东西热忱高涨，这是一件好事，如果都循规蹈矩那就完了。

什么叫兴趣？兴趣就是不将精力平摊，把你的精力侧重在某些方面。不需要理性的算计要把精力主要投入在哪，你的兴趣就给你做了最好的指导。一般来说，你

的长项和你的兴趣是贴合的。

我们的家长不要和老师同心同德"祸害"我们的孩子,不要"助纣为虐"。

学区房

"小升初就近入学"与"学区房"背后隐藏着的利益链,让我们的孩子注定无法享受同等的教育资源。

小升初就近入学,导致学区房的形成。

一开始这个政策的目的还是一个挺良好的愿望,希望小学学习负担不要太重,取消考试入学,实行就近入学。

其实这么做的时候早就应该料到会形成学区房,富人就会让他们的孩子进入师资力量比较好的学校,一般家庭的孩子就很大可能进入教育资源比较差的学校。

解决学区房问题有没有好一点的手段?

一个现成的办法就是让一个地区的学校办校水平比较接近,这个事情很容易。

硬件上首先要比较平等,故要提升教学力量比较差的学校的硬件水平。

软件就是师资力量,可以让师资在区内轮转。小升初就可以随便报名、随便入学。

但是他们为什么不愿意这样做呢?因为不愿意把初中变成教育水平接近的。

那为什么不愿意把初中变成教育水平接近的呢?因为有些人刻意保留这样的差距,是因为他们从中可以获得好学校的红利,这是一个利益链。

我们谈教育,其实这是一个非常非常大的话题,今天我们在思考教育、讨论教育、理解教育的时候,其实是非常狭隘地看待教育——我们所看到的教育不是教育原初那个博大的意义,其实教育不是一定要在学校和书本中实现,也不要迷信一定要在一个好学校中实现教育。

(选自搜狐号"中国教育研究",http://www.sohu.com/a/232866952_372509,有修改)